职业教育智能制造领域高素质技术技能人才培养系列教材

自动化生产线安装与调试

主　编　马冬宝　张赛昆

副主编　崔　健　季　君

参　编　陈　晨　朱丽娜

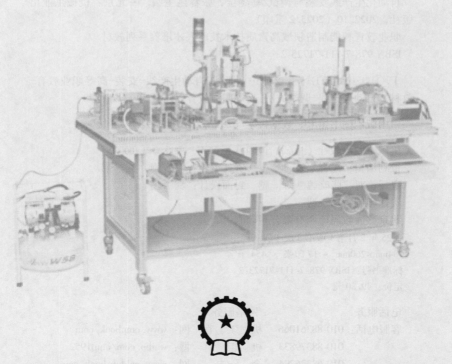

机械工业出版社

本书以全国职业院校技能大赛"自动化生产线安装与调试"项目所指定的 YL‑335B 型自动化生产线为载体，按照"一体化设计、结构化课程、颗粒化资源"的建构逻辑，系统地规划了全书的结构体系。本书内容主要涵盖机械结构、电气线路和传感器检测等自动化生产线的基础技术，以及气压传动、变频调速和交流伺服等运动控制技术，还包括自动化生产线基本组成单元的机电系统装调、PLC 控制程序设计、人机界面设计、控制系统通信、系统运行及维护等方面的实践操作。

本书可作为高职高专自动化类、机电设备类和机械设计制造类等专业的自动化生产线安装与调试课程的教材，也可作为应用型本科、职业本科相关课程的教材及工业自动化技术工程人员的参考用书。

为方便教学，本书植入二维码微课，配套电子课件（PPT）、课程标准、授课计划、项目测评和项目评价等数字化学习资源。与本书配套的国家精品在线开放课程在中国大学 MOOC 平台网站上线，读者可以登录网站进行学习测试，获取每个项目的评分表等其他课程相关材料。凡选用本书作为授课教材的教师可以登录机械工业出版社教育服务网（www.cmpedu.com）注册后下载配套资源，本书咨询电话：010-88379564。

图书在版编目（CIP）数据

自动化生产线安装与调试/马冬宝，张赛昆主编. —北京：机械工业出版社，2022.10（2025.2 重印）
职业教育智能制造领域高素质技术技能人才培养系列教材
ISBN 978-7-111-71723-2

Ⅰ.①自⋯ Ⅱ.①马⋯ ②张⋯ Ⅲ.①自动生产线-安装-高等职业教育-教材②自动生产线-调试方法-高等职业教育-教材 Ⅳ.①TP278

中国版本图书馆 CIP 数据核字（2022）第 184949 号

机械工业出版社（北京市百万庄大街 22 号 邮政编码 100037）
策划编辑：冯睿娟　　　　　责任编辑：冯睿娟　王　荣
责任校对：张晓蓉　陈　越　封面设计：鞠　杨
责任印制：邓　博
北京盛通数码印刷有限公司印刷
2025 年 2 月第 1 版第 8 次印刷
184mm×260mm · 17 印张 · 454 千字
标准书号：ISBN 978-7-111-71723-2
定价：49.80 元

Preface
前 言

在中国制造业转型升级、大众创新的数字化时代，人们正面临着前所未有的新机遇和新挑战。复合能力强的新机电工程师，将是新工业时代构建数字化未来的核心驱动力。培养掌握自动化生产线技术，能从事自动化生产线设备的安装、编程、调试、维修、运行和管理等方面的高端技术技能人才，已成为当前高等职业教育机电类专业教育的主要任务。

本书的教学载体为全国职业院校技能大赛高职组"自动化生产线安装与调试"项目设备YL‑335B 型自动化生产线，其涵盖了机械、气动、传感器、PLC、工业网络、电动机驱动和触摸屏组态等专业核心知识。本书的编写坚持专业知识与实操技能并重，从内容与方法、教与学、做与练等方面进行教学改革，多角度地体现了高等职业教育的教学特色。主要的特点包括以下几个方面：

1. 紧跟行业技术发展趋势，选择最新控制器

各控制器从西门子 S7‑200 SMART PLC 全部升级为西门子 S7‑1200 PLC，触摸屏从TPC7062K 升级为 TPC7062Ti；变频器从西门子 MM420 升级为 G120C；加入装配单元Ⅱ安装与调试项目，采用"步进电动机+减速机"驱动方式。

2. 采用项目导向任务驱动的方式编写，遵循读者认知规律

以项目的方式展开教学内容，以任务实施为核心，遵循读者的认知规律，打破传统的学科课程体系，充分让读者感知、体验和行动。通过任务操作的方式来完成对应课程的项目训练，并辅以相关知识来完成各项目的教学要求。本书共 8 个项目，将岗位工作任务和专项能力所含的专业知识嵌入其中，充分体现学生主体、能力本位和工学结合的理念。

3. 编写形式直观生动，增强可操作性和可读性

在叙述方式上，引入了大量与实践相关的图和表，并给出了机械安装步骤和程序编写流程等细节内容，一步步引导读者自己动手完成项目，可操作性强。适时穿插各种微人物、微标准、微安全和微知识等，拓展课程相关知识。文中的"知识思维导图"帮助读者掌握本节内容的重点；项目结尾有"项目小结"，以便于读者高效率地学习、提炼与归纳。

4. 依托国家精品在线开放课程，建有丰富的立体化配套资源

本书积极推进"三教"改革，依托国家精品在线开放课程，建设有配套丰富的立体化教学资源，包括电子课件、原理动画、实操视频、微课案例、习题资源、单机及联网程序以及组态工程等。书中嵌入二维码，可通过移动终端随扫随学随练，以适应"互联网+"时代背景下碎片化移动学习、混合学习和翻转课堂等教与学的需要。

本书由北京电子科技职业学院马冬宝和张赛昆任主编，北京电子科技职业学院崔健和季君任副主编，参加编写工作的有亚龙智能装备集团股份有限公司陈晨和锡林郭勒职业学院朱丽娜。其中，马冬宝和陈晨编写项目一和项目八，季君和朱丽娜编写项目二和项目三，

崔健编写项目四和项目五，张赛昆编写项目六和项目七，朱丽娜、崔健、季君和陈晨负责搜集各项目相关知识，制作教学资源。全书由马冬宝和张赛昆统稿。另外，本书还获得了教学合作企业亚龙智能装备集团股份有限公司工程技术人员的大力支持，他们对本书提出了很多宝贵意见和建议，在此表示感谢。

由于编者的水平有限，书中难免存在疏漏和不妥之处，敬请广大读者和专家批评指正。

编 者

QR code
二维码索引

（续）

Contents

目　录

项目一

自动化生产线认知与操作

项目目标

1）认知自动化生产线，了解其功能特点以及发展概况。
2）认知 YL - 335B 型自动化生产线的基本功能、各组成单元以及系统构成特点。
3）熟悉 S7 - 1200 PLC 基本编程方法及调试步骤。

项目描述

　　自动化生产线是一种典型的机电一体化装置，涉及机械技术、气动技术、传感检测技术、电动机与电气控制技术、PLC 控制技术、工业网络通信技术和触摸屏组态技术等。YL - 335B 型自动化生产线实训考核装置模拟了一个与实际自动化生产线十分接近的控制过程。通过本项目的学习，读者能够初步认识和了解自动化生产线系统所涉及的多种技术知识，以及 YL - 335B 型自动化生产线的控制过程。

知识准备

知识思维导图

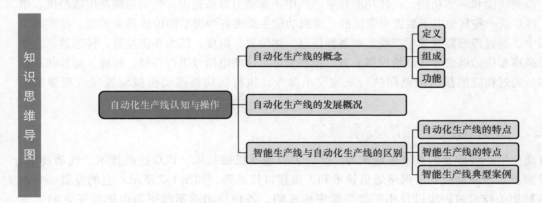

一、自动化生产线的概念

　　自动化生产线是产品生产过程所经过的路线，即从原料进入生产现场开始，经过加工、运送、装配和检验等一系列生产活动所构成的路线。自动化生产线是由自动执行装置（包括各种执行器件及机构，如电动机、电磁铁、电磁阀、气缸和液压缸等）经各种检测装置（包括各种检测器件、传感器和仪表等）检测各装置的工作进程、工作状态，经逻辑、数理运算及判断，按生产工艺要求的程序自动进行生产作业的流水线。图 1-1 为自动化生产线案例。

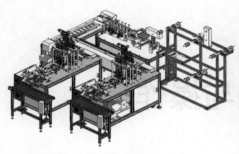

a) 某口罩机生产线

b) 铝车轮自动化生产线

c) 自动变送器生产线

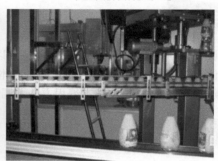

d) 饮料瓶自动压盖生产线

图 1-1　自动化生产线案例

由于生产的产品不同，各种类型的自动化生产线大小不一、结构多样、功能各异，但基本都可分为 5 个部分：机械本体部分、传感器检测部分、控制部分、执行机构部分和动力源部分。

从功能上看，无论何种类型的自动化生产线都应具备最基本的 4 大功能，即运转功能、控制功能、检测功能和驱动功能。运转功能在生产线中依靠动力源来提供。控制功能是由微型机、单片机、PLC 或一些其他电子装置来完成的。检测功能主要由各种类型的传感器来实现。在实际工作过程中，通过传感器收集生产线上的各种信息，如位置、温度、压力和流量等，传感器把这些信息转换成相应的电信号传递给控制装置，控制装置对这些电信号进行存储、传输、运算和变换等，然后通过相应的接口电路向执行机构发出命令，执行机构再驱动机械装置完成所要求的动作。

二、自动化生产线的发展概况

自动化生产线涉及的技术领域较为广泛，主要包括机械技术、PLC 控制技术、气动技术、传感检测技术、驱动技术、网络通信技术和人机接口技术等，如图 1-2 所示。它的发展、完善是与各种相关技术的进步以及相互渗透紧密相连的，各种技术的不断更新也推动了它的迅速发展。

PLC（可编程控制器）是一种数字运算操作的电子系统，是专为工业环境下的应用而设计的控制器。它是在电气控制技术和计算机技术的基础上开发出来的，并逐渐发展成以微处理器为核心，将自动化技术、计算机技术和通信技术融为一体的新型工业控制装置，被广泛应用于自动化生产的控制系统中。

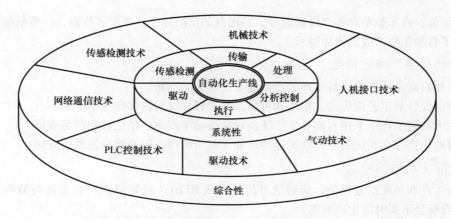

图 1-2　自动化生产线涉及的技术领域

世界上第一台 PLC

　　世界上第一台 PLC 产生于 1969 年，由当时美国数字设备公司（DEC）为美国通用汽车（GM）公司研制开发并成功应用于汽车生产线上，被人们称为可编程序逻辑控制器（Programmable Logic Controller），简称 PLC。

　　由于微型计算机的出现，机器人内装的控制器被计算机代替而产生了工业机器人，以工业机械手最为普遍。各具特色的机器人和机械手在自动化生产中被广泛应用于装卸工件、定位夹紧和工件传输等。现在正在研制的新一代智能机器人不仅具有运动操作技能，而且还有视觉、听觉和触觉等感觉的辨别能力，有的还具有判断、决策能力。这种机器人的研制成功，将自动化带入了一个全新的领域。

　　请读者查阅"中国机器人之父"蒋新松的事迹，并在在线课程平台上分享讨论。

　　液压和气动技术，特别是气动技术，由于使用的是取之不尽的空气作为介质，具有传动反应快、动作迅速、气动元件制作容易、成本小、便于集中供应和长距离输送等优点，而引起人们的普遍重视。气动技术已经发展成为一个独立的技术领域，在各行业，特别是自动化生产线中得到迅速的发展和广泛的使用。

　　此外，传感检测技术随着材料科学的发展形成了一个新型的科学技术领域。在应用上出现了带微处理器的"智能传感器"，它在自动化生产中作为前端的感知工具，起着极其重要的作用。

　　进入 21 世纪，自动化功能在计算机技术、网络通信技术和人工智能技术的推动下不断发展，从而能够生产出更加智能的生产线，使工业生产过程有一定的自适应能力。所有这些支持自动化生产的相关技术的进一步发展，使得自动化生产功能更加齐全、完善和先进，从而能完成技术性更复杂的操作和生产，或装配工艺更复杂的产品。

三、智能生产线与自动化生产线的区别

　　很多行业的企业高度依赖自动化生产线，比如钢铁、化工、制药、食品饮料、烟草、芯片制

造、电子组装、汽车整车和零部件制造等，实现自动化的加工、装配和检测，一些机械标准件生产也应用了自动化生产线，比如轴承。

1. 自动化生产线的特点

1）采用自动化生产线进行生产的产品应有足够大的产量。

2）产品设计和工艺应先进、稳定和可靠，并在较长时间内保持基本不变。

3）在大批量生产中采用自动化生产线能提高劳动生产率、稳定性和产品质量。

4）智能生产线在我国制造企业的应用还处于起步阶段，但必然是发展的方向。

2. 智能生产线的特点

1）在生产和装配的过程中，能够通过传感器或 RFID（射频识别）自动进行数据采集，并通过电子看板显示实时的生产状态。

2）能够通过机器视觉和多种传感器进行质量检测，自动剔除不合格品，并对采集的质量数据进行 SPC（统计过程控制）分析，找出质量问题的成因。

3）能够支持多种相似产品的混线生产和装配，灵活调整工艺，适应小批量、多品种的生产模式。

4）具有柔性，如果生产线上有设备出现故障，能够调整到其他设备生产。

5）针对人工操作的工位，能够给予智能的提示。

◎ 微案例

智能生产线典型案例——西门子公司成都数字化工厂

西门子公司位于成都的数字化工厂——西门子工业自动化产品成都生产及研发基地（SEWC）被世界经济论坛评为"全球九家最先进的工厂"之一，如图1-3所示。

SEWC 是西门子公司在德国以外建立的首家数字化工厂，也是西门子公司继德国、美国之后在全球的第3个工业自动化产品的研发中心，实现了从产品设计到制造过程的高度数字化。

凭借以"数字化双胞胎"为核心的柔性生产技术平台，SEWC 能够确保快速分配资源、高效排产并遵循高质量标准，SEWC 高度柔性的生产方式保证了 99% 的及时交货率。其次，数字化的生产方式促进了高效生产，使工厂的产量增加了 4 倍。在工业自动化产品的制造方面，SEWC 遵循全球统一的质量标准，产品质量合格率达到 99.999%。

图1-3　西门子公司成都数字化工厂

整个工厂实现了无纸化生产，所有的生产实时数据，包括各种质量数据、产能数据、需求数据和生产订单数据等都以在线的方式在 IT 系统里面显示。生产过程中，物料的运输是完全自动化的。

项目实施

自动化生产线的
运行过程

任务一 认识 YL - 335B 型自动化生产线

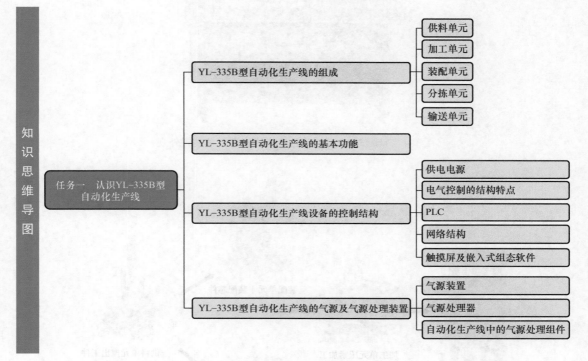

一、YL - 335B 型自动化生产线的组成

YL - 335B 型自动化生产线实训考核装置在铝合金导轨式实训台上安装供料单元、装配单元、加工单元、分拣单元和输送单元 5 个工作单元，构成一个典型的自动化生产线的工作平台，其外观如图 1-4 所示。其中，各工作单元位置可以根据需要进行调整。

二、YL - 335B 型自动化生产线的基本功能

YL - 335B 型自动化生产线的控制方式采用每一工作单元由一台 PLC 承担其控制任务，各PLC 之间通过工业以太网实现互联的分布式控制方式，其工作过程如图 1-5 所示。

1）供料单元按照需要将放置在料仓中的工件（金属工件、白色塑料工件和黑色塑料工件）推出到物料台上，输送单元的机械手抓取推出的工件，输送到装配单元的装配台上。

2）装配单元将其料仓内的金属、黑色或白色小圆柱芯件嵌入到装配台上的待装配工件中。装配完成后，输送单元的机械手抓取已装配工件，输送到加工单元的加工台上（装配单元Ⅱ为新的单元，由步进电动机控制，对应内容将在项目五中详细介绍）。

3）加工单元对工件进行压紧加工。工作过程为：夹紧加工台上的工件，使加工台移动到冲压机构下面完成冲压加工，然后加工台返回原位置，松开工件，等待输送单元的抓取机械手抓取

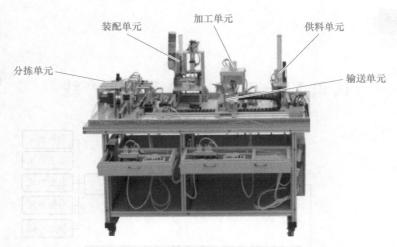

图 1-4　YL-335B 型自动化生产线实训考核装置外观

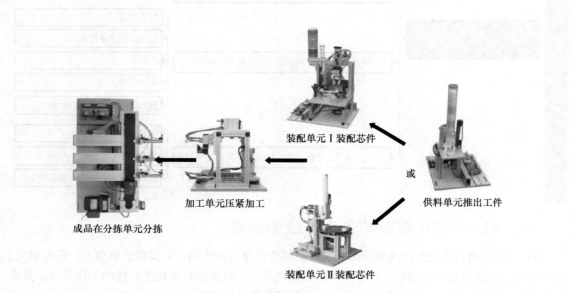

图 1-5　YL-335B 型自动化生产线的工作过程

后输送到分拣单元的进料口。

4）分拣单元的变频器驱动传送带电动机运转，使成品工件在传送带上传送，在检测区获得工件的属性（颜色、材料等），进入分拣区后，完成不同属性的工件从不同料槽的分流。

5）在上述的工艺流程中，工件在各工作单元的转移依靠输送单元实现。输送单元通过伺服装置驱动抓取机械手在直线导轨上运动，定位到指定单元的物料台处，并在该物料台上抓取工件，把抓取到的工件输送到指定地点放下，以实现传送工件的功能。

从生产线的控制过程来看，供料、装配和加工单元都属于对气动元件的逻辑控制；分拣单元则包括变频器驱动、运用 PLC 内置高速计数器检测工件位移的运动控制，以及通过传感器检测工件属性，实现分拣算法的逻辑控制；输送单元则着重于伺服系统快速、精确定位的运动控制。系统各工作单元的 PLC 之间的信息交换通过工业以太网通信实现，而系统运行的主令信号、各单元工作状态的监控，则由连接到系统主站的嵌入式人机界面实现。

由此可见，YL-335B 型自动化生产线充分体现了自动化生产线的综合性和系统性两大特点，涵盖了自动化类专业所要求掌握的各门课程的基本知识点和技能点。利用 YL-335B 型自动化生产线，可以模拟一个与实际生产情况十分接近的控制过程，使读者得到一个非常接近于实际的教学设备环境，从而缩短了理论教学与实际应用之间的距离。

三、YL-335B 型自动化生产线设备的控制结构

1. YL-335B 型自动化生产线的供电电源

YL-335B 型自动化生产线要求外部供电电源为三相五线制 AC 380V/220V，图 1-6 为供电电源的一次回路原理图。图 1-6 中，总电源开关选用 DZ47LE-32/C32 型三相四线剩余电流断路器（3P + N 结构型式）。系统各主要负载通过低压断路器单独供电。其中，变频器电源通过 DZ47C16/3P 型三相低压断路器供电；伺服装置和各工作单元 PLC 均采用 DZ47C5/2P 型单相低压断路器供电。此外，系统配置 4 台 DC 24V/6A 开关稳压电源分别用作供料和加工单元、装配单元、分拣单元以及输送单元的直流电源。YL-335B 型自动化生产线供电电源的所有开关设备都安装在配电箱内，配电箱设备安装图如图 1-7 所示。

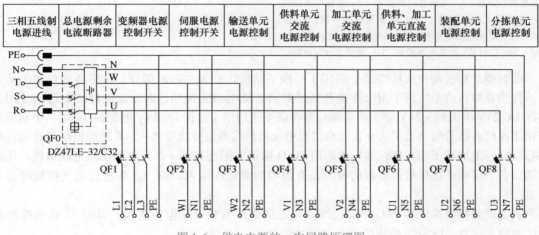

图 1-6　供电电源的一次回路原理图

QF1—DZ47C16/3P　QF2 ~ QF8—DZ47C5/2P

2. YL-335B 型自动化生产线电气控制的结构特点

1）从结构上来看，机械装置部分和电气控制部分相对分离。YL-335B 型自动化生产线各工作单元在实训台上的分布主视图如图 1-8 所示。由图 1-8 可见，从整体来看，YL-335B型自动化生产线的机械装置部分和电气控制部分是相对分离的。每一工作单元机械装置整体安装在底板上，而控制工作单元生产过程的 PLC 装置、按钮/指示灯模块则安装在工作台两侧的抽屉板上。

工作单元机械装置与 PLC 装置之间信息交换的方法是：机械装置上各电磁阀和传感器的引线均连接到装置侧的接线端口上，PLC 的 I/O（输入/输出）引出线则连接到 PLC 侧的接线端口上，两个接线端口间通过多芯信号电缆互连。图 1-9 和图 1-10 分别为输入设备装置侧与 PLC 侧接口板连接方法和输出设备装置侧与 PLC 侧接口板连接方法。

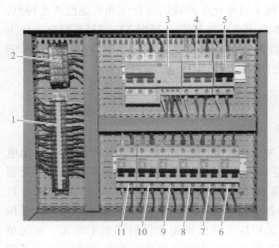

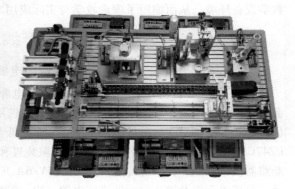

图 1-7 配电箱设备安装图

图 1-8 YL－335B 型自动化生产线各工作单元在
实训台上的分布主视图

1—工作单元电源端子 2—三相电源进线端子 3—总电
源控制断路器 4—变频器电源控制 5—伺服电源控制
6—分拣单元电源控制 7—装配单元电源控制 8—供
料、加工单元直流电源控制 9—加工单元交流电源控
制 10—供料单元交流电源控制 11—输送单元电源控制

装置侧的接线端口的接线端子采用 3 层端子结构，分为左右两部分：传感器端口和驱动端口。传感器端口的上层端子用以连接各传感器的直流电源正极端，而驱动端口的上层端子用以连接 DC 24V 电源的 +24V 端。两个端口的底层端子均用于连接 DC 24V 电源的 0V 端，中间层端子用于连接各信号线。为了防止在实训过程中误将传感器信号线接到 +24V 端而损坏传感器，传感器端口各上层端子均在接线端口内部用 510Ω 限流电阻连接到 +24V 电源端。也就是说，传感器端口各上层端子提供给传感器的电源是有内阻的非稳压电源，这一点在进行电气接线时必须注意。

装置侧的接线端口和 PLC 侧的接线端口之间通过两根专用电缆连接，其中 25 针电缆连接 PLC 的输入信号，15 针电缆连接 PLC 的输出信号。

2）每一工作单元都可自成一个独立的系统。YL－335B 型自动化生产线每一工作单元的工作都由一台 PLC 控制，从而可自成一个独立的系统。独立工作时，其运行的主令信号以及运行过程中的状态显示信号，来源于该工作单元按钮/指示灯模块，其外观如图 1-11 所示。模块上指示灯和按钮的引出线全部连到接线端子排上。

机械装置部分和电气控制部分相对分离，以及工作单元工作的独立性，加强了系统的灵活性，并使得各工作单元均可单独成系统运行。

3. YL－335B 型自动化生产线中的 PLC

大多数主流品牌的小型 PLC 都能满足 YL－335B 型自动化生产线的控制要求。根据目前国内小型 PLC 的市场格局，以及各院校 PLC 教学所采用的主流机型，YL－335B 型自动化生产线的标准配置以西门子 S7－200 SMART 系列和三菱 FX3U 系列 PLC 为主。随着未来技术发展的趋势和企业需求，本书对采用西门子 S7－1200 系列 PLC 的 YL－335B 型自动化生产线进行介绍，其各工作单元 PLC 的配置见表 1-1。

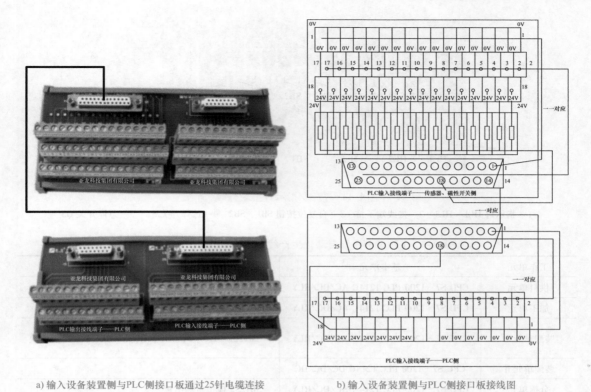

a) 输入设备装置侧与PLC侧接口板通过25针电缆连接　　b) 输入设备装置侧与PLC侧接口板接线图

图 1-9　输入设备装置侧与 PLC 侧接口板连接方法

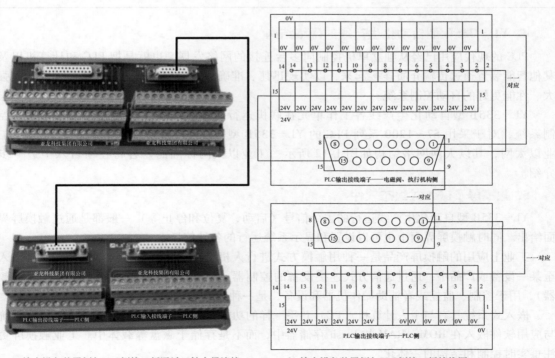

a) 输出设备装置侧与PLC侧接口板通过15针电缆连接　　b) 输出设备装置侧与PLC侧接口板接线图

图 1-10　输出设备装置侧与 PLC 侧接口板连接方法

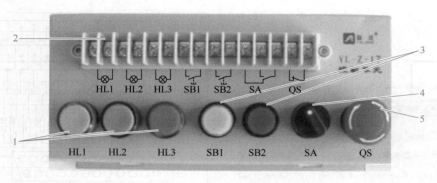

图 1-11　按钮/指示灯模块外观

1—指示灯 HL1～HL3　2—接线端子排　3—自复位按钮 SB1、SB2　4—选择开关 SA　5—急停开关 QS

表 1-1　YL-335B 型自动化生产线各工作单元 PLC 的配置

工作单元	基本单元	扩展设备
供料单元	CPU S7-1200 PLC 1214C AC/DC/RLY	
加工单元	CPU S7-1200 PLC 1214C AC/DC/RLY	
装配单元 I	CPU S7-1200 PLC 1214C AC/DC/RLY	SM1223 DI16×24V DC，DQ16×RLY I/O 扩展模块
装配单元 II	CPU S7-1200 PLC 1214C DC/DC/DC	
分拣单元	CPU S7-1200 PLC 1214C AC/DC/RLY	SB1232 模拟量输出板
输送单元	CPU S7-1200 PLC 1214C DC/DC/DC	SM1223 DI8×24V DC，DQ8×RLY I/O 扩展模块

4. YL-335B 型自动化生产线的网络结构

PLC 的现代应用已经从独立单机控制向多台连接的网络发展，也就是把 PLC 和计算机以及其他智能装置通过传输介质连接起来，以实现迅速、准确和及时的数据通信，从而构成功能强大、性能更好的自动控制系统。

YL-335B 型自动化生产线各工作单元在联机运行时通过网络互联构成一个分布式的控制系统，对于采用 S7-1200 系列 PLC 的 YL-335B 型自动化生产线，其标准配置采用了工业以太网，其以太网网络结构如图 1-12 所示。工业以太网标准的内容将在项目八中进一步介绍。

5. 触摸屏及嵌入式组态软件

YL-335B 型自动化生产线运行的主令信号（启动、复位和停止等）一般都是通过触摸屏界面给出。同时触摸屏界面上也可以设置和显示系统运行的各种信息。

工业上应用的触摸屏产品是一种用触摸方式进行人机交互的计算机系统。触摸屏通常嵌入至某一设备或产品中，通过通信方式连接设备的控制器（PLC）或智能的执行机构（例如变频器），用于控制、监控或者辅助操作机器和设备，是一种嵌入式系统。

嵌入式系统具有与个人计算机（PC）几乎一样的功能，与 PC 的区别仅仅是将微型操作系统与应用软件嵌入在 ROM、RAM 与 Flash 存储器中，而不是存储于磁盘等载体中。工业触摸屏更注重实时控制和结构的一体化。

YL-335B 型自动化生产线选用昆仑通态公司开发的 TPC7062Ti 触摸屏作为它的人机界面。TPC7062Ti 触摸屏是一套以先进的 Cortex-A8 CPU 为核心（主频率为 600MHz）的高性能嵌入式

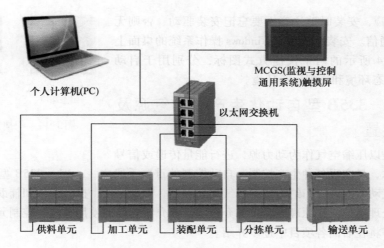

图 1-12 YL-335B 型自动化生产线的以太网网络结构

一体化触摸屏。该产品设计采用了 7in（1in = 2.54cm）高亮度 TFT（薄膜晶体管）液晶显示屏（分辨率为 800 × 480 像素）、四线电阻式触摸屏（分辨率为 4096 × 4096 像素），同时还预装了 MCGS 嵌入版组态软件（运行版），具有强大的图像显示和数据处理功能。

运行在触摸屏上的各种控制界面，需要首先用运行于 PC Windows 操作系统下的画面组态软件 MCGS 制作"工程文件"，再通过 PC 和触摸屏的 USB（通用串行总线）口或者网口把组建好的"工程文件"下载到人机界面中运行，与生产设备的控制器（PLC 等）不断交换信息，实现监控功能。人机界面的组态与运行过程的示意图如图 1-13 所示。

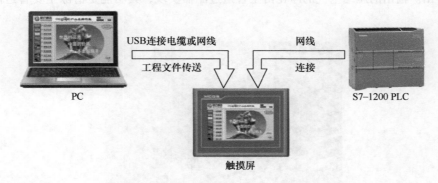

图 1-13 人机界面的组态与运行过程的示意图

MCGS 嵌入版组态软件结构体系分为组态环境、模拟运行环境和运行环境 3 部分。组态环境和运行环境是分开的，在组态环境下组态好的工程要下载到嵌入式系统中运行。

组态环境和模拟运行环境相当于一套完整的工具软件，可以在 PC 上运行。用户可根据实际需要裁减其中内容，它帮助用户设计和构造自己的组态工程并进行功能测试。

运行环境则是一个独立的运行系统，它按照组态工程中用户指定的方式进行各种处理，完成用户组态设计的目标和功能。运行环境本身没有任何意义，必须与组态工程一起作为一个整体，才能构成用户应用系统。一旦组态工作完成，并且将组态好的工程通过串口或以太网下载到下位机的运行环境中，组态工程就可以离开组态环境而独立运行在下位机上，从而实现了控制系统的可靠性、实时性、确定性和安全性。

MCGS 嵌入版组态软件须首先安装到 PC 上才能使用，具体安装步骤请参阅《MCGS 嵌入版组态软件说明书》，安装时请注意不要忘记安装驱动，否则无法与 PLC 进行通信。安装完成后，Windows 操作系统的桌面上添加了如图 1-14 所示的两个快捷方式图标，分别用于启动 MCGS 嵌入式组态环境和模拟运行环境。

a) MCGS 嵌入式组态环境　　b) MCGS 嵌入式模拟运行环境

图 1-14　快捷方式图标

四、YL-335B 型自动化生产线的气源及气源处理装置

气动技术是以压缩空气作为动力源，进行能量传递或信号传递的工程技术，是实现各种生产控制、自动控制的重要手段之一。YL-335B 型自动化生产线上安装了许多气动器件，可归纳为气源及气源处理器、控制元件、执行元件和辅助元件。下面仅对气源及气源处理器的工作原理做简单的介绍，重点介绍它们的使用方法。控制元件、执行元件以及辅助元件等将在后面各项目中逐步介绍。

1. 气源装置

气源装置是用来产生具有足够压力和流量的压缩空气并将其净化、处理及存储的一套装置。自动化生产线常常使用气泵作为气源装置，YL-335B 型自动化生产线气泵的主要部分如图 1-15 所示。

图 1-15 中，空气压缩机实现把电能转变为气压能，所产生的压缩空气用储气罐先贮存起来，再通过气源开关控制输出，这样可减少输出气流的压力脉动，使输出气流具有流量连续性和气压稳定性；储气罐内的压力用压力表显示，压力控制则由压力开关实现，即在设定的最高压力停止电动机，在设定的最低压力重新激活电动机。当压力超过允许限度时，则用过载安全保护器将压缩空气排出。输出的压缩空气的净化由主管道过滤器实现，其功能是清除主要管道内的灰尘、水分和油。

图 1-15　YL-335B 型自动化生产线气泵的主要部分

1—储气罐　2—过载安全保护器　3—压力开关　4—空气压缩机
5—气源开关　6—压力表　7—主管道过滤器

2. 气源处理器

从空气压缩机输出的压缩空气中，仍然含有大量的水分、油和粉尘等污染物。质量不良的压缩空气是气动系统出现故障的最主要因素，它会使气动系统的可靠性和使用寿命大大降低。因此，压缩空气进入气动系统前应进行二次过滤，以便滤除压缩空气中的水分、油滴以及杂质，以达到启动系统所需要的净化程度。

为确保系统压力的稳定性，减小因气源气压突变时对阀门或执行器等硬件的损伤，进行空

气过滤后，应调节或控制气压的变化，并保持降压后的压力值固定在需要的值上。实现方法是使用减压阀调定。

气压系统的机体运动部件需进行润滑。对不方便加润滑油的部件进行润滑，可以采用油雾器，它是气压系统中一种特殊的注油装置，其作用是把润滑油雾化后，经压缩空气携带进入系统各润滑部位，满足润滑的需要。

工业上的气动系统，常常把空气过滤器、减压阀和油雾器组合起来，各元件之间采用模块式组合方式连接构成气动三联件，作为气源处理装置，如图1-16所示。这种方式安装简单，密封性好，易于实现标准化、系列化，可缩小外形尺寸，节省空间和配管，便于维修和集中管理。

图 1-16 气动三联件

有些品牌的电磁阀和气缸能够实现无油润滑（靠装配前预先添加在密封圈内的润滑脂使气缸运动部件润滑），因而不需要使用油雾器。这时只需把空气过滤器和减压阀组合在一起，称为气动二联件。

3. 气源处理组件

YL-335B型自动化生产线所有气缸都是无油润滑气缸，因此它的气源处理组件只使用空气过滤器和减压阀集装在一起的气动二联件结构，气源处理组件及气动原理图如图1-17所示。

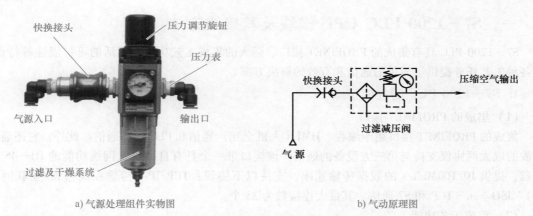

a) 气源处理组件实物图   b) 气动原理图

图 1-17 YL-335B型自动化生产线的气源处理组件及气动原理图

图1-17中，气源处理组件的输入气源来自空气压缩机，所提供的压力为0.6~1.0MPa。组件的气路入口处安装一个快速气路开关——手推阀，用于启/闭气源。当把手推阀向左拔出时，气路接通气源；反之，把气路开关向右推入时气路关闭。

气源接通后，压缩空气进入，减压阀将较高的进口压力调节并降低到符合使用要求的出口压力，从组件的出口侧输出，然后通过快速三通接头和气管输送到各工作单元。

组件的输出压力为0~0.8MPa可调。进行压力调节时，在转动压力调节旋钮前请先拉起再旋转，压下旋钮为定位，旋钮向右旋转为调高出口压力，向左旋转为调低出口压力。调节压力时应逐步均匀地调至所需压力值，不应一步调节到位。

本组件的空气过滤器采用手动排水方式。手动排水时当水位达到滤芯下方最低标线之前必须排出。因此在使用时，应注意经常检查过滤器中凝结水的水位，在超过最高标线以前必须排放，以免被重新吸入。

任务二　S7-1200 PLC 编程及调试步骤

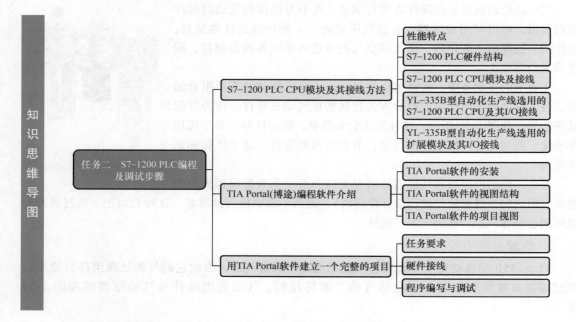

一、S7-1200 PLC CPU 模块及其接线方法

S7-1200 PLC 具有集成的 PROFINET 接口、强大的集成工艺功能和灵活的可扩展性等特点，为各种工艺任务提供了简单的通信和有效的解决方案。

1. S7-1200 PLC 的性能特点

（1）集成的 PROFINET 接口

集成的 PROFINET 接口用于编程、HMI（人机交互）通信和 PLC 间的通信。此外，它还通过开放的以太网协议支持与第三方设备的通信。该接口带一个具有自动交叉网线功能的 RJ-45 连接器，提供 10/100Mbit/s 的数据传输速率，支持以下协议：TCP/IP（传输控制协议/互联网协议）、ISO-on-TCP 和 S7 通信。其最大连接数为 23 个。

（2）集成工艺功能

1）高速输入。S7-1200 PLC 带有多达 6 个高速计数器，其中 3 个输入为 100kHz，3 个输入为 30kHz，用于计数和测量。

2）高速输出。S7-1200 PLC 集成了 4 个 100kHz 的高速脉冲输出，用于步进电动机或伺服驱动器的速度和位置控制。这 4 个输出都可以输出 PWM（脉宽调制）信号来控制电动机速度、阀位置或加热元件的占空比。

3）PID 控制。S7-1200 PLC 中提供了多达 16 个带自动调节功能的 PID 控制回路，用于简单的闭环过程控制。

（3）存储器

为用户指令和数据提供高达 150KB 的共用工作内存。同时还提供了高达 4MB 的集成装载内存和 10KB 的掉电保持内存。

SIMATIC 存储卡是可选件，通过不同的设置，可用作编程卡、传送卡和固件更新卡 3 种功能。

（4）智能设备

通过简单组态，S7－1200 PLC 通过对 I/O 映射区的读写操作，实现主从架构的分布式 I/O 应用。

（5）通信

S7－1200 PLC 提供各种各样的通信选项以满足网络通信要求，其可支持的通信协议有：I－Device（智能设备）、PROFINET 通信、PROFIBUS 通信、远距离控制通信、点对点（PTP）通信、USS 通信、Modbus RTU、AS－I 和 I/O Link MASTER 等。

2. S7－1200 PLC 硬件结构

S7－1200 PLC 的硬件主要包括电源模块、CPU 模块、信号模块（SM）、通信模块（CM）和信号板（SB）。S7－1200 PLC 最多可以扩展 8 个信号模块和 3 个通信模块，最大本地数字 I/O 点数为 284 个，最大本地模拟 I/O 点数为 69 个。S7－1200 PLC 外形如图 1-18 所示，通信模块安装在 CPU 模块的左侧，信号模块安装在 CPU 模块的右侧，西门子早期的 PLC 产品扩展模块只能安装在 CPU 模块的右侧。

3. S7－1200 PLC CPU 模块及接线

S7－1200 PLC 的 CPU 模块是 S7－1200 PLC 系统中最核心的成员。目前，S7－1200 PLC 的 CPU 有 5 类：CPU 1211C、CPU 1212C、CPU 1214C、CPU 1215C 和 CPU 1217C。每类 CPU 模块又细分 3 种规格：DC/DC/DC、DC/DC/RLY 和 AC/DC/RLY，印刷在 CPU 模块的外壳上。其含义如图 1-19 所示。

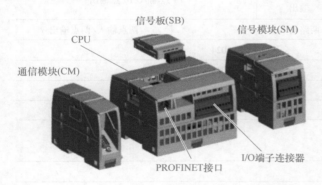

图 1-18　S7－1200 PLC 外形

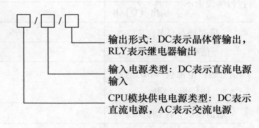

输出形式：DC 表示晶体管输出，RLY 表示继电器输出

输入电源类型：DC 表示直流电源输入

CPU 模块供电电源类型：DC 表示直流电源，AC 表示交流电源

图 1-19　细分规格含义

AC/DC/RLY 的含义是：CPU 模块的供电电压是交流电，范围为 120～240V；输入电源是直流电源，范围为 20.4～28.8V；输出形式是继电器输出。

（1）CPU 模块的外部介绍

S7－1200 PLC 的 CPU 模块将微处理器、集成电源、模拟量 I/O 点和多个数字量 I/O 点集成在一个紧凑的盒子中，形成功能比较强大的 S7－1200 系列微型 PLC，外形图如图 1-20 所示。以下按照图中序号的顺序介绍其外部各部分的功能。

① 电源接口。用于向 CPU 模块供电，有交流和直流两种供电方式。

② 存储卡插槽。位于上部保护盖下面，用于安装 SIMATIC 存储卡。

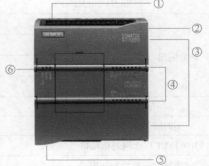

图 1-20　S7－1200 PLC 的 CPU 外形图

③ 接线连接器。也称为接线端子，位于保护盖下面。接线连接器具有可拆卸的优点，便于 CPU 模块的安装和维护。

④ 板载 I/O 的状态 LED 指示灯。通过板载 I/O 的状态 LED 指示灯（绿色）的点亮或熄灭，指示各输入或输出的状态。

⑤ 集成以太网（PROFINET 连接器）。位于 CPU 的底部，用户程序下载、设备组网。这使得程序下载更加方便快捷，节省了购买专用通信电缆的费用。

⑥ 运行状态 LED 指示灯。用于显示 CPU 的工作状态，如运行状态、停止状态和强制状态等。

（2）CPU 模块的常规规范　要掌握 S7 - 1200 PLC 的 CPU 的具体技术指标，必须要查看其常规规范，见表1-2。

表 1-2　S7 - 1200 PLC 的 CPU 常规规范

特　征		CPU 1211C	CPU 1212C	CPU 1214C	CPU 1215C	CPU 1217C
物理尺寸/mm ($D \times W \times H$)		$90 \times 100 \times 75$		$110 \times 100 \times 75$	$130 \times 100 \times 75$	$150 \times 100 \times 75$
用户存储器	工作/KB	50	75	100	125	150
	负载/MB	1			4	
	保持性/KB	10				
本地板载 I/O	数字量	6 点输入/4 点输出	8 点输入/6 点输出	14 点输入/10 点输出		
	模拟量	两路输入			两点输入/两点输出	
过程映像大小	输入（I）/B	1024				
	输出（Q）/B	1024				
位存储器（M）/B		4096			8192	
信号模块扩展		–	2	8		
信号板，电池板（BB）或通信板（CB）		1				
通信模块，左侧扩展		3				
高速计数器	总计	最多可组态 6 个，使用任意内置或信号板输入的高速计数器				
	1MHz					Ib. 2 ~ Ib. 5
	100kHz/80kHz	Ia. 0 ~ Ia. 5				
	30kHz/20kHz	–	Ia. 6 ~ Ia. 7	Ia. 6 ~ Ib. 5		Ia. 6 ~ Ib. 1
脉冲输出	总计	最多可组态 4 个，使用任意内置或信号板输出的脉冲输出				
	1MHz	–				Qa. 0 ~ Qa. 3
	100kHz	Qa. 0 ~ Qa. 3				Qa. 4 ~ Qb. 1
	20kHz	–	Qa. 4 ~ Qa. 5	Qa. 4 ~ Qb. 1		
存储卡		SIMATIC 存储卡（选件）				
实时时钟保持时间		通常为 20 天，40℃时最少为 12 天（免维护超级电容）				
PROFINET 以太网通信接口		1			2	
实数数学运算执行速度		2.3μs/指令				
布尔运算执行速度		0.08μs/指令				

（3）S7 - 1200 PLC 的指示灯

1）S7 - 1200 PLC 的 CPU 状态 LED 指示灯。S7 - 1200 PLC 的 CPU 上有 3 盏状态 LED 指示灯，分别是 STOP/RUN（运行/停止）、ERROR（错误）和 MAINT（维护），用于指示 CPU 的工作状态，其亮灭状态代表一定含义，见表 1-3。

表 1-3　S7 - 1200 PLC 的 CPU 状态 LED 指示灯的含义

说　　明	STOP/RUN（黄色/绿色）	ERROR（红色）	MAINT（黄色）
断电	灭	灭	灭
启动、自检或固件更新	闪烁（黄色和绿色交替）	—	灭
停止模式	亮（黄色）	—	—
运行模式	亮（绿色）	—	—
取出存储卡	亮（黄色）	—	闪烁
错误	亮（黄色或绿色）	闪烁	—
请求维护： 1）强制 I/O 2）需要更换电池（如果安装了电池板）	亮（黄色或绿色）	—	亮
硬件出现故障	亮（黄色）	亮	灭
LED 测试或 CPU 固件出现故障	闪烁（黄色和绿色交替）	闪烁	闪烁
CPU 组态版本未知或不兼容	亮（黄色）	闪烁	闪烁

2）通信状态的 LED 指示灯。S7 - 1200 PLC 的 CPU 还配备了两个可指示 PROFINET 通信状态的 LED 指示灯。打开底部端子块的盖子可以看到这两个 LED 指示灯，分别是 Link 和 Rx/Tx，其点亮的含义如下：Link（绿色）点亮，表示通信连接成功；Rx/Tx（黄色）点亮，表示通信传输正在进行。

3）通道 LED 指示灯。S7 - 1200 PLC 的 CPU 和各数字量信号模块为每个数字量输入和输出配备了 I/O 通道 LED 指示灯。通过 I/O 通道 LED 指示灯（绿色）的点亮或熄灭，指示各输入或输出的状态。例如 Q0.0 通道 LED 指示灯点亮，表示 Q0.0 线圈得电。

（4）CPU 的工作模式　CPU 有以下 3 种工作模式：STOP（停止）模式、STARTUP（启动）模式和 RUN（运行）模式。CPU 前面的状态 LED 指示灯指示当前工作模式。其 3 种工作模式如图 1-21 所示。

1）在 STOP 模式下，CPU 不执行程序，但可以下载项目。

2）在 STARTUP 模式下，执行一次启动 OB（如果存在）。在该模式下，CPU 不会处理中断事件。

3）在 RUN 模式下，程序循环

RUN/STOP指示灯的颜色表示CPU当前的操作模式：
黄色表示STOP模式。
绿色表示RUN模式。
闪烁表示STARTUP模式。

图 1-21　CPU 3 种工作模式

OB（程序块）重复执行。可能发生中断事件，并在 RUN 模式中的任意点执行相应的中断事件 OB。可在 RUN 模式下下载项目的某些部分。

CPU 支持通过暖启动进入 RUN 模式。暖启动不包括存储器复位。执行暖启动时，CPU 会初始化所有的非保持性系统和用户数据，并保留所有保持性用户数据值。

存储器复位将清除所有工作存储器、保持性及非保持性存储区，将装载存储器复制到工作存储器，并将输出设置为组态的"对 CPU STOP 的响应（Reaction to CPU STOP）"。存储器复位不会清除诊断缓冲区，也不会清除永久保存的 IP 地址值。

注意：目前 S7 - 1200/1500 PLC CPU 仅有暖启动模式，而部分 S7 - 400 PLC CPU 有热启动和冷启动。

4. YL - 335B 型自动化生产线选用的 S7 - 1200 PLC CPU 及其 I/O 接线

在 YL - 335B 型自动化生产线上，输送单元和装配单元Ⅱ采用 CPU 1214C DC/DC/DC，其余工作单元（包括原装配单元）均采用 CPU 1214C AC/DC/RLY。这两种型号 CPU 的典型接线见表 1-4。

表 1-4 S7 - 1200 PLC CPU 1214C DC/DC/DC 和 CPU 1214C AC/DC/RLY 的接线

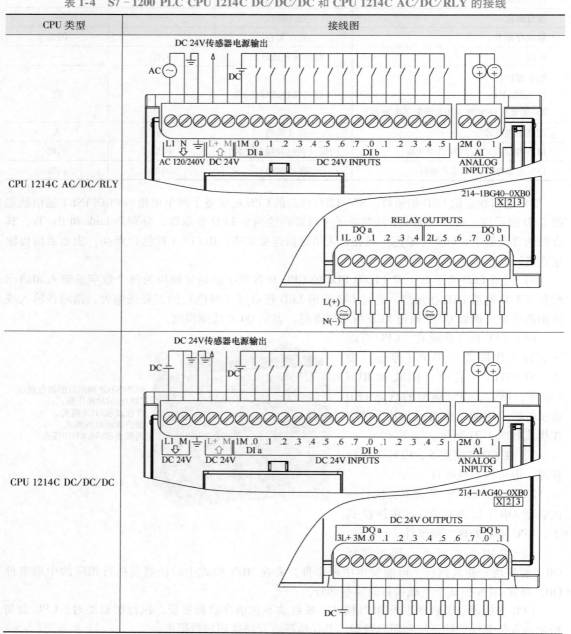

以 CPU 1214C 为例，供电类型有两种：DC 24V 和 AC 120/240V。DC/DC/DC 类型的 CPU 供电电源是 DC 24V；AC/DC/RLY 类型的 CPU 供电电源是 AC 220V。表 1-4 中 CPU 1214C AC/DC/RLY 左上角标记为 L1/N 的接线端子为交流电源输入端，CPU 1214C DC/DC/DC 左上角标记为 L+/M 的接线端子为直流电源输入端。两者供电电源右边标记为 L+/M 的接线端子对外输出 DC 24V，可用来给 CPU 本体的 I/O 点、信号板上的 I/O 点供电，最大供电能力为 300mA。

　　CPU 本体的数字量输入都是 DC 24V，其接线方法见表 1-5，可以支持漏型输入（回路电流从外接设备流向 CPU DI 端）和源型输入（回路电流从 CPU DI 端流向外接设备）。漏型和源型输入分别对应 PNP 和 NPN 输出类型的传感器信号。

表 1-5　数字量输入接线方法

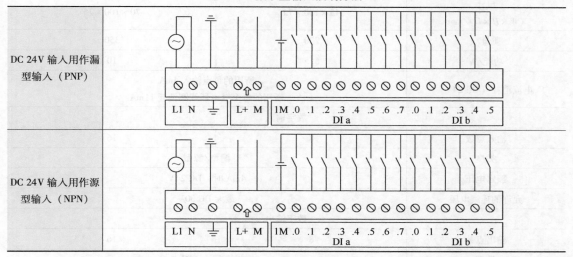

　　CPU 本体的数字量输出有两种类型：DC 24V 晶体管和继电器，其接线方法见表 1-6。晶体管输出，负载电源只能是直流电源，且输出高电平信号有效，因此是 PNP 输出；继电器输出，输出是分组安排的，每组既可以接直流信号也可以接交流信号，而且每组电源的电压大小可以不同，接直流电源时，CPU 模块没有方向性要求。

表 1-6　数字量输出接线方法

输出端子接线 （继电器输出）	DQ a 1L .0 .1 .2 .3 .4 2L .5 .6 .7 .0 .1　DQ b
输出端子接线 （晶体管输出 PNP）	DQ a 3L+ 3M .0 .1 .2 .3 .4 .5 .6 .7 .0 .1　DQ b

5. YL-335B 型自动化生产线选用的扩展模块及其 I/O 接线

YL-335B 型自动化生产线主要选用了两个扩展模块，一个是数字量输入/直流输出模块 SM1223，另一个是模拟量输出板 SB1232。下面分别介绍两个扩展模块的接线方法。

（1）数字量输入/直流输出模块 SM1223 目前 S7-1200 PLC 的数字量输入/直流输出模块有十多种规格，YL-335B 型自动化生产线上所使用的两个规格的技术的规范见表 1-7。

表 1-7 数字量输入/直流输出模块 SM1223 的技术规范

型 号	SM1223 DI8×24VDC，DQ8×RLY	SM1223 DI16×24VDC，DQ16×RLY
订货号（MLFB）	6ES7 223-1PH32-0XB0	6ES7 223-1PL32-0XB0
尺寸（W×H×D）/mm	45×100×75	70×100×75
质量/g	230	350
功耗/W	5.5	10
电流消耗（DC 24V）	所用的每点输入 4mA 所用的每个继电器线圈消耗 11mA	
数字输入		
输入点数	8	16
类型	漏型/源型	
额定电压	4mA 时，DC 24V	
允许的连续电压	最大 DC 30V	
数字输出		
输出点数	8	16
类型	继电器、干触点	
电压范围	DC 5~30V 或 AC 5~250V	
每个公共端的电流/A	10	8
同时接通的输出数	8	16

有的资料将数字量输入/直流输出模块 SM1223 称为混合模块。数字量输入/直流输出模块既可以是 PNP 输入也可以是 NPN 输入，根据现场实际情况决定。根据不同的工况，可以选择继电器输出或者晶体管输出。在图 1-22 SM1223 的接线图中，输入为 PNP 输入（也可以改换成 NPN 输入），输出只能是继电器输出，输出的负载电源可以是直流或者交流电源。

（2）模拟量输出板 SB1232 S7-1200 PLC 的 CPU 上可安装信号板，S7-200/300/400 PLC 没有这种信号板。目前有模拟量输入板、模拟量输出板、数字量输入板、数字量输出板、数字量输入/输出板和通信板。

模拟量输出板 SB1232 安装在 CPU 模块面板的上方，节省了安装空间，只有一个输出点，由 CPU 供电，不需要外接电源。输出电压或者电流，其范围是电流 0~20mA，对应满量程为 0~27648；电压范围是 -10~10V，对应满量程为 -27648~27648。模拟量输出板（SB1232 1×模拟量输出）的接线图如图 1-23 所示。

二、TIA Portal（博途）编程软件介绍

TIA Portal 是西门子重新定义自动化的概念、平台及标准的软件工具。它分为两个部分：STEP 7 和 WinCC。

SM 1223 DI 8×24V DC，DQ 8×继电器

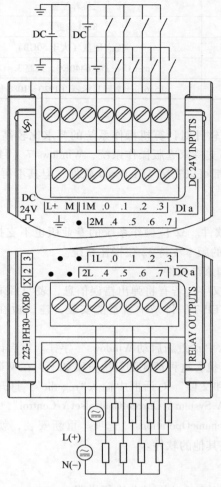

6ES7 223-1PH32-0XB0

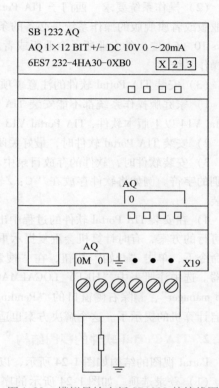

图 1-22 数字量输入/直流输出模块 SM1223 的接线图   图 1-23 模拟量输出板 SB1232 的接线图

TIA 是 Totally Integrated Automation 的简称，即全集成自动化；Portal 是入口，即开始的地方。TIA Portal 被称为"博途"，寓意全集成自动化的入口。

TIA Portal 自 2009 年发布第一款 SIMATIC STEP7 V10.5（STEP 7 Basic）以来，已经有 V10.5、V11、V12、V13、V14、V15、V16 和 V17 等版本，支持西门子最新的硬件 SIMATIC S7-1200/1500 系列 PLC，并向下兼容 S7-300/400 等系列 PLC 和 WinAC 控制器。

TIA Portal 可对西门子全集成自动化中所涉及的所有自动化和驱动产品进行组态、编程和调试。

1. TIA Portal 软件的安装

（1）硬件要求   TIA Portal 软件对计算机系统硬件的要求比较高，计算机最好配置固态硬盘（SSD）。安装"SIMATIC STEP 7 Professional"软件包对硬件的最低配置要求和推荐配置见表 1-8。

表 1-8 安装 "SIMATIC STEP 7 Professional" 软件包对硬件的最低配置要求和推荐配置

项目	最低配置要求	推荐配置
RAM	4GB	8GB 或更大
硬盘	16GB	固态硬盘（大于 50GB）
CPU	Intel Core i3 − 6100U，2.3GHz	Intel Core i5 − 6440EQ，最高 3.4GHz
屏幕分辨率	1024 ×768 像素	15.6 in[①] 宽屏显示器（1920 ×1080 像素）

① 1in = 0.0254m

（2）操作系统要求 西门子 TIA Portal V16 软件对计算机操作系统的要求比较高。专业版、企业版或者旗舰版的操作系统是必备的条件，不支持家庭版操作系统，Windows 7（64 位）/Windows 10（64 位）的专业版、企业版或者旗舰版都可以安装 TIA Portal 软件，但其不再支持 32 位的操作系统。

（3）安装 TIA Portal 软件的注意事项

1）家庭版操作系统都不能安装 TIA Portal 软件。32 位操作系统的专业版也不支持安装 TIA Portal V14 以上版本软件，TIA Portal V13 及之前的版本支持 32 位操作系统。

2）安装 TIA Portal 软件时，最好关闭监控和杀毒软件。

3）安装软件时，软件的存放目录中不能有汉字，若有将弹出错误信息，表明目录中有不能识别的字符。例如将软件存放在 "C：/软件/STEP 7" 目录中就不能安装，建议放在根目录下安装。

4）在安装 TIA Portal 软件的过程中出现提示 "请重新启动 Windows" 字样。重启计算机有时是可行的方案，有时计算机会重复提示重启计算机，这种情况的解决方案如下：在 Windows 的菜单命令下，单击 "开始" 按钮，在 "搜索程序和文件" 对话框中输入 "regedit"，打开注册表编辑器。选中注册表中 "HKEY_LOCALMACHINE \ System \ CurrentControlset \ Control" 中的 "Session manager"，删除右侧窗口的 "Pending FileRenameOperations" 选项。重新安装，就不会出现重启计算机的提示了。这个解决方案也适合安装其他的软件。

2. TIA Portal 软件的视图结构

Portal 视图的结构如图 1-24 所示，以下分别对各个主要部分进行说明。

（1）登录选项 如图 1-24 所示的序号 "①"，登录选项为各个任务区提供了基本功能。在 Portal 视图中提供的登录选项取决于所安装的产品。

（2）所选登录选项对应的操作 如图 1-24 所示的序号 "②"，此处提供了在所选登录选项中可使用的操作。可在每个登录选项中调用上下文相关的帮助功能。

（3）所选操作的选择面板 如图 1-24 所示的序号 "③"，所有登录选项中都提供了选择面板。该面板的内容取决于用户的当前选择。

（4）切换到项目视图 如图 1-24 所示的序号 "④"，可以使用 "项目视图" 链接切换到项目视图。

（5）当前打开项目的显示区域 如图 1-24 所示的序号 "⑤"，在此处可了解当前打开的是哪个项目。

3. TIA Portal 软件的项目视图

项目视图是所有组件的结构化视图，其界面如图 1-25 所示，项目视图是项目组态和编程的界面。

图 1-24　Portal 视图的结构

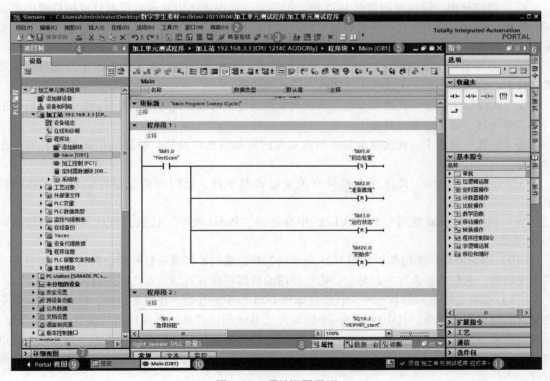

图 1-25　项目视图界面

单击如图 1-24 所示 Portal 视图界面的"项目视图"按钮，可以打开项目视图界面，界面中包含如下区域。

（1）标题栏　项目名称显示在标题栏中，如图 1-25 所示的①处的"供料单元测试程序"。

（2）菜单栏　菜单栏如图 1-25 所示的②处，包含工作所需的全部命令。

（3）工具栏　工具栏如图 1-25 所示的③处，工具栏提供了常用命令的按钮。可以快捷地访问"复制""粘贴""上传"和"下载"等命令。

（4）项目树　项目树如图 1-25 所示的④处，使用项目树功能，可以访问所有组件和项目数据。可在项目树中执行以下任务：添加新组件；编辑现有组件；扫描和修改现有组件的属性。

（5）工作区　工作区如图 1-25 所示的⑤处，在工作区内显示打开的对象。这些对象包括：编辑器、视图和表格。

在工作区可以打开若干个对象，但通常每次在工作区中只能看到其中一个对象。在编辑器栏中，所有其他对象均显示为选项卡。如果在执行某些任务时要同时查看两个对象，则可以水平或垂直方式平铺工作区，或浮动停靠工作区的元素。如果没有打开任何对象，则工作区是空的。

（6）任务卡　任务卡如图 1-25 所示的⑥处，根据所编辑对象或所选对象，提供了用于执行附加操作的任务卡。这些操作包括：

① 从库中或者从硬件目录中选择对象。

② 在项目中搜索或替换对象。

③ 将预定义的对象拖拽到工作区。

在屏幕右侧的条形栏中可以找到可用的任务卡，可以随时折叠和重新打开这些任务卡。哪些任务卡可用取决于所安装的产品，比较复杂的任务卡会划分为多个窗格，这些窗格也可以折叠和重新打开。

（7）详细视图　详细视图如图 1-25 所示的⑦处，详细视图中显示总览窗口或项目树中所选对象的特定内容。其中包含文本列表或变量，但不显示文件夹的内容。要显示文件夹的内容，可使用项目树或巡视窗口。

（8）巡视窗口　巡视窗口如图 1-25 所示的⑧处，对象或所执行操作的附加信息均显示在巡视窗口中。巡视窗口有 3 个选项卡：属性、信息和诊断。

①"属性"选项卡。此选项卡显示所选对象的属性，可以在此处更改可编辑的属性。属性的内容非常丰富，读者应重点掌握。

②"信息"选项卡。此选项卡显示所选对象的附加信息以及执行操作（例如编译）时发出的报警。

③"诊断"选项卡。此选项卡提供有关系统诊断事件、已组态消息事件以及连接诊断的信息。

（9）切换到 Portal 视图　单击图 1-25 中⑨处的"Portal 视图"按钮，可从项目视图切换到 Portal 视图。

（10）编辑器栏　编辑器栏如图 1-25 所示的⑩处，编辑器栏显示打开的编辑器。如果已打开多个编辑器，它们将组合在一起显示。可以使用编辑器栏在打开的元素之间进行快速切换。

（11）带有进度显示的状态栏　状态栏如图 1-25 所示的⑪处，在状态栏中，显示当前正在后台运行的过程的进度条，其中还包括一个图形方式显示的进度条。将鼠标指针放置在进度条上，系统将显示一个工具提示，描述正在后台运行的过程的其他信息。单击进度条边上的按钮，可以取消后台正在运行的过程。如果当前没有任何过程在后台运行，则状态栏中显示最新生成的报警。

三、用 TIA Portal 软件建立一个完整的项目

1. 任务要求

试采用 S7－1200 PLC CPU 1214C 实现电动机启停控制。具体要求，按下启动按钮 SB1，KA1 继电器线圈得电，电动机转；按下停止按钮 SB2，继电器线圈 KA1 失电，电动机停止运行。要求完成硬件接线及 PLC 程序的编写、编译下载及调试。

2. 硬件接线

根据任务要求，硬件接线如图 1-26 所示。图 1-26 中输入单元是源型接法，24V 电源正极接公共端 1M。

3. 程序编写与调试

电动机控制梯形图如图 1-27 所示，下面讲述该程序由编辑输入到下载、运行和监控的全过程。

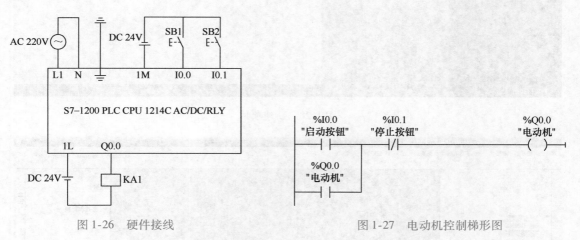

图 1-26　硬件接线　　　　　　　　　　　图 1-27　电动机控制梯形图

（1）新建项目，硬件配置

1）新建项目。打开 TIA Portal 软件，新建项目，命名为"电动机控制"，单击"创建"按钮，如图 1-28 所示，即可创建一个新项目。弹出的视图中，单击"项目视图"按钮，即可切换到项目视图，如图 1-29 所示。

2）添加新设备。如图 1-29 所示，在项目视图的项目树中，双击"添加新设备"选项，弹出如图 1-30 所示的界面，选中要添加的 CPU，本例为"6ES7 214－1BG40－0XB0"，单击"确定"按钮，CPU 模块添加完成。

（2）输入程序

1）将符号表与地址变量关联。在项目视图中，选定项目树中的"显示所有变量"，如图 1-31 所示，在项目视图的右上方有一个表格，单击"添加"按钮，在表格的"名称"栏中输入"启动按钮"，在"地址"栏中输入"I0.0"，这样符号"启动按钮"在寻址时，就代表"I0.0"。用同样的方法将"停止按钮"与"I0.1"关联，将"电动机"与"Q0.0"关联。

2）打开主程序。如图 1-32 所示，双击目录树中"Main［OB1］"，打开主程序。

3）输入触点和线圈。先把常用"工具栏"中的常开触点和线圈拖放到如图 1-33 所示的位置。用鼠标选中"双箭头"，按住鼠标左键不放，向上拖动鼠标，直到出现单箭头为止，松开鼠标。

图 1-28　新建项目

图 1-29　项目视图

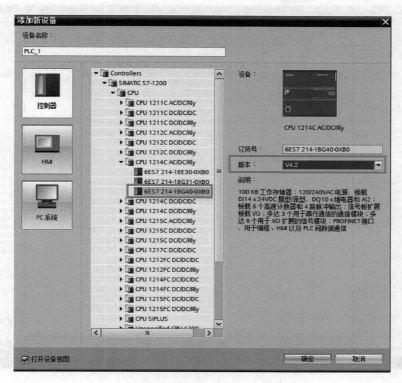

图 1-30　添加 CPU 模块

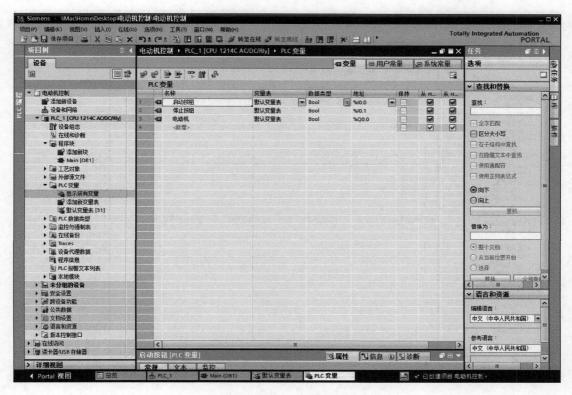

图 1-31　将符号表与地址变量关联

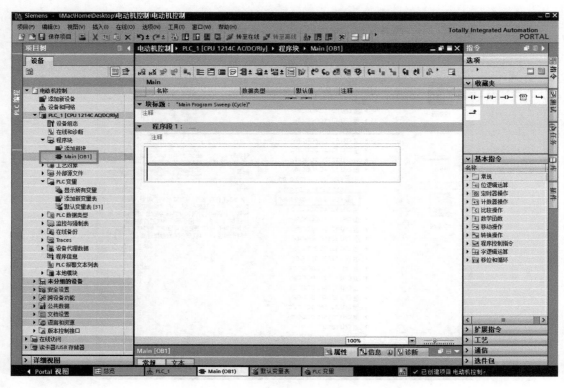

图 1-32　打开主程序

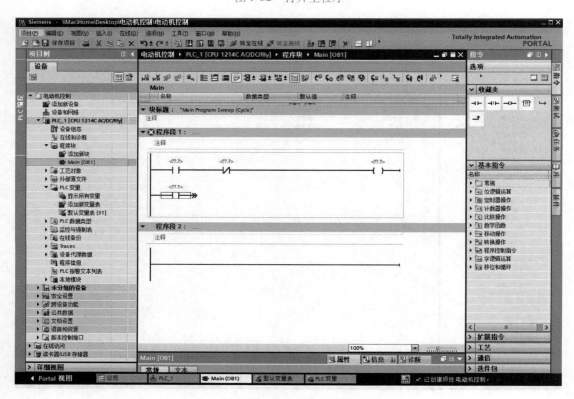

图 1-33　输入触点和线圈

4）输入地址。在如图 1-33 所示的问号处，输入对应的地址，梯形图的第一行分别输入 I0.0、I0.1 和 Q0.0，梯形图第 2 行输入 Q0.0，输入完成后，梯形图如图 1-34 所示。

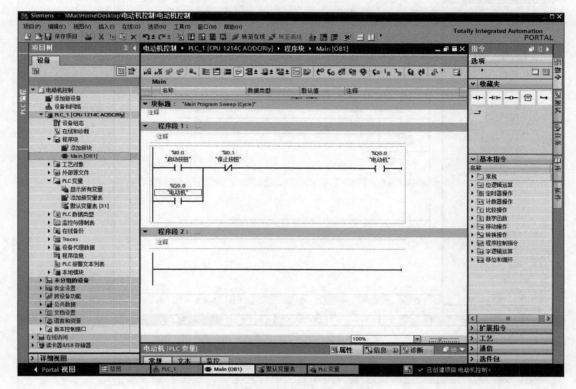

图 1-34　输入完成后的梯形图

5）保存项目。在项目视图中，单击"保存项目"按钮，保存整个项目。

（3）下载项目　用户把硬件配置和程序编写完成后，即可将硬件配置和程序下载到 CPU 中，下载的步骤如下：

1）在项目树中，选中需要下载的项目文件夹，然后执行菜单命令"在线"→"下载到设备"或直接单击工具栏上的图标"🔃"下载到设备，如图 1-35 所示。

另外，还可以下载单独的组件，例如硬件组态和程序块。在项目树中单击项目文件夹如图 1-36 所示，在弹出的菜单中会提供如下菜单命令。

① 下载到设备（L）→硬件和软件（仅更改）：设备组态和改变的程序下载到 CPU 中。

② 下载到设备（L）→硬件配置：只有硬件组态下载到 CPU 中。

③ 下载到设备（L）→软件（仅更改）：只有改变的程序块下载到 CPU 中。

④ 下载到设备（L）→软件（全部下载）：下载所有的程序块到 CPU 中。

S7-1200 PLC 下载程序必须是一致性下载，也就是无法做到只下载部分程序块到 CPU 中。

2）在弹出的"扩展下载到设备"对话框，设置 PG/PC 接口的类型，其"PG/PC 接口"下拉选项中选择编程设备的网卡，单击"开始搜索（S）"，搜索设备如图 1-37 所示。

3）搜索到可访问的设备后，选择要下载的 PLC，当网络上有多个 S7-1200 PLC 时，通过"闪烁 LED"来确认下载对象，单击"下载（L）"按钮，如图 1-38 所示。

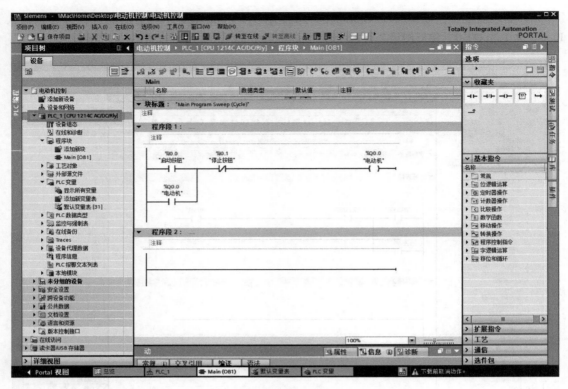

图 1-35　下载项目

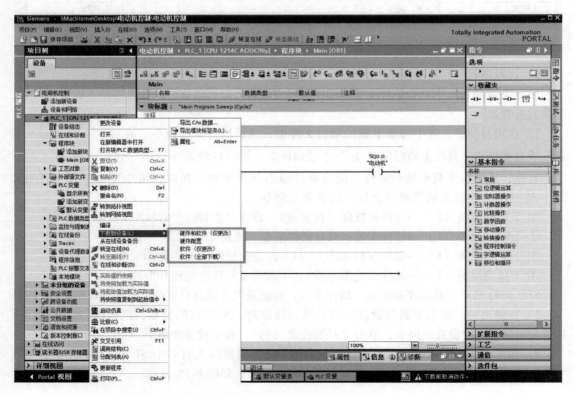

图 1-36　下载单独的组件

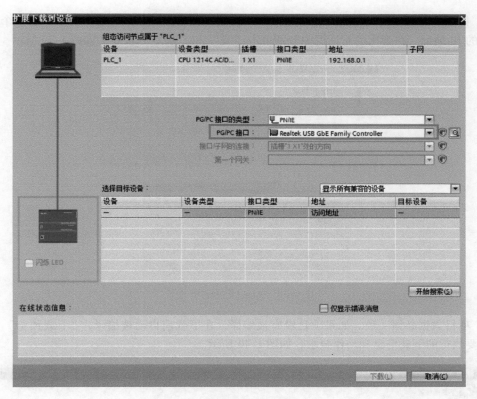

图 1-37 搜索设备

图 1-38 确认下载对象

4）如果编程设备的 IP 地址和组态的 PLC 不在一个网段，需要给编程设备添加一个与 PLC 同网段的 IP 地址。在弹出的对话框中分别单击"是"和"确定"按钮，如图 1-39 所示。

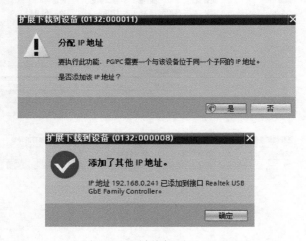

图 1-39　添加同网段 IP 地址

5）项目数据必须一致。如果项目没有被编译，在下载前自动被编译，"下载预览"对话框会显示要执行的下载信息和动作要求，如图 1-40 所示。

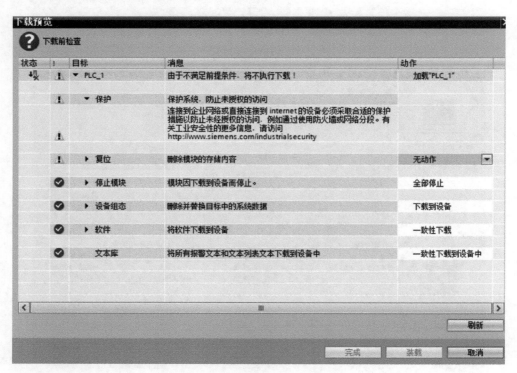

图 1-40　"下载预览"对话框

把"复位"选项修改为"全部删除"，如果需要下载修改过的硬件组态且 CPU 处于运行模式时，需要把 CPU 转为停止模式，CPU 运行模式要求如图 1-41 所示。

6）下载后启动 CPU，如图 1-42 所示。

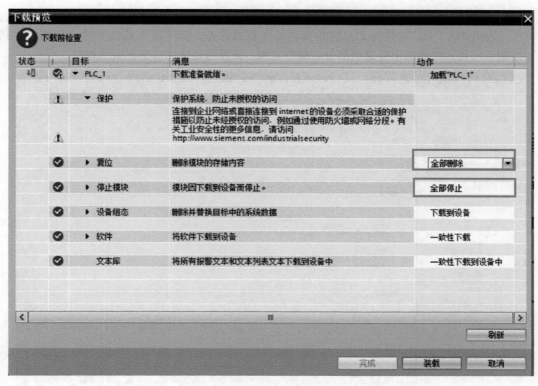

图 1-41　CPU 运行模式要求

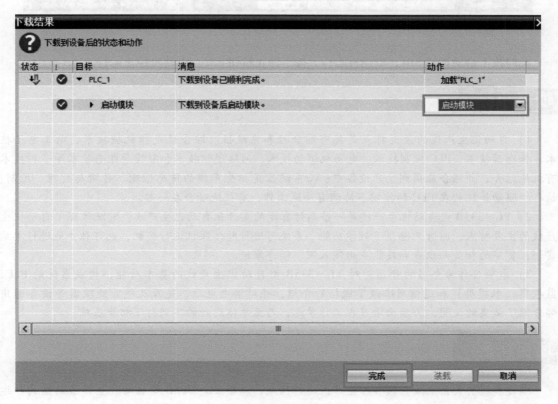

图 1-42　启动 CPU

（4）程序监视 在项目视图中，单击"转至在线"按钮，如图1-43所示的标记处由灰色变为黄色，表明 TIA Portal 软件与 PLC 或仿真器处于在线状态，再单击工具栏中的"启用/禁用监视"按钮，可见：梯形图中连通的部分是绿色实线，而没有连通的部分是蓝色虚线。

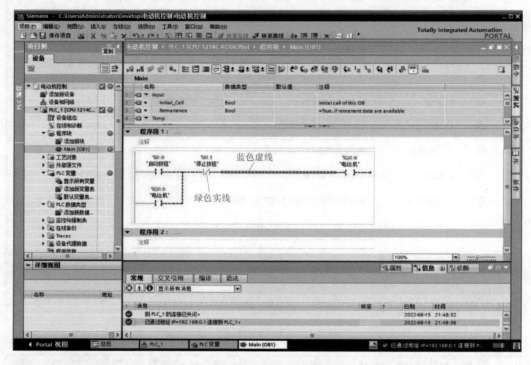

图 1-43　在线状态

此时按下启动按钮 SB1，电动机运行，按下停止按钮 SB2，电动机停止运行。

项目小结

1）自动化生产线的最大特点是具有综合性和系统性。综合性是指机械技术、电工电子技术、传感器技术、PLC 控制技术、电动机驱动技术、网络通信技术和触摸屏组态技术等多种技术有机地结合，并综合应用到生产设备中；而系统性是指生产线的传感检测、传输与处理、控制、执行、驱动等机构在 PLC 的控制下协调有序地工作，有机地融合在一起。

2）YL-335B 型自动化生产线是一条高仿真度的柔性化自动化生产线，它既体现了自动化生产线的主要特点，同时又整合了教学功能。系统可进行整体联机运行实训，也可独立地进行单站实训；贯穿的相关知识点和技能点由浅入深、循序渐进。

3）本项目作为全书的开篇，对 YL-335B 型自动化生产线的基本功能、构成系统的 PLC、监控器（触摸屏）和通信网络做了概括的介绍，并对供电电源、气源及气源处理器等设备通用部分做了必要的说明，为后面学习各工作单元，乃至总体运行的实训打下初步基础。

项目拓展

通过参观有关企业或查阅各种生产线运行视频，观察 YL-335B 型自动化生产线的结构和运行过程，比较 YL-335B 型自动化生产线与工业实际自动化生产线的异同。

项目二

供料单元安装与调试

项目目标

1）掌握直线气缸、单电控电磁阀和节流阀等基本气动元件的工作原理，并能够完成基本气动回路的连接与测试。

2）掌握磁性开关、光电接近开关和电感式接近开关等传感器的工作原理及电气特性，并能够进行各传感器在自动化生产线中的安装和调试。

3）能在规定时间内完成供料单元的安装和调整，进行顺序控制程序的设计和调试，并能够排除在安装与运行过程中存在的故障。

项目描述

供料单元是自动化生产线的起始单元，起着向自动化生产线中其他单元提供工件的作用，如图 2-1 所示。根据安装与调试的工作过程，本项目主要完成供料单元机械部件的安装、气路连接和调整、装置侧与 PLC 侧电气接线和 PLC 程序的编写，最终通过机电联调实现供料单元总工作目标。

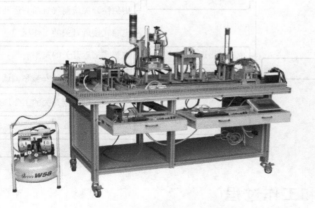

a) 自动化生产线   b) 供料单元

图 2-1 供料单元

1）设备上电和气源接通后，若按钮/指示灯模块上的工作方式选择开关 SA 置于断开位置（单站方式），工作单元的两个气缸均处于缩回位置，且料仓内有足够的工件，则指示灯 HL1 常亮，表示设备已准备好。否则，该指示灯以 0.5Hz 频率闪烁。

2）若设备已准备好，按下启动按钮 SB1，工作单元启动，指示灯 HL2 常亮。启动后，若出料台上没有工件，则应把工件推到出料台上。出料台上的工件被人工取出后，若没有停止信号，则进行下一次推出工件操作。

3）若在运行中按下停止按钮 SB2，则在完成本工作周期任务后，工作单元停止工作，HL2 指示灯熄灭。

4）若在运行中料仓内工件不足，则工作单元继续工作，但指示灯 HL1 以 0.5Hz 的频率闪烁，指示灯 HL2 保持常亮。若料仓内没有工件，则 HL1 和 HL2 指示灯均以 2Hz 的频率闪烁。工作单元在完成本周期任务后停止。除非向料仓补充足够的工件，否则工作单元不能再启动。

知识准备

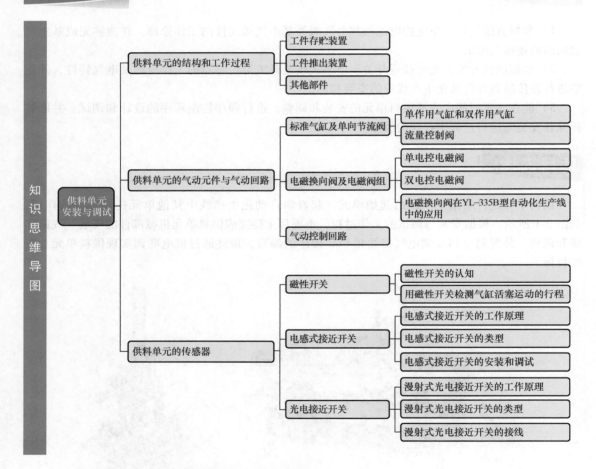

一、供料单元的结构和工作过程

供料单元的功能是根据需要将放置在料仓中的工件（原料）自动地推出到出料台上，以便输送单元的机械手将其抓取、输送到其他单元上。该单元由安装在工作台面的装置侧部分和安装在抽屉内的 PLC 侧部分组成。其装置侧部分的结构如图 2-2 所示。

以功能划分，供料单元装置侧的结构主要是工件存贮装置和工件推出装置两部分。

1. 工件存贮装置

安装在支撑架上的管形料仓、欠缺料检测传感器和电感式接近开关等构成工件存贮装置，

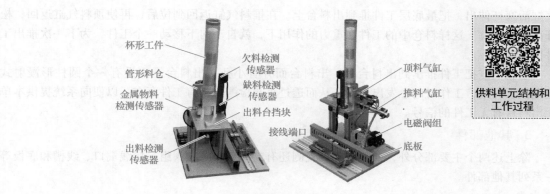

图 2-2 供料单元装置侧部分的结构

如图 2-3 所示。

（1）管形料仓 管形料仓由固定在支撑架上面的料仓底座和透明塑料管料仓组成，工件从塑料管顶部放入，当需要供出工件时，PLC 控制料仓底座后面的推料气缸动作，将底层工件推出。

（2）欠缺料检测传感器 管形料仓的底部和第 4 层工件位置，分别安装了一个 E3Z－LS63 型光电接近开关。它们的功能是检测料仓中有无工件或工件是否足够。若料仓只有 3 个工件，则上面的光电接近开关动作，表明工件已经快用完或工件不足；若料仓内没有工件，则下面的光电接近开关也动作。这样料仓中储料是否足够或有无储料，就可用这两个光电接近开关的信号状态反映出来。

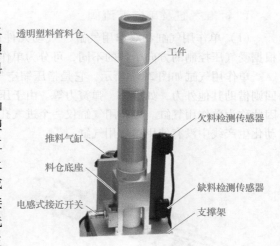

图 2-3 工件存贮装置

2. 工件推出装置

工件推出装置包括推料气缸、顶料气缸和相应的电磁阀组。两个气缸固定在气缸支持板上，然后安装在支撑架后面。推料气缸处于料仓的底层并且其活塞杆可从料仓的底部通过，当活塞杆在缩回位置时，它与底层工件处于同一水平位置，而顶料气缸则与次底层工件处于同一水平位置，如图 2-4 所示。

装置的功能是实现将料仓中底层的工件推出到出料台上。装置的工作原理：在需要将工件推出到物料台上时，首先使顶料气缸的活塞杆伸出，压住次底层工件；然后使推料

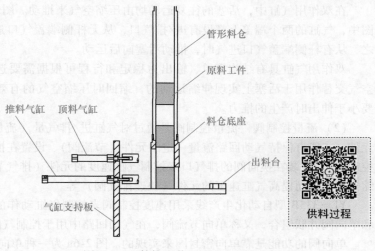

图 2-4 工件推出装置

气缸活塞杆伸出，把最底层工件推到出料台上。在推料气缸返回到位后，再使顶料气缸返回，松开次底层工件。这样料仓中的工件在重力的作用下，就自动向下移动一个工件，为下一次推出工件做好准备。

推料气缸把工件推出到出料台上。出料台面开有小孔，出料台下面设有一个圆柱形漫射式光电接近开关，工作时向上发出光线，从而透过小孔检测是否有工件存在，以便向系统提供本单元出料台有无工件的信号。

3. 其他部件

除上述两个主要部分外，供料单元装置侧还有支撑架、电磁阀组、接线端口、线槽和底板等一系列其他部件。

二、供料单元的气动元件与气动回路

1. 标准气缸及单向节流阀

（1）单作用气缸和双作用气缸　气动元件以驱动原理分类，在活塞杆运动的两个方向上，根据受气压控制的方向个数的不同，可分为单作用气缸和双作用气缸。

单作用气缸如图 2-5a 所示，它是指压缩空气在气缸的一端进气推动活塞运动，而活塞的返回则借助其他外力，如重力、弹簧力等。由于压缩空气只能在一个方向上控制气缸活塞的运动，因此称为单作用气缸。单作用气缸仅一个进气孔，气缸的一侧有活塞杆伸出，在 YL - 335B 型自动化生产线中没有使用单作用气缸。

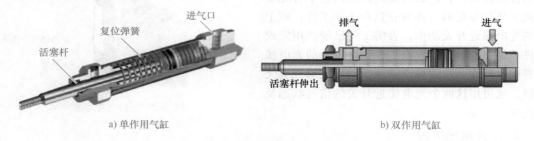

a) 单作用气缸　　　　　　　　　　　　b) 双作用气缸

图 2-5　单作用和双作用气缸

在双作用气缸中，活塞的往复运动均由压缩空气来推动。图 2-5b 为双作用气缸的半剖面图，图中，气缸的两个端盖上都设有进/排气口，从无杆侧端盖气口进气时，推动活塞向前运动；反之，从有杆侧端盖气口进气时，推动活塞向后运动。

双作用气缸具有结构简单、输出力稳定和行程可根据需要选择的优点，但由于是利用压缩空气交替作用于活塞上实现伸缩运动的，缩回时压缩空气的有效作用面积较小，所以产生的力要小于伸出时产生的推力。

（2）流量控制阀　流量控制阀是通过对气缸进/排气量（流量）进行调节来控制气缸速度的元件。一般有保持气动回路流量一定的元件（节流阀）、设置在换向阀与气缸之间的元件（速度控制阀）、安装在换向阀的排气口来控制气缸速度的元件（排气节流阀）和快速排出气缸内的压缩空气，从而提高气缸速度的元件（快速排气阀）等。

YL - 335B 型自动化生产线采用速度控制阀来控制气缸动作的速度。速度控制阀是将节流阀和单向阀并联组合，又称单向节流阀，在气动回路中用于控制气缸的速度。

单向阀的功能是靠单向密封圈来实现的。图 2-6a 为一种单向节流阀剖面图，图 2-6b 为图形符号。当压缩空气从气缸排气口排出时，单向密封圈在封堵状态，单向阀关闭，这时只能通过调节手轮使节流阀杆上下移动，改变气流开度，从而达到节流作用。反之，在进气时，单向密封圈被气流冲开，单向阀开启，压缩空气直接进入气缸进气口，节流阀不起作用。因此，这种节流方式称为排气节流方式。在控制流动时，单向阀关闭，气流通过节流阀而使流量得到调整。在自由流动时，单向阀打开，压缩空气从节流阀和单向阀开始流动。根据气缸和速度控制阀的不同朝向，回路被分成进气节流回路和排气节流回路。由于排气节流回路的速度较稳定，因此通常使用排气节流来实现气缸速度的控制。

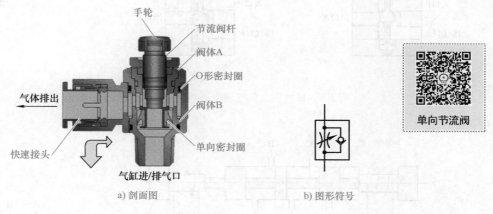

图 2-6　单向节流阀

单向节流阀通过螺纹连接，直接连接到气缸的进/排气口上，气管接头处连接进/排气管。YL－335B 型自动化生产线所使用的是快速接头，只要将外径合适的气管往快速接头上一插，气管接头中的弹性卡环将其自行咬合固定并由密封圈密封，就可以将气管连接好。卸管时只需将弹性卡环压下，即可方便地拔出气管，使用十分方便。图 2-7 为安装了带快速接头的排气节流阀的气缸。

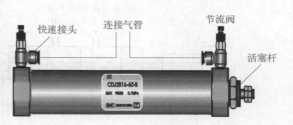

图 2-7　安装了带快速接头的排气节流阀的气缸

2. 电磁换向阀及电磁阀组

利用电磁线圈通电，静铁心对动铁心产生电磁吸力使阀切换，以改变气流方向的阀称为电磁控制换向阀，简称电磁阀。这种阀易于实现电、气联合控制，能实现远距离操作，故得到广泛应用。电磁换向阀按控制数分类，有单电控和双电控两种类型。

（1）单电控电磁阀　图 2-8 为单电控二位三通电磁换向阀的工作原理示意图。通电时电磁铁推动阀芯向下移动，使入口 P 和出口 A 接通，阀处于进气状态。断电时阀芯靠弹簧力复位使 P、A 断开，出口 A 与排气口 R 接通，阀处于排气状态。图 2-8c 为单电控二位三通电磁换向阀的图形符号，是在换向阀符号的基础上增加了弹簧控制与电磁控制两种控制方式的符号。

（2）双电控电磁阀　双电控电磁阀对阀芯的控制采用两端都用电磁线圈控制的方式。图 2-9 为双电控二位五通电磁阀的工作原理示意图。

当电磁铁 1 通电、电磁铁 2 断电时（图 2-9a），阀芯被推到右位、A 口输出、B 口排气，电磁铁 1 断电后，阀芯位置不变，即具有记忆能力。反之，当电磁铁 1 断电、电磁铁 2 通电时（图 2-9b），阀芯被推到左位、B 口输出、A 口排气，若电磁铁 2 断电，空气通路仍保持原位不变。

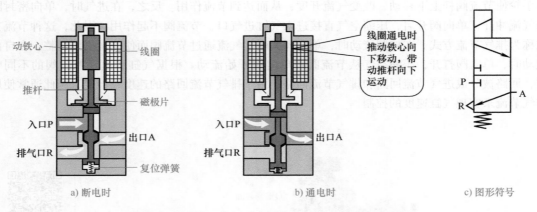

a) 断电时　　　　　　　　b) 通电时　　　　　　　　c) 图形符号

图 2-8　单电控二位三通电磁换向阀的工作原理示意图

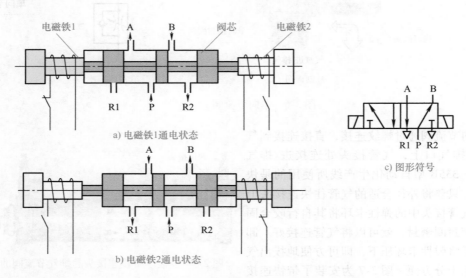

a) 电磁铁1通电状态

b) 电磁铁2通电状态

c) 图形符号

图 2-9　双电控二位五通电磁阀的工作原理示意图

由此可见，双电控电磁阀与单电控电磁阀的区别在于，对于单电控电磁阀，在无电控信号时，阀芯在弹簧力的作用下会被复位；而对于双电控电磁阀，在两端都无电控信号时，阀芯的位置取决于前一个电控信号动作的结果。

注意：双电控电磁阀的两个电控信号不能同时为"1"，即在控制过程中不允许两个线圈同时得电，否则可能会造成电磁线圈烧毁，而且在这种情况下阀芯的位置也是不确定的。在编制PLC控制程序时，这一点必须充分注意。

（3）电磁换向阀在 YL-335B 型自动化生产线中的应用　　YL-335B 型自动化生产线所有工作单元的执行气缸都是双作用气缸，控制它们工作的电磁阀需要有两个工作口、两个排气口以及一个供气口，故所使用的电磁阀都是二位五通电磁阀。电磁阀实物图如图 2-10 所示。

由图 2-10 可以看到，两种电磁阀都带有手动按钮。该按钮有锁定（LOCK）和开启（PUSH）两个位置。用小螺钉旋具把手动按钮旋在 LOCK 位置时，手控开关向下凹进去，不能进行手控操作。只有在 PUSH 位置时，可用工具向下按，信号为"1"，等同于该侧的电磁信号为"1"；常态时，手控开关的信号为"0"。在进行设备调试时，可以使用手动按钮对阀进行控制，从而实

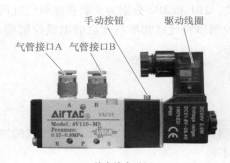

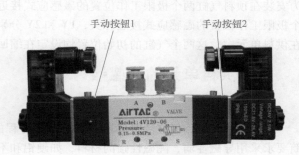

a) 单电控电磁阀　　　　　　　　　　　　b) 双电控电磁阀

图 2-10　电磁阀实物图

现对相应气路的控制,以改变推料气缸等执行机构的运动方向,达到调试的目的。

图 2-10 中电磁阀的 A、B 输出口均通过快速接头来实现气管与气缸的连接,而供气口 P 和两个排气口 R1、R2 则在阀体的底部。这种电磁阀称为集装式阀,用于多个电磁阀集中安装在一起的场合,它们需要安装在汇流板上。汇流板如图 2-11a 所示,其上有 3 排通道,中间一排为进气通道,与侧边进气孔 P 连通,其余两排是排气通道,与侧边带消声器的排气孔连通。消声器的作用是减少压缩空气在向大气排放时的噪声。

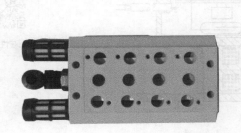

a) 汇流板　　　　　　　　　　　　b) 安装在汇流板上的电磁阀

图 2-11　电磁阀组

将多个阀与消声器、汇流板等集中在一起构成的一组控制阀的集成称为阀组,而每个阀的功能是彼此独立的。图 2-11b 为安装在汇流板上的电磁阀,给出了 YL -335B 型自动化生产线的输送单元的 4 个电磁阀与消声器、汇流板所构成的阀组。

3. 气动控制回路

能传输压缩空气并使各种气动元件按照一定的规律动作的通道即为气动控制回路。气动控制回路的逻辑控制功能是由 PLC 实现的。气动控制回路的工作原理如图 2-12 所示。图 2-12 中 1A 和 2A 分别是顶料气缸和推料气缸,1B1 和 1B2 分别

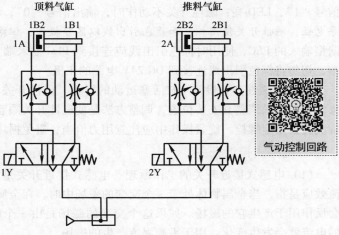

图 2-12　气动控制回路的工作原理

为安装在顶料气缸两个极限工作位置的磁感应式接近开关，2B1 和 2B2 分别为安装在推料气缸两个极限工作位置的磁感应式接近开关，1Y 和 2Y 分别为控制顶料气缸和推料气缸的电磁控制端。在供料单元中，这两个气缸的初始位置均设定在缩回状态。

三、供料单元的传感器

1. 磁性开关

在气动系统中，气缸活塞位置或活塞运动行程的检测常常用磁性开关实现，这些气缸的缸筒要求采用导磁性弱、隔磁性强的材料，如硬铝和不锈钢等。

（1）磁性开关的认知　磁性开关是一种非接触式的位置检测开关，具有检测时不会磨损和损伤检测对象的优点，常用于检测磁场或磁性物质的存在。

图 2-13 为带磁性开关的气缸活塞位置检测原理。在非磁性体的活塞上安装一个永久磁铁的磁环，这样就提供了一个反映气缸活塞位置的磁场，在气缸外侧某一位置安装磁性开关，当气缸中随活塞移动的磁环靠近开关时，舌簧开关的两根簧片被磁化而相互吸引，触点闭合；当磁环移开开关后，簧片失磁，触点断开。触点闭合或断开时发出电控信号，在 PLC 的自动控制中，可以利用该信号判断气缸活塞的运动状态或所处的位置。

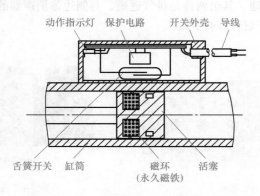

图 2-13　带磁性开关的气缸活塞位置检测原理

磁性开关的内部电路如图 2-14 中虚线框内所示。电路中的 LED 指示灯用于显示传感器的信号状态，供调试与运行监视时观察用。磁性开关动作时（舌簧开关接通），电流流过 LED，输出信号"1"，LED 亮；磁性开关不动作时，输出信号"0"，LED 不亮。**注意**：由于 LED 具有单向导电性，磁性开关使用棕色和蓝色引出线以区分极性，但绝非表示直流电源的正极和负极。对于漏型输入的 PLC，使用时棕色引出线应连接到 PLC 输入端，蓝色引出线应连接到 PLC 输入公共端，切勿将棕色引出线连接到 DC 24V 电源的正极。

（2）用磁性开关检测气缸活塞运动的行程　磁性开关与气缸配合使用时，必须根据控制对象的工作要求调整其安装位置。调整方法是使磁性开关顺着气缸滑动，到达指定位置后，用螺钉旋具旋紧紧定螺栓。旋紧操作中应注意用力恰当，避免损坏磁性开关。

2. 电感式接近开关

（1）电感式接近开关的工作原理　电感式接近开关是利用电涡流效应制造的传感器。电涡流效应是指，当金属物体处于一个交变的磁场中时，在金属内部会产生交变的电涡流，该涡流又会反作用于产生它的磁场。如果这个交变的磁场是由一个电感线圈产生的，则这个电感线圈中的电流就会发生变化，用于平衡涡流产生的磁场。

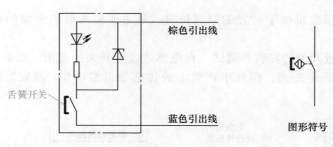

图 2-14 磁性开关的内部电路

利用这一原理，以高频振荡器（LC 振荡器）中的电感线圈作为检测元件，当被测金属物体接近电感线圈时产生了涡流效应，引起振荡器振幅或频率的变化，由传感器的信号调理电路（包括检波、放大、整形和输出等电路）将该变化转换成开关量输出，从而达到检测目的。电感式接近开关工作原理框图如图 2-15 所示。

（2）电感式接近开关的类型　电感式接近开关按外形分类有圆柱形、方形和槽形等；按检测方法分类有通用型、所有金属型和有色金属型 3 种。其中通用型是根据振幅检测电路检测到振荡状态的变化，输出检测信号，主要用于检测黑色金属（铁）；后两种类型则是用振荡频率检测电路来检测振荡状态的变化。用于检测黑色金属的电感式接近开关，其图形符号与后两种有所不同，分别如图 2-16a、b 所示。

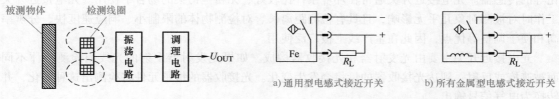

图 2-15　电感式接近开关工作原理框图

a) 通用型电感式接近开关　　b) 所有金属型电感式接近开关

图 2-16　电感式接近开关的图形符号

图 2-17 为应用在 YL－335B 型自动化生产线上的电感式接近开关的安装图片。

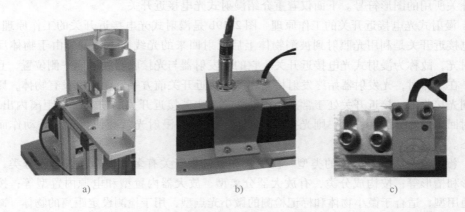

a)　　　　　　　　　　b)　　　　　　　　　　c)

图 2-17　应用在 YL－335B 型自动化生产线上的电感式接近开关的安装图片

其中，图 2-17a 是安装在供料单元的圆柱形电感式接近开关，用于检测供料料仓底层的工件是否为金属工件；图 2-17b 是安装在分拣单元传感器支架上的圆柱形电感式接近开关，用于检测传送带上工件所嵌入的芯件是否为金属芯件；图 2-17c 是安装在输送单元上的方形电感式接近开关，用于确定抓取机械手装置的原点位置，是主要检测黑色金属的通用型电感式接近开关。

（3）电感式接近开关的安装和调试 在电感式接近开关的选用、安装和调试中，必须认真考虑检测距离、设定距离，保证生产线上的传感器可靠动作。其安装距离说明如图2-18所示。

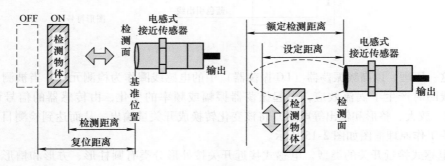

图2-18 电感式接近开关安装距离说明

3. 光电接近开关

光电接近开关（简称光电开关）是利用光电效应原理，用以检测物体的有无和表面状态变化等的传感器。光电接近开关通常在环境条件比较好、无粉尘污染的场合下使用。光电接近开关工作时对被测对象几乎无影响，且具有检测距离长、对检测物体的限制小、响应速度快、分辨率高和便于调整等优点，因此在生产线上被广泛使用。

光电接近开关主要由光发射器和光接收器构成。如果光发射器发射的光线因检测物体不同而被遮掩或反射，到达光接收器的量将会发生变化。光接收器的敏感元件将检测出这种变化，并转换为电气信号输出。

按照光接收器接收光方式的不同，光电接近开关可分为对射式、回归反射式和漫射式3种，图2-19为光电接近开关的类型，给出了各种光电接近开关工作原理的示意图和绘制电路图时光电接近开关所用的图形符号。下面仅着重介绍漫射式光电接近开关。

（1）漫射式光电接近开关的工作原理 图2-19b是漫射式光电接近开关的工作原理示意图，这种光电接近开关是利用光照射到被测物体上后反射回来的光线而工作的，由于物体反射的光线为漫射光，故称为漫射式光电接近开关。它的光发射器与光接收器处于同一侧位置，且为一体化结构。在工作时，光发射器始终发射检测光，若接近开关前方一定距离内没有物体，则没有光被反射到光接收器，接近开关处于常态而不动作；反之若接近开关的前方一定距离内出现物体，只要反射回来的光强度足够大，则光接收器接收到足够的漫射光就会使接近开关动作而改变输出的状态。

（2）漫射式光电接近开关的类型 漫射式光电接近开关有多种类型，按形状分类，有圆柱形、方形和槽形等；按构成分类，有放大器分离型、放大器内置型和电源内置型等；按用途分类，有通用型，适合于微小物体和标记检测的微小光点型，用于检测设定距离的物体、减少受检测物体的表面状态或颜色影响的距离设定型等。

图2-20为MHT15-N2317型光电接近开关及其接线图，其为一款在YL-335B型自动化生产线的供料和分拣单元上使用的通用圆柱形光电接近开关。该光电接近开关有显示动作状态的显示灯和灵敏度调节钮，采用集电极开路的NPN型晶体管输出。

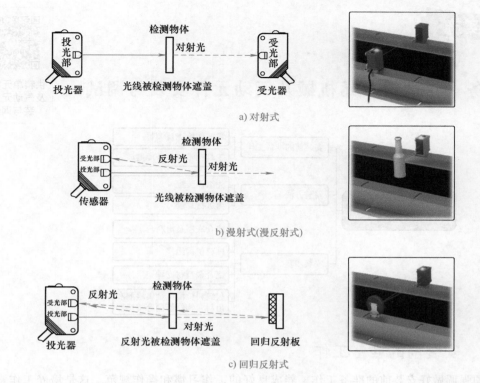

a) 对射式

b) 漫射式(漫反射式)

c) 回归反射式

d) 图形符号

图 2-19 光电接近开关的类型

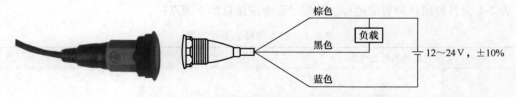

图 2-20 MHT15－N2317 型光电接近开关及其接线图

（3）漫射式光电接近开关的接线 自动化生产线中，接近开关通常作为信号输入元件与 PLC 输入端连接。接线前应首先识别其信号输出以及电源正、负极的引出线，可用颜色区分：棕色为直流电路的正极，蓝色为负极，黑色为信号输出线。对于漏型输入的 PLC 输入电路，NPN 型晶体管输出的接近开关，其棕色引出线应接 DC 24V 电源正极；蓝色引出线接电源负极，即输入电路的公共端；黑色引出线接到 PLC 输入端。

项目实施

供料单元机械
及气动元件安
装与调试

任务一 供料单元机械及气动元件安装与调试

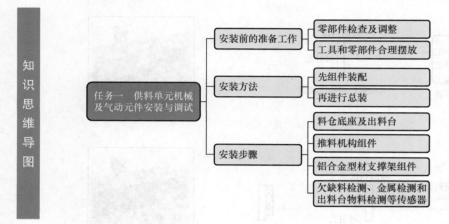

知识思维导图

一、安装前的准备工作

必须强调做好安装前的准备工作，养成良好的工作习惯和操作规范。这是培养工作素质的重要步骤。

1）安装前应对设备的零部件做初步检查以及必要的调整。

2）应合理摆放工具和零部件，操作时每次使用完的工具应放回原处。

二、安装方法和步骤

安装方法是把供料单元分解成几个组件，首先进行组件装配，然后再进行总装。

供料单元可分解成 3 个组件：铝合金型材支撑架组件、出料台及料仓底座组件和推料机构组件。表 2-1 为各种组件的装配过程。装配过程中应注意如下两点：

表 2-1 各种组件的装配过程

组件名称及外观		组件装配过程
料仓底座及出料台	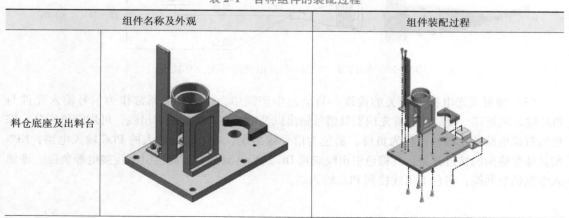	

（续）

组件名称及外观	组件装配过程
推料机构组件	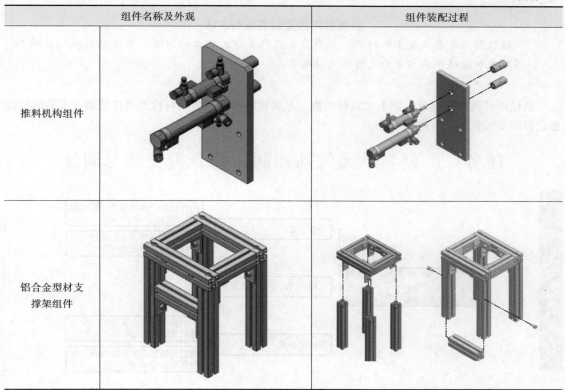
铝合金型材支撑架组件	

1）装配铝合金型材支撑架时，注意调整好各条边的平行及垂直度，锁紧螺栓。

2）气缸安装板和铝合金型材支撑架的连接，是靠预先在特定位置的铝合金型材 T 形槽中放置预留与之相配的螺母，因此在对该部分的铝合金型材进行连接时，如果相应位置没有放置足够的螺母，将造成无法安装或安装不可靠。

各组件装配好后，用螺栓把它们连接为总体，再用橡胶锤把装料管敲入料仓底座。然后将连接好的供料单元机械部分以及电磁阀组和接线端口固定在底板上，最后把机械机构固定在底板上完成供料单元的安装，图 2-21 为供料单元机械及气动元件的安装。

机械和气动元件
安装过程

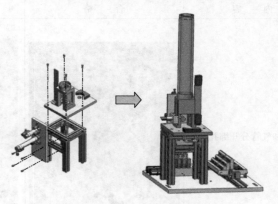

图 2-21 供料单元机械及气动元件的安装

🔊 微知识

机械机构固定到底板的方法

机械机构固定在底板上的时候，需要将底板移动到工作台的边缘，螺栓从底板的反面拧入，将底板和机械机构部分的支撑架连接起来。

机械部件装配完成后，装上欠缺料检测、金属检测和出料台物料检测等传感器。安装时请注意它们的安装位置、方向等。

任务二 供料单元气动控制回路分析安装与调试

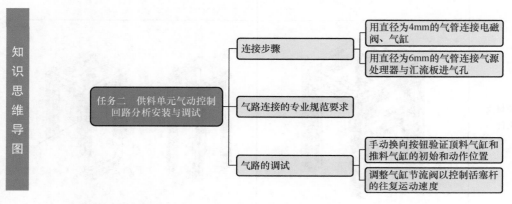

知识思维导图

连接步骤 → 用直径为4mm的气管连接电磁阀、气缸
用直径为6mm的气管连接气源处理器与汇流板进气孔

任务二 供料单元气动控制回路分析安装与调试

气路连接的专业规范要求

气路的调试 → 手动换向按钮验证顶料气缸和推料气缸的初始和动作位置
调整气缸节流阀以控制活塞杆的往复运动速度

一、连接步骤

从汇流板开始，按如图 2-12 所示的供料单元气动控制回路图，用直径为 4mm 的气管连接电磁阀、气缸，然后用直径为 6mm 的气管完成气源处理器与汇流板进气孔之间的连接。

二、气路连接的专业规范要求

气路连接的专业规范见表2-2。

表 2-2 气路连接的专业规范

标　题	内　容	合　格	不合格
电缆和气管的绑扎	电缆和气管分开绑扎		（不在同一移动模块上，电缆和气管不能绑扎在一起）

（续）

标　题	内　容	合　格	不合格
电缆和气管的绑扎	当它们都来自同一个移动模块上时，允许电缆、光纤电缆和气管绑扎在一起		
	绑扎带切割不能留余太长，必须小于 1mm 且不划手		
	两个绑扎带之间的距离不超过 50mm		
	两个线夹子之间的距离不超过 120mm		

（续）

标　题	内　容	合　格	不合格
电缆和气管的绑扎	第一根绑扎带离电磁阀组气管接头连接处（60±5）mm	 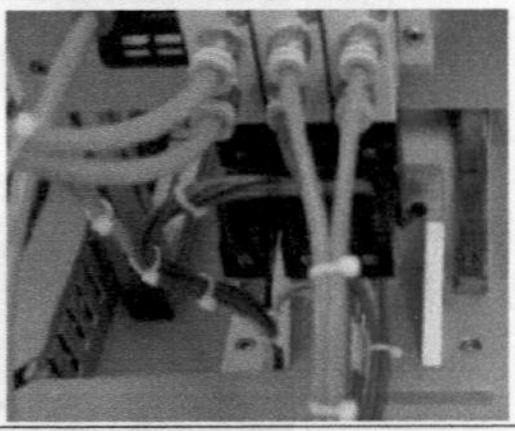	
引入安装台的气管	引入安装台的气管，应首先固定在台面上，然后与气源组件的进气口连接	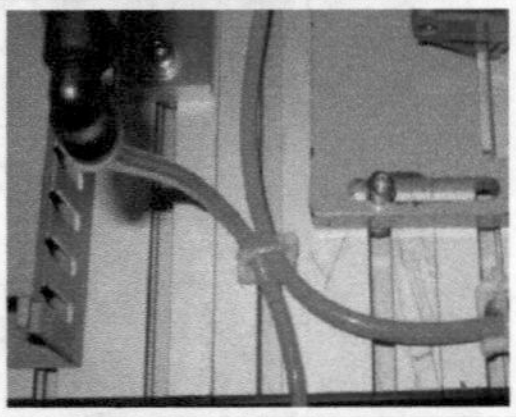	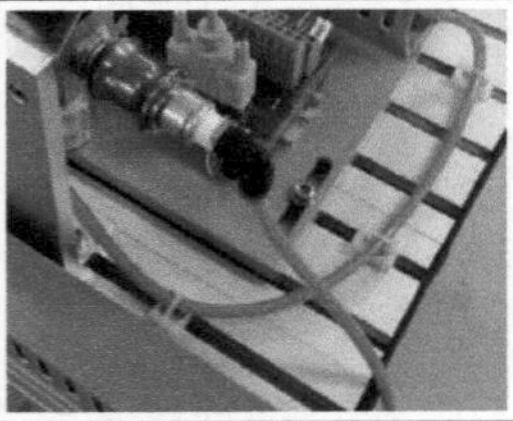
从气源组件引出的气管	气源组件与电磁阀之间的连接气管，应使用线夹子（右图标记处）固定在安装台台面		
气管束绑扎	无气管缠绕和绑扎变形现象		
气管敷设	线槽里不走气管	 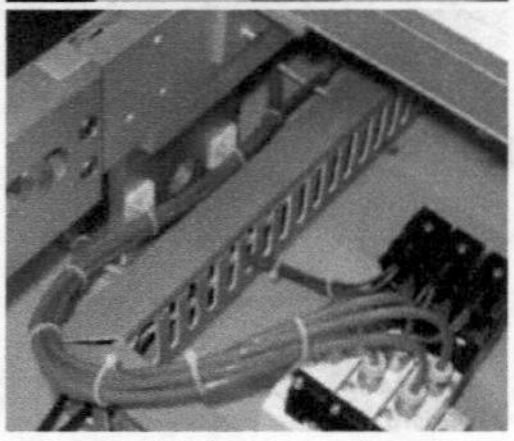	
气管连接	所有的气动连接处没有泄气		

三、气路的调试

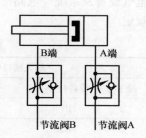

1）用电磁阀上的手动换向按钮验证顶料气缸和推料气缸的初始和动作位置是否正确。

2）调整气缸节流阀以控制活塞杆的往复运动速度，使得气缸动作时无冲击、卡滞现象。节流阀连接和调整原理示意图如图 2-22 所示。

图 2-22 中，当压缩空气从 A 端进气、从 B 端排气时，单向节流阀 A 的单向阀开启，向气缸无杆腔快速充气；由于单向节流阀 B 的单向阀关闭，有杆腔的气体只能经节流阀排气，调节节流阀 B 的开度，便可改变气缸伸出时的运动速度。反之，调节节流阀 A 的开度则可改变气缸缩回时的运动速度。这种控制方式活塞运行稳定，是最常用的方式。

图 2-22　节流阀连接和调整原理示意图

任务三　供料单元电气系统分析安装与调试

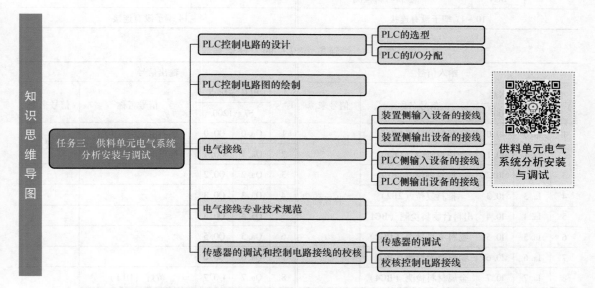

一、PLC 控制电路的设计

PLC 控制电路的设计须根据工作任务的要求以及输入、输出的点数，选择 PLC 的型号并完成 PLC 的 I/O 分配。

根据供料单元的结构组成及控制要求分析，一共有 12 个输入设备（按钮、开关和传感器等）、5 个输出设备（电磁阀和指示灯），因此供料单元 PLC 选用 S7 - 1200 系列 PLC，CPU 型号为 1214C AC/DC/RLY，共 14 点输入和 10 点继电器输出，满足供料单元的输入输出设备连接 PLC 的需求。

其装置侧的接线端口信号端子的分配见表 2-3，PLC 的 I/O 信号表见表 2-4。

二、PLC 控制电路图的绘制

电路图是表达项目电路组成和物理连接信息的简图，采用按功能排列的图形符号来表示各器件和连接关系，着重表示功能而不需要考虑项目的实体尺寸、形状或位置。电路图的绘制应符合 GB/T 6988.1—2008《电气技术用文件的编制　第 1 部分：规则》或 JB/T 2740—2015《机床

电气设备及系统　电路图、图解和表的绘制》、JB/T 2739—2015《机床电气图用图形符号》的规定。

表 2-3　供料单元装置侧的接线端口信号端子的分配

输入端口中间层			输出端口中间层		
端子号	设备符号	信号线	端子号	设备符号	信号线
2	1B1	顶料到位	2	1Y	顶料电磁阀
3	1B2	顶料复位	3	2Y	推料电磁阀
4	2B1	推料到位			
5	2B2	推料复位			
6	BG1	出料台物料检测			
7	BG2	物料不足检测			
8	BG3	物料有无检测			
9	BG4	金属材料检测			
10～17 端子没有连接			4～14 端子没有连接		

表 2-4　供料单元 PLC 的 I/O 信号表

输入信号				输出信号			
序号	PLC 输入点 S7‑1200		信号名称	信号来源	序号	PLC 输出点 S7‑1200	信号名称	信号来源

序号	Ia/Ib	I0/I1	信号名称	信号来源	序号	Qa/Qb	Q0/Q1	信号名称	信号来源
1	Ia.0	I0.0	顶料到位（1B1）		1	Qa.0	Q0.0	顶料电磁阀（1Y）	装置侧
2	Ia.1	I0.1	顶料复位（1B2）		2	Qa.1	Q0.1	推料电磁阀（2Y）	
3	Ia.2	I0.2	推料到位（2B1）		3	Qa.2	Q0.2		
4	Ia.3	I0.3	推料复位（2B2）	装置侧	4	Qa.3	Q0.3		
5	Ia.4	I0.4	出料台物料检测（BG1）		5	Qa.4	Q0.4		
6	Ia.5	I0.5	物料不足检测（BG2）		6	Qa.5	Q0.5		
7	Ia.6	I0.6	物料有无检测（BG3）		7	Qa.6	Q0.6		
8	Ia.7	I0.7	金属材料检测（BG4）		8	Qa.7	Q0.7	黄灯（HL1）	
9	Ib.0	I1.0			9	Qb.0	Q1.0	绿灯（HL2）	指示灯模块
10	Ib.1	I1.1			10	Qb.1	Q1.1	红灯（HL3）	
11	Ib.2	I1.2	启动按钮（SB1）		11				
12	Ib.3	I1.3	停止按钮（SB2）	按钮/指示灯模块	12				
13	Ib.4	I1.4	急停按钮（QS）		13				
14	Ib.5	I1.5	单站/全线（SA）		14				

图 2-23 为 S7‑1200 系列 PLC 的控制电路图，图中各器件的文字符号均与表 2-3 和表 2-4 所对应。另外，各传感器用电源由外部直流电源提供，没有使用 PLC 内置的 DC 24V 传感器电源。

三、电气接线

电气接线包括，在工作单元装置侧完成各传感器、电磁阀和电源端子等引线到装置侧接线端口之间的接线，装置侧输入设备的接线图如图 2-24 所示，装置侧输出设备的接线图如图 2-25

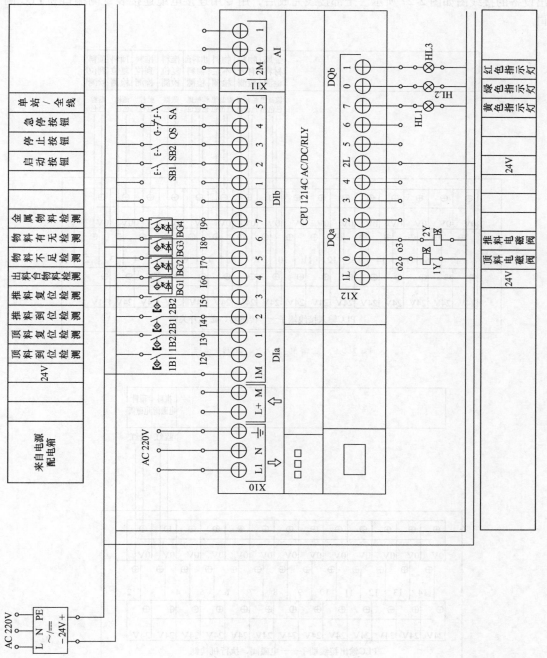

图2-23　S7-1200系列PLC的控制电路图

所示。在 PLC 侧进行电源连接、I/O 点接线等（供料单元 PLC 侧的设备与加工单元合用一个抽屉，其中开关稳压电源共用，接线时请注意），PLC 侧输入设备的接线图如图 2-26 所示，PLC 侧输出设备的接线图如图 2-27 所示。全部接线完成后，用专用连接电缆连接装置侧端口和 PLC 侧端口。

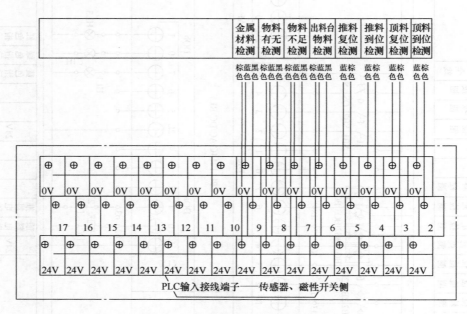

图 2-24 装置侧输入设备的接线图

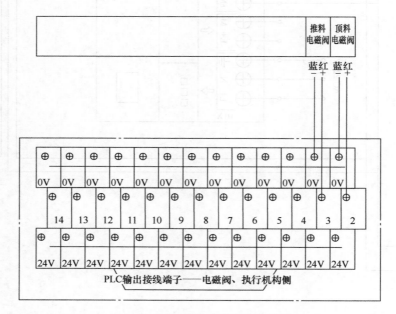

图 2-25 装置侧输出设备的接线图

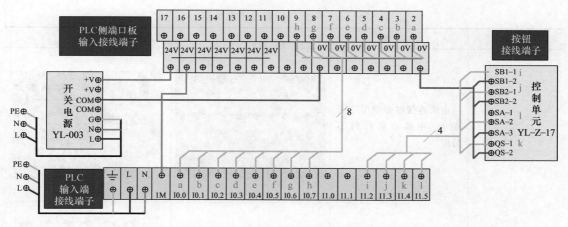

图 2-26　PLC 侧输入设备的接线图

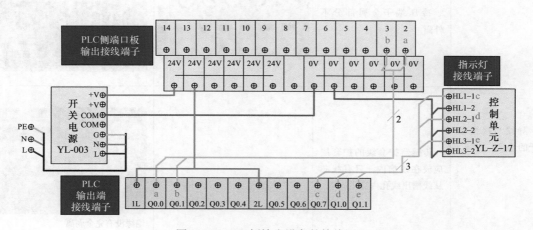

图 2-27　PLC 侧输出设备的接线图

四、电气接线专业技术规范

电气接线专业技术规范见表2-5。

表 2-5 电气接线专业技术规范

标　题	内　容	合　格	不合格
导线与接线端子的连接	电线连接时必须用冷压端子，电线金属材料不外露		
	冷压端子金属部分不外露		
	传感器护套线的护套层应放在线槽内，只有线芯从线槽出线孔内穿出		 绝缘没有完全剥离
	线槽与接线端子排之间的导线不能交叉		

（续）

标　题	内　容	合　格	不合格
导线束	传感器不用的芯线应剪掉，并用热缩管套住或用绝缘带包裹在护套绝缘层根部，不可裸露		
	不要损伤电线绝缘部分		
	传感器芯线进入线槽应与线槽垂直，且不交叉		
	允许把光纤和电缆扎在一起		

（续）

标　题	内　容	合　格	不合格
导线束	光纤传感器上的光纤，弯曲时的曲率直径应不小于100mm		
	电缆、电线不允许缠绕		
变频器主电路布线	变频器主电路布线与控制电路应有足够的距离，交流电动机的电源不能放入信号线的线槽		
导线束进入线槽	未进入线槽而露在安装台台面的导线，应使用线夹子固定在台面上或部件的支架上，不能直接塞入铝合金型材的安装槽内		

（续）

标　题	内　容	合　格	不合格
导线束进入线槽	电缆在线槽里最少保留10cm（如果是一根短接线的话，在同一个线槽里不要求）		
	线槽盖住，没有翘起和未完全盖住现象		
	没有多余的走线孔		

五、传感器的调试和控制电路接线的校核

1. 传感器的调试

控制电路接线完成后，即可接通电源和气源，对工作单元各传感器进行调试。表2-6为供料单元部分传感器在调试中的注意事项。

表2-6　供料单元部分传感器在调试中的注意事项

传感器名称	调试中注意事项
欠料（或缺料）检测传感器	料仓中测试物宜用黑色工件，设定距离时从最小检测距离开始逐渐增大，直到橙色LED的动作显示灯稳定点亮。测试完成后在背景处放置一个白色工件作为校核，应确保传感器不动作
检测推料到位的磁性开关	调试时料仓内只放置一个工件。用小螺钉旋具将推料电磁阀手动按钮旋在LOCK位置，推料气缸活塞杆将伸出，把工件推出到出料台位置。然后调整"推料到位"磁性开关，使其在稳定的动作位置，最后紧定固定螺栓
检测顶料到位的磁性开关	调试时料仓内放置两个工件。用小螺钉旋具将顶料电磁阀手动按钮旋在LOCK位置，顶料气缸活塞杆将伸出，把次底层工件压紧。然后调整"顶料到位"磁性开关，使其在稳定的动作位置，最后紧定固定螺栓

2. 校核控制电路接线

校核的方法是使用万用表等有关仪表以及借助PLC编程软件的状态表监控功能进行校核。

微安全

急停按钮的使用

急停按钮也可以称为"紧急停止按钮"，业内简称急停按钮，如图2-28所示。当发生紧急情况的时候人们可以通过快速按下此按钮来达到保护的措施。

在各种工厂里面，一些大中型机器设备或者电器上都可以看到醒目的红色按钮，标准的应该有标示与"紧急停止"含义相同的红色字体，这种按钮可统称为急停按钮。此按钮只需直接向下压下，就可以快速地让整台设备立马停止或释放一些传动部位。要想再次启动设备必须释放此按钮，也就是只需顺时针方向旋转大约45°后松开，按下的部分就会弹起，也就是"释放"了。

图2-28　急停按钮

在工业安全里面要求凡是一些传动部位会直接或者间接地在发生异常情况下会对人体产生伤害的机器都必须加以保护措施，急停按钮就是其中之一。因此在设计一些带有传动部位的机器时必须要加上急停按钮这个功能，而且要设置在人员可方便按下的机器表面，不能有任何遮挡物存在。

任务四　供料单元控制程序设计与调试

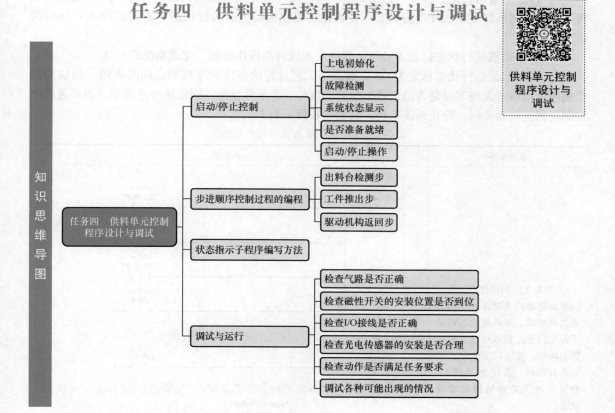

YL‑335B型自动化生产线各工作单元的控制程序结构，基本上可分为两部分，一是系统启动/停止的控制，包括上电初始化、故障检测、系统状态显示、检查系统是否准备就绪以及系统启动/停止的操作；二是系统启动后工艺过程的步进顺序控制，是工作单元的主控过程。

一、启动/停止控制

供料单元启动/停止控制的流程图如图2-29所示，说明如下：

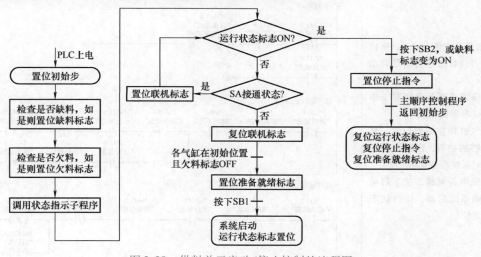

图2-29　供料单元启动/停止控制的流程图

1）PLC 上电初始化后，每一扫描周期都检查设备有无缺料或欠料故障，并调用状态指示子程序，通过指示灯显示系统当前状态。接着控制流程根据当前运行状态（启动或停止）分为两条支路。

2）如果当前运行状态标志为 OFF，即进入系统启动操作流程，完成系统的启动。

3）如果当前运行状态标志为 ON，则进行工艺过程的步进顺序控制，同时在每一扫描周期监视停止按钮有无按下或是否出现缺料故障的事件。若事件发生，则发出停止指令，当步进顺序控制返回到初始步时，停止系统运行。其编程步骤见表 2-7。

表 2-7　状态监控及启停部分编程步骤

编程步骤	梯形图
1）PLC 上电初始化后，每一扫描周期都检查设备有无缺料或欠料故障，并调用状态指示子程序，通过指示灯显示系统当前状态。系统状态包括：是否准备就绪、运行/停止状态、物料不足预警和缺料报警等状态 2）如果系统尚未启动，则检查系统当前状态是否满足启动条件： 　工作模式选择开关应置于单站模式（非联机模式） 　两个气缸均在缩回位置，料仓有足够的物料，出料台无工件，此时系统准备就绪 　若系统准备就绪，按下启动按钮，则系统启动，运行状态标志被置位	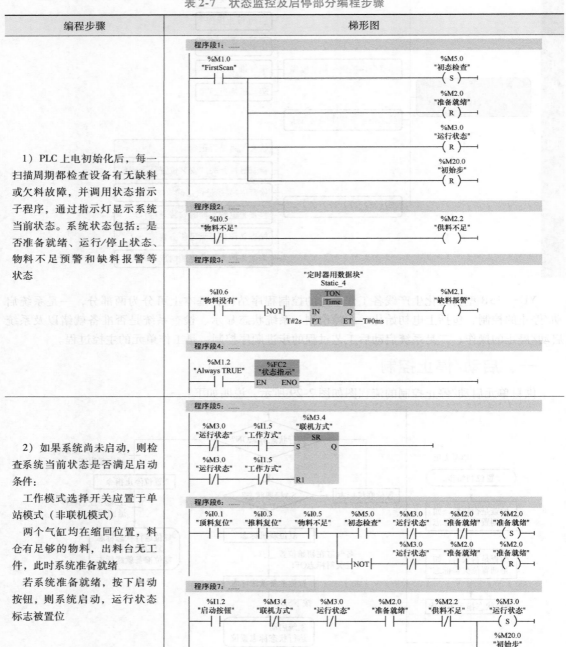

（续）

编程步骤	梯形图
3）如果系统已经启动，则程序应在每一个扫描周期检查有无停止按钮按下或是否出现缺料故障的事件。若事件发生，将发出停止指令。停止指令发出后当顺序控制过程返回初始步时，复位运行状态标志及响应停止指令，系统停止运行	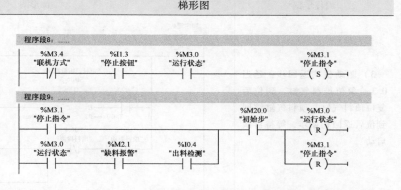

二、步进顺序控制过程的编程

供料单元的主要工作过程是供料控制，它是一个单序列的步进顺序控制过程。

步进顺序控制的编程，可以采用移位指令、译码指令等实现工步的转移，也可以用步进指令实现。当步进控制要求有较为复杂的选择、并行分支和跳转时，使用步进指令较为便利。考虑到 YL-335B 型自动化生产线的工作过程，本书统一使用步进指令作为编程示例。步进顺序控制过程的流程图如图 2-30 所示，其具体编程步骤见表 2-8。

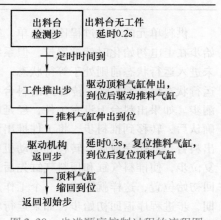

图 2-30　步进顺序控制过程的流程图

表 2-8　步进顺序控制过程具体编程步骤

编程步骤	梯形图
1）出料台检测步：系统运行后，检测出料台是否有工件，确认无工件，延迟 0.2s，定时时间到转换到下一步	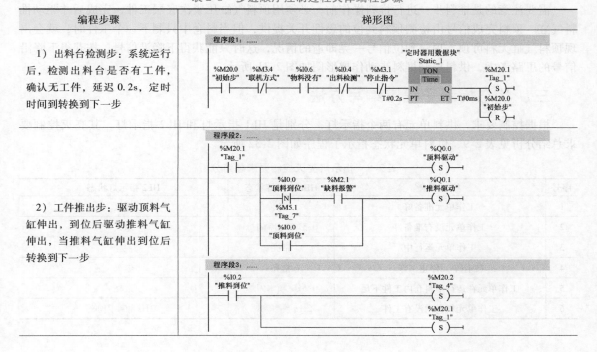
2）工件推出步：驱动顶料气缸伸出，到位后驱动推料气缸伸出，当推料气缸伸出到位后转换到下一步	

（续）

编程步骤	梯形图
3）驱动机构返回步：延迟0.3s，复位推料气缸，到位后复位顶料气缸，顶料气缸缩回到位后返回初始步，等待再次启动	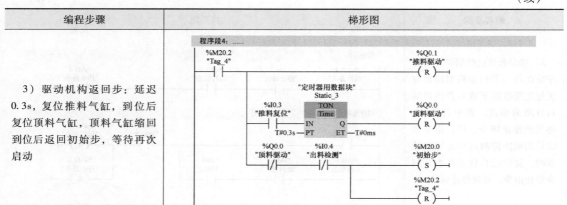

供料单元的步进过程比较简单，初始步在上电初始化时就被置位，但系统未进入运行状态前则处于等待状态，当运行状态标志 ON 后，转移到出料台检测步。如果出料台上没有工件，经延时确认后，转移到推料步，将工件推出到出料台。动作完成后，转移到驱动机构复位步，使推料气缸和顶料气缸先后返回初始位置，这样就完成了一个工作周期，步进程序返回初始步，如果运行状态标志仍然为 ON，开始下一周期的供料工作。

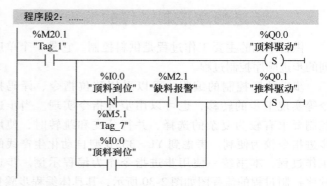

图 2-31　供料控制推料步动作梯形图

需要注意的是推料步：进行推料操作前，必须用顶料气缸压紧次底层工件，完成后才驱动推料气缸。顶料完成信号由检测顶料到位的磁性开关提供，但当料仓中只剩下一个工件时，就会出现顶料气缸无料可顶，顶料到位信号一晃即逝的情况，这时只能获得下降沿信号。按获得下降沿信号的思路考虑，供料控制推料步动作梯形图如图 2-31 所示。

三、状态指示子程序编写方法

根据控制要求，供料单元有两个指示灯，分别是 HL1 指示灯和 HL2 指示灯，其亮灭控制要求总结分析见表 2-9，供料单元状态指示子程序如图 2-32 所示。

表 2-9　指示灯亮灭控制要求总结分析

序号	控制要求	HL1 指示灯状态	HL2 指示灯状态
1	工作单元准备好	常亮	熄灭
2	工作单元没有准备好	0.5Hz 频率闪烁	熄灭
3	工作单元运行中	常亮	常亮
4	工作单元停止工作	常亮	熄灭
5	工作单元在运行中料仓内工件不足	0.5Hz 频率闪烁	常亮
6	工作单元料仓内没有工件	2Hz 频率闪烁	2Hz 频率闪烁

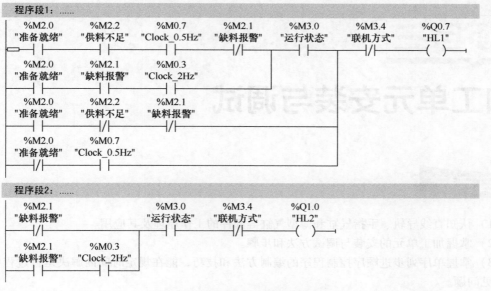

图 2-32　供料单元状态指示子程序

四、调试与运行

1）调整气动部分，检查气路是否正确，气压是否合理，气缸的动作速度是否合理。

2）检查磁性开关的安装位置是否到位，磁性开关工作是否正常。

3）检查 I/O 接线是否正确。

4）检查光电传感器的安装是否合理，距离设定是否合适，保证检测的可靠性。

5）运行程序，检查动作是否满足任务要求。

6）调试各种可能出现的情况，例如，在料仓工件不足的情况下，系统能否可靠工作；在料仓没有工件的情况下，能否满足控制要求。

7）优化程序。

项目小结

YL-335B 型自动化生产线各工作单元安装与调试的一般方法和步骤：

1）供料单元安装与调试的工作过程按如下的顺序进行：机械部件安装→气路连接及调整→电路接线→传感器调试、电路校核→编制 PLC 程序及调试。

2）机械部件的安装方法是把供料单元分解成几个组件，首先进行组件装配，然后再进行总装。

3）PLC 控制程序的结构由启动/停止控制和主顺序控制两部分组成。

上述安装与调试方法和步骤实际上也是 YL-335B 型自动化生产线各工作单元的共通点，当然不同的工作单元均有其特殊点，在共通点的基础上，可根据各单元的特殊点进行安装调试。

项目拓展

1）当料仓中只剩下一个工件时，除了采用顶料到位的下降沿信号外，还可以用哪些方法？试提出另一种方案。

2）若供料控制要求改为：启动后，如果出料台上无工件，并收到请求供料信号，则应把工件推到出料台上。据此修改控制程序，假设请求供料信号来自按钮 SB2 的动作。

加工单元安装与调试

项目三

项目目标

1）认知直线导轨、手指气缸和薄型气缸等部件的工作原理及其应用。

2）掌握加工单元的安装与调试方法和步骤。

3）掌握单序列步进顺序控制程序的编制方法和技巧，能在规定时间内解决运行过程中出现的常见问题。

项目描述

加工单元主要是完成加工台工件的冲压加工，如图 3-1 所示。本项目主要完成加工单元机械部件的安装、气路连接和调整、装置侧与 PLC 侧电气接线、PLC 程序的编写，最终通过机电联调实现设备总工作目标。

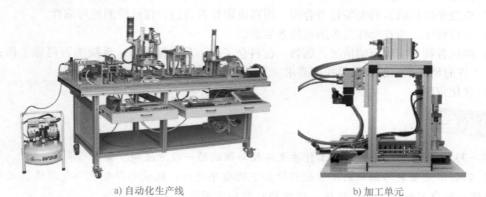

a）自动化生产线　　　　　　　b）加工单元

图 3-1　加工单元

1）初始状态：设备上电和气源接通后，滑动加工台伸缩气缸处于伸出位置，加工台气动手爪为松开的状态，冲压气缸处于缩回位置，急停按钮为抬起状态。

若设备在上述初始状态，且工作方式选择开关 SA 置于"单站方式"位置（断开状态），则"正常工作"指示灯 HL1 常亮，表示设备准备好。否则，该指示灯以 1Hz 的频率闪烁。

2）若设备准备好，按下启动按钮，设备启动，"设备运行"指示灯 HL2 常亮。当待加工工件送到加工台上并被检出后，程序执行，将工件夹紧，送往加工区域冲压，完成冲压动作后，返回待料位置的工件完成加工工序。加工完成的工件取出后，如果没有停止信号输入，当再有待加工工件送到加工台上时，加工单元又开始下一周期的工作。

3）在工作过程中，若按下停止按钮，加工单元在完成本周期的动作后停止工作。HL2 指示灯熄灭。

4）在工作过程中，当急停按钮被按下时，加工单元所有机构应立即停止运行，HL2 指示灯以 1Hz 的频率闪烁。急停解除后，从急停前的断点开始继续运行，HL2 恢复常亮。

知识准备

一、加工单元装置侧的结构和工作过程

加工单元的功能是把待加工工件在加工台夹紧，移送到加工区域冲压气缸的正下方，以实现对工件的冲压加工，然后把加工好的工件重新送出，从而完成工件加工过程。

加工单元装置侧主要结构组成为：加工台及滑动机构、加工（冲压）机构、电磁阀组、接线端口和底板等，其外观图如图 3-2 所示。

1. 加工台及滑动机构

加工台及滑动机构如图 3-3 所示。加工台用于固定被加工工件，并把工件移到加工（冲压）机构正下方进行冲压加工。它主要由手爪、气动手指、伸缩气缸、直线导轨和滑块、磁性开关、E3Z－LS63 型光电传感器（光电接近开关）以及底板组成。

加工台的工作过程：加工台的初始状态为伸缩气缸伸出、气动手指张开的状态，当输送机构把物料送到加工台，被安装于其上的 E3Z－LS63 型光电传感器检测到后，PLC 控制程序驱动气动手指将工件夹紧，然后使加工台移到加工区域进行冲压加工操作。加工完成后返回初始位置，张开气动手指，以便取出工件。

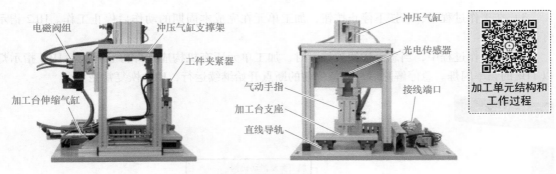

图 3-2　加工单元装置侧外观图

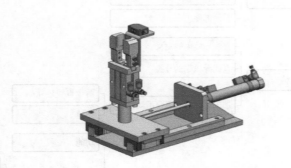

图 3-3　加工台及滑动机构

加工台伸出和返回到位的位置是通过调整伸缩气缸上两个磁性开关的位置来定位的。要求缩回位置位于加工冲压头正下方；伸出位置应与输送单元的抓取机械手装置配合，确保输送单元的抓取机械手能顺利地把待加工工件放到加工台上。

2. 加工（冲压）机构

加工（冲压）机构如图 3-4 所示。加工机构用于对工件进行冲压加工，主要由冲压气缸（薄型气缸）、冲压头和安装板等组成。加工机构安装在冲压气缸支撑架上。

冲压台的工作过程是：当工件到达冲压位置即伸缩气缸活塞杆缩回到位，冲压气缸带动冲压头伸出对工件进行冲压加工，完成加工动作后冲压气缸缩回，为下一次冲压做准备。

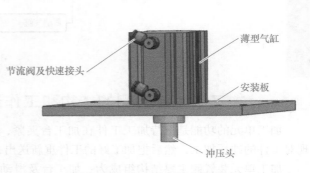

图 3-4　加工（冲压）机构

二、认知直线导轨机构

直线导轨副是一种滚动导引，它由钢珠在滑块与导轨之间做无限滚动循环，使得负载平台能沿着导轨以高精度做线性运动，其摩擦系数可降至传统滑动导引的 1/50，从而达到很高的定位精度。在直线传动领域中，直线导轨副一直是关键性的产品，目前已成为各种机床、数控加工中心和精密电子机械中不可缺少的重要功能部件。

直线导轨副通常按照滚珠在导轨和滑块之间的接触牙型来分类，主要有两列式和四列式两种。YL－335B 型自动化生产线上选用普通级精度的两列式直线导轨副，其接触角在运动中能保持不变，刚性也比较稳定。图 3-5a 为直线导轨副截面图，图 3-5b 为装配好的直线导轨副。

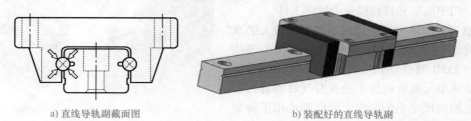

a) 直线导轨副截面图　　　　　　　　　　　b) 装配好的直线导轨副

图 3-5　两列式直线导轨副

加工单元移动料台滑动机构由两个直线导轨副和导轨安装构成，加工台通过安装板固定于其上，以便能沿着直线导轨前后移动。

三、认知气动手指和薄型气缸

1. 气动手指（气爪）

气动手指（气爪）用于抓取、夹紧工件，通常有滑动导轨型、支点开闭型和回转驱动型等工作方式，其实例如图 3-6 所示。加工单元使用的是滑动导轨型气动手指，输送单元所使用的是支点开闭型气动手指。

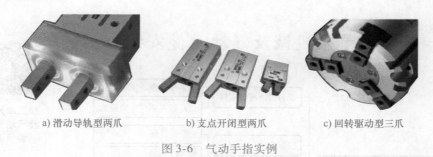

a) 滑动导轨型两爪　　　　b) 支点开闭型两爪　　　　c) 回转驱动型三爪

图 3-6　气动手指实例

以滑动导轨型为例，气动手指的工作原理可从图 3-7a、b 看出。当压缩空气从上气孔进气、下气孔排气时，活塞向下运动，通过铰链传动使气动手指夹紧。反之，当压缩空气从下气孔进气、上气孔排气时，活塞向上运动，使气动手指松开。气动手指的图形符号如图 3-7c 所示。

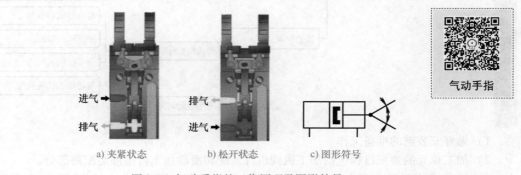

进气　　　　　　排气

排气　　　　　　进气

a) 夹紧状态　　　　b) 松开状态　　　　c) 图形符号

气动手指

图 3-7　气动手指的工作原理及图形符号

2. 薄型气缸

薄型气缸及其构造如图 3-8 所示，是一种行程短的气缸，缸筒与无杆侧端盖铆接成一体，杆盖用弹簧挡圈固定，缸体为方形，可以有各种安装方式，用于固定夹具和搬运中固定工件。

薄型气缸的轴向尺寸比标准气缸有较大的减小，具有结构紧凑、重量轻和占用空间小等优点。YL-335B 型自动化生产线加工单元的冲压气缸、输送单元抓取机械手的提升气缸都有行程短和气缸轴向尺寸小的要求，因此都选用了薄型气缸。但所选的薄型气缸径向尺寸较大，要求进气气流有较大的压力，因此所使用的气管直径比其他的略大，YL-335B 型自动化生产线中一般气缸使用气管的直径为 4mm，但薄型气缸使用气管的直径为 6mm。

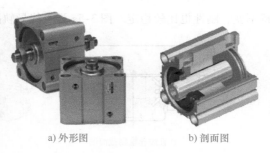

a) 外形图　　　　　　b) 剖面图

图 3-8　薄型气缸及其构造

◉ **微人物**

请同学们查找王树军的事迹，并在在线课程平台上分享讨论。

项目实施

任务一　加工单元机械及气动元件安装与调试

知识思维导图

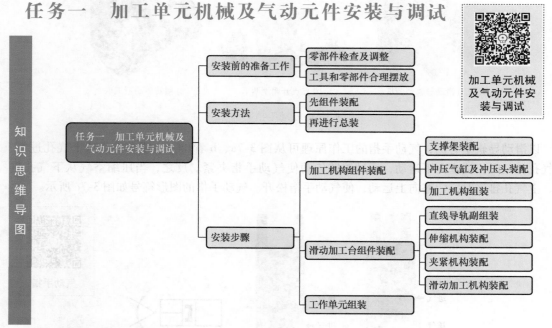

加工单元机械及气动元件安装与调试

1）做好安装前的准备工作。

2）加工单元的装配过程包括加工机构组件装配和滑动加工台组件装配两部分。

加工机构组件装配包括支撑架装配、冲压气缸及冲压头装配、加工机构组装 3 个步骤，其装配过程见表 3-1。

滑动加工台组件装配包括直线导轨副组装、伸缩机构装配、夹紧机构装配和滑动加工机构装配，其装配过程见表 3-2。

表 3-1 加工机构组件装配过程

步骤	步骤一 支撑架装配	步骤二 冲压气缸及冲压头装配	步骤三 加工机构组装
示意图			

表 3-2 滑动加工台组件装配过程

步骤	步骤一 直线导轨副组装	步骤二 伸缩机构装配
示意图		

步骤	步骤三 夹紧机构装配	步骤四 滑动加工机构装配
示意图		

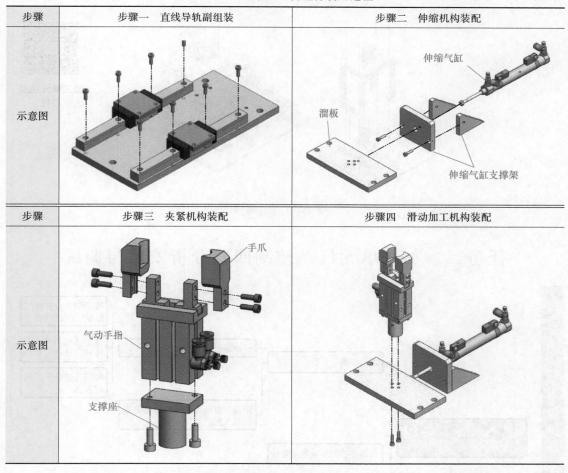

组件安装要点：组装直线导轨副时（步骤一），固定螺栓先不要拧紧，待滑动加工机构装配（步骤四）完成后，将溜板固定在导轨滑块上，然后一边移动溜板，一边拧紧固定导轨的螺栓。移动溜板须注意，不要将滑块拆离导轨或超过行程又推回去。此外，安装过程应小心，轻拿轻放，避免磕碰影响直线导轨副的直线精度。

微安全

工具永远不要遗留在设备上

　　某学校，2007级机电一体化技术专业一名学生，在车床实践操作考试期间，将工件固定到车床主轴上，然后工具遗留在了高速旋转的主轴位置上，该同学没有认真做检查就直接按下了启动按钮，车床主轴高速旋转时，遗留在设备上的工具飞了出来，直接打到了该学生的眉心且流血了，如果再发生一点偏差就会打到眼睛上，将会给其带来非常大的影响和严重的后果。

　　所以须谨记严格按照设备操作的流程操作，工具永远不要遗留在设备上，避免造成伤害。

　　3）工作单元组装。滑动加工台组件装配完成后，将直线导轨安装板固定在底板上，然后将加工机构组件也固定在底板上，最后装配电磁阀组、接线端口等，完成加工单元的机械部分装配，其组装图如图3-9所示。如果加工机构组件部分的冲压头和滑动加工台上的工件的中心没有对正，可以通过调整推料气缸旋入两导轨连接板的深度来进行对正。

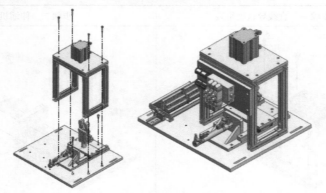

加工单元组装过程

图 3-9　加工单元组装图

任务二　加工单元气动控制回路分析安装与调试

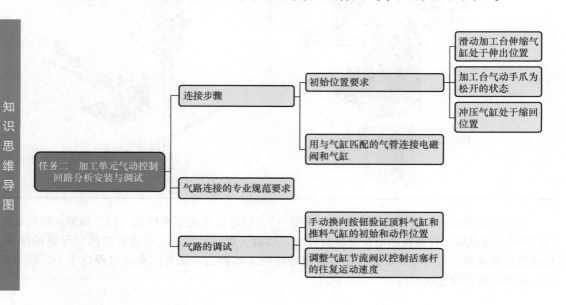

1）连接步骤：按照如图3-10所示的加工单元气动系统图，从汇流板开始，根据各气缸的初始位置要求，即滑动加工台伸缩气缸处于伸出位置，加工台气动手爪为松开的状态，冲压气缸处于缩回位置，进行电磁阀和气缸的气路连接。

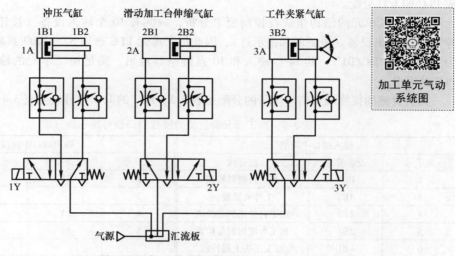

图 3-10　加工单元气动系统图

2）气路连接的专业规范要求。请参考项目二供料单元气路连接的专业规范要求。

3）气路的调试。用电磁阀上的手动换向按钮验证各气缸的初始位置和动作位置是否正确；调整气缸节流阀，使得气缸动作时无冲击、卡滞现象。

任务三　加工单元电气系统分析安装与调试

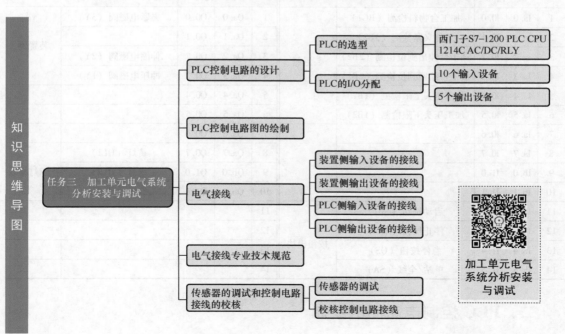

一、PLC 控制电路的设计

PLC 控制电路的设计须根据工作任务的要求以及输入、输出的点数，选择 PLC 的型号并完成 PLC 的 I/O 分配。

根据加工单元的结构组成及控制要求分析，一共有 10 个输入设备（按钮、开关和传感器等）、5 个输出设备（电磁阀和指示灯），因此加工单元 PLC 选用 S7 - 1200 系列 PLC，CPU 型号为 1214C AC/DC/RLY，共 14 点输入和 10 点继电器输出，满足加工单元的输入输出设备连接 PLC 的需求。

其装置侧的接线端口信号端子的分配见表 3-3，PLC 的 I/O 信号表见表 3-4。

表 3-3 加工单元装置侧的接线端口信号端子的分配

输入端口中间层			输出端口中间层		
端子号	设备符号	信号线	端子号	设备符号	信号线
2	BG1	加工台物料检测	2	3Y	夹紧电磁阀
3	3B2	工件夹紧检测	3		
4	2B2	加工台伸出到位检测	4	2Y	伸缩电磁阀
5	2B1	加工台缩回到位检测	5	1Y	冲压电磁阀
6	1B1	加工压头上限检测			
7	1B2	加工压头下限检测			
8 ~ 17 端子没有连接			6 ~ 14 端子没有连接		

表 3-4 加工单元 PLC 的 I/O 信号表

输入信号					输出信号				
序号	PLC 输入点		信号名称	信号来源	序号	PLC 输出点		信号名称	信号来源
	S7 - 1200					S7 - 1200			
1	Ia. 0	I0.0	加工台物料检测（BG1）	装置侧	1	Qa. 0	Q0.0	夹紧电磁阀（3Y）	装置侧
2	Ia. 1	I0.1	工件夹紧检测（3B2）		2	Qa. 1	Q0.1		
3	Ia. 2	I0.2	加工台伸出到位检测（2B2）		3	Qa. 2	Q0.2	伸缩电磁阀（2Y）	
4	Ia. 3	I0.3	加工台缩回到位检测（2B1）		4	Qa. 3	Q0.3	冲压电磁阀（1Y）	
5	Ia. 4	I0.4	加工压头上限检测（1B1）		5	Qa. 4	Q0.4		
6	Ia. 5	I0.5	加工压头下限检测（1B2）		6	Qa. 5	Q0.5		
7	Ia. 6	I0.6			7	Qa. 6	Q0.6		
8	Ia. 7	I0.7			8	Qa. 7	Q0.7	黄灯（HL1）	指示灯模块
9	Ib. 0	I1.0			9	Qb. 0	Q1.0	绿灯（HL2）	
10	Ib. 1	I1.1			10	Qb. 1	Q1.1	红灯（HL3）	
11	Ib. 2	I1.2	启动按钮（SB1）	按钮模块	11				
12	Ib. 3	I1.3	停止按钮（SB2）		12				
13	Ib. 4	I1.4	急停按钮（QS）		13				
14	Ib. 5	I1.5	单站/全线（SA）		14				

二、PLC 控制电路图的绘制

图 3-11 为 S7 - 1200 系列 PLC 的控制电路图，图中各器件的文字符号均与表 3-3 和表 3-4 相对应。另外，各传感器用电源由外部直流电源提供，没有使用 PLC 内置的 DC 24V 传感器电源。

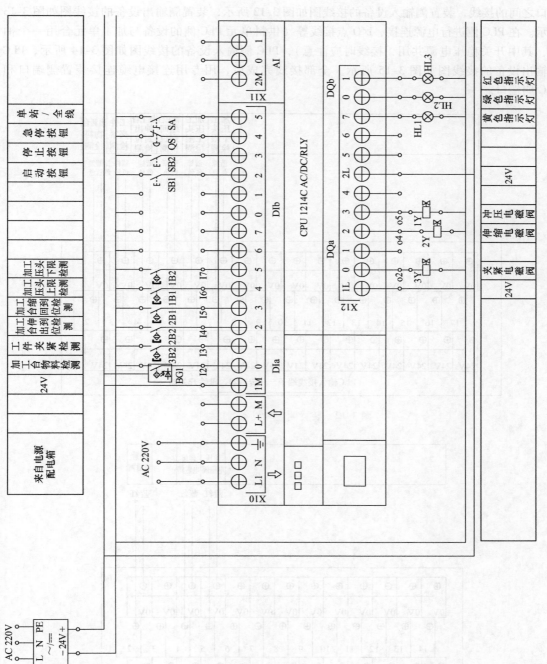

图3-11 S7-1200系列PLC的控制电路图

三、电气接线

电气接线包括，在工作单元装置侧完成各传感器、电磁阀和电源端子等引线到装置侧接线端口之间的接线，装置侧输入设备的接线图如图 3-12 所示，装置侧输出设备的接线图如图 3-13 所示。在 PLC 侧进行电源连接、I/O 点接线等（供料单元 PLC 侧的设备与加工单元合用一个抽屉，其中开关稳压电源共用，接线时应注意），PLC 侧输入设备的接线图如图 3-14 所示，PLC 侧输出设备的接线图如图 3-15 所示。全部接线完成后，用专用连接电缆连接装置侧端口和 PLC 侧端口。

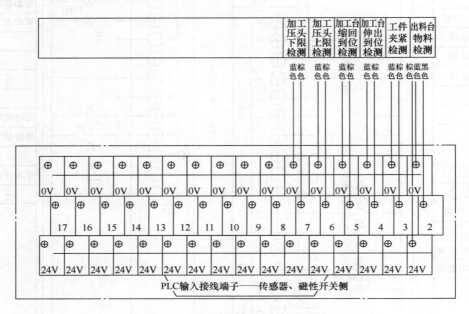

图 3-12　装置侧输入设备的接线图

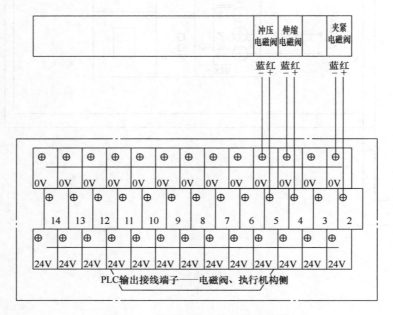

图 3-13　装置侧输出设备的接线图

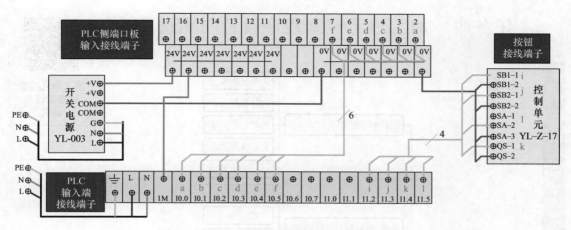

图 3-14　PLC 侧输入设备的接线图

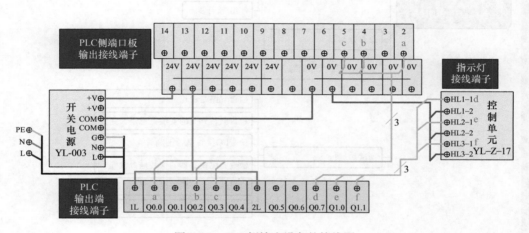

图 3-15　PLC 侧输出设备的接线图

四、电气接线专业技术规范

电气接线专业技术规范见表 2-5。

五、校核、传感器的调试

1）电气接线的工艺应符合有关专业技术规范的规定。接线完毕，应借助 PLC 编程软件的状态表监控功能校核接线的正确性。

2）电气接线完成后，应仔细调整各磁性开关的安装位置、加工台的 E3Z－LS63 型光电传感器的设定距离，宜用黑色工件作为测试物进行调试。

微安全

接线安全注意事项

实训接线前或实训中途要改接线路，必须首先将电源闸刀开关拉开，切断电源后，再进行改接线路。线路连接符合接线规范，连接完成后用万用表检查是否有短路，经指导教师检查同意后，方可通电。

任务四　加工单元控制程序设计与调试

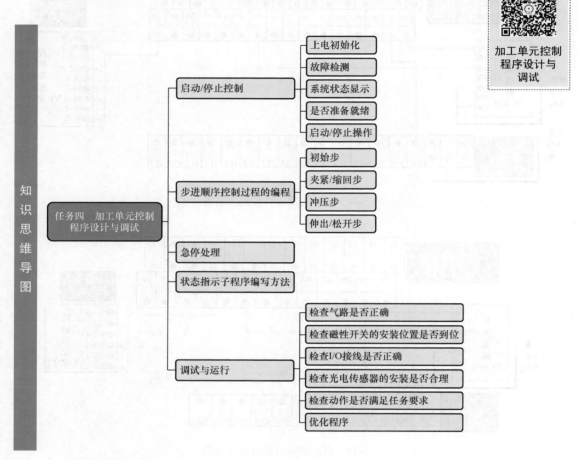

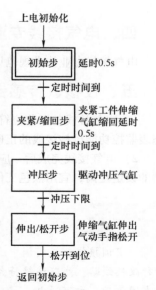

加工单元控制程序设计与调试

　　加工单元工作流程与供料单元类似，也是 PLC 上电后首先进入初始状态校核阶段，确认系统已经准备就绪后，才允许接收启动信号投入运行。系统启动部分程序的编制，由读者自行完成。下面只针对加工过程步进顺序控制及急停部分的编程思路加以说明。

一、加工单元的工作流程和急停处理

　　工作任务要求的急停处理方法如下：

　　为了实现急停功能，在调用加工控制子程序前连接急停按钮的常开触点。由于 PLC 连接的急停按钮为常闭触点，所以正常运行时，程序中的常开触点闭合，按下启动按钮，执行加工控制子程序。急停按钮按下后，加工控制子程序立即停止执行。

二、加工过程步进控制的编程思路

　　加工过程也是一个单序列的步进过程，其工作流程图如图 3-16 所示。步进顺序控制过程具体编程步骤见表 3-5。

图 3-16　加工过程的工作流程图

表 3-5 步进顺序控制过程具体编程步骤

编程步骤	梯形图
1）初始步：系统运行标志为 ON 时，如果加工台检测到有工件，则延时 0.5s 后进入夹紧/缩回步	%M10.0 "步0" ├─┤├─ %I0.0 "物料检测" ─┤├─ %M1.1 "停止指令" ─┤/├─ ┌ %DB1 "定时器1" TON Time ┐ IN Q, T#0.5s─PT ET─T#0ms → %M10.1 "步1" ─(S)─ ; %M10.0 "步0" ─(R)─
2）夹紧/缩回步：驱动气动手指夹紧工件，夹紧到位后，伸缩气缸缩回，延时 0.5s，即转移至冲压步	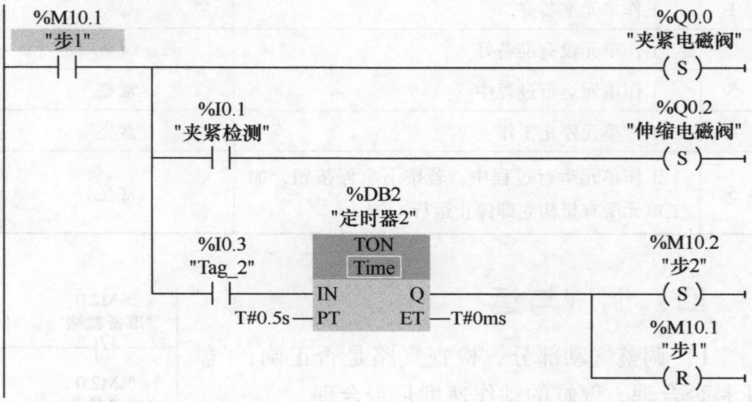 %M10.1 "步1" ├─┤├─ → %Q0.0 "夹紧电磁阀" ─(S)─ ; %I0.1 "夹紧检测" ─┤├─ → %Q0.2 "伸缩电磁阀" ─(S)─ ; %I0.3 "Tag_2" ─┤├─ ┌ %DB2 "定时器2" TON Time ┐ IN Q, T#0.5s─PT ET─T#0ms → %M10.2 "步2" ─(S)─ ; %M10.1 "步1" ─(R)─
3）冲压步：冲压气缸冲压，到达冲压下限后，转移至伸出/松开步。注意：移出此状态时，冲压气缸复位	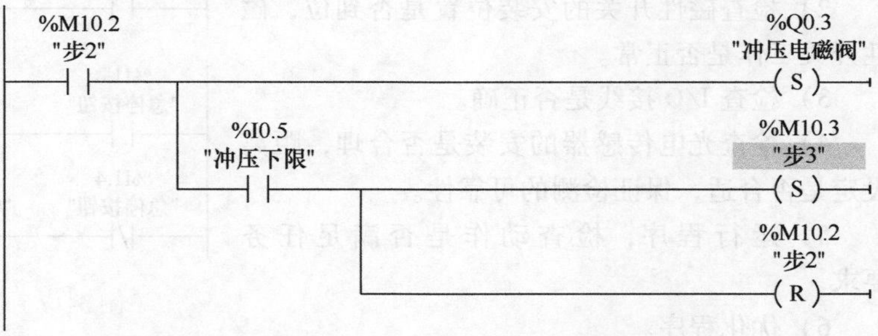 %M10.2 "步2" ├─┤├─ → %Q0.3 "冲压电磁阀" ─(S)─ ; %I0.5 "冲压下限" ─┤├─ → %M10.3 "步3" ─(S)─ ; %M10.2 "步2" ─(R)─
4）伸出/松开步：当冲压气缸位于上限时，伸缩气缸伸出，伸出到位后，气动手指松开。当气动手指松开到位，工作台工件被取走时，返回初始步	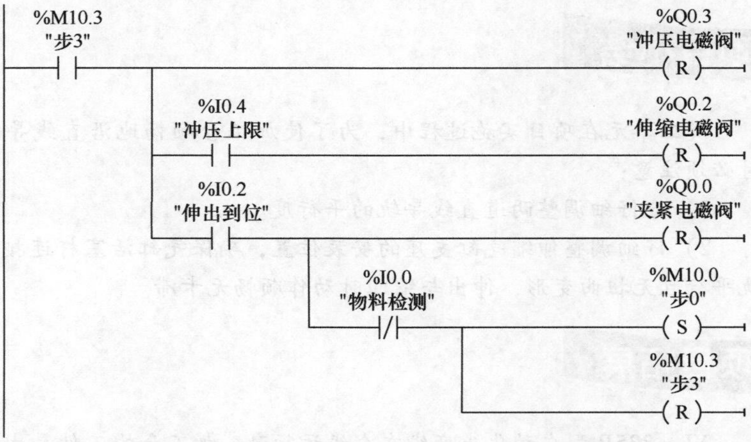 %M10.3 "步3" ├─┤├─ → %Q0.3 "冲压电磁阀" ─(R)─ ; %I0.4 "冲压上限" ─┤├─ → %Q0.2 "伸缩电磁阀" ─(R)─ ; %I0.2 "伸出到位" ─┤├─ → %Q0.0 "夹紧电磁阀" ─(R)─ ; %I0.0 "物料检测" ─┤/├─ → %M10.0 "步0" ─(S)─ ; %M10.3 "步3" ─(R)─

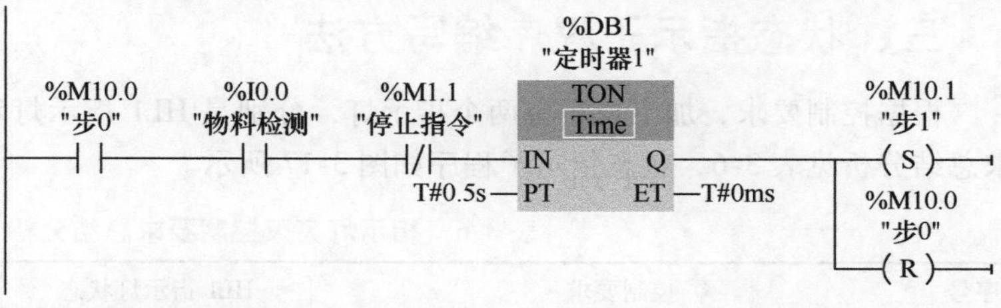

根据工作流程图编制步进程序，须注意如下内容：

在冲压步中，冲压加工不到位，芯件不能完全嵌入杯形工件中，这种加工次品被送往分拣单元分拣时,会出现被传感器卡住的故障。产生次品原因:一是检测冲压下限的磁性开关位置未调整好;二是冲压到位信号动作后,没有加上适当的延时;后者可在程序中加定时解决。

三、状态指示子程序编写方法

根据控制要求,加工单元有两个指示灯,分别是 HL1 指示灯和 HL2 指示灯,其亮灭控制要求总结分析见表 3-6,状态指示子程序如图 3-17 所示。

表 3-6　指示灯亮灭控制要求总结分析

序号	控制要求	HL1 指示灯状态	HL2 指示灯状态
1	工作单元准备好	常亮	熄灭
2	工作单元没有准备好	1Hz 频率闪烁	熄灭
3	工作单元运行过程中	常亮	常亮
4	工作单元停止工作	常亮	熄灭
5	工作单元运行过程中,若按下急停按钮,加工单元所有机构立即停止运行	常亮	1Hz 频率闪烁

四、调试与运行

1)调整气动部分,检查气路是否正确,气压是否合理,气缸的动作速度是否合理。

2)检查磁性开关的安装位置是否到位,磁性开关工作是否正常。

3)检查 I/O 接线是否正确。

4)检查光电传感器的安装是否合理,距离设定是否合适,保证检测的可靠性。

5)运行程序,检查动作是否满足任务要求。

6)优化程序。

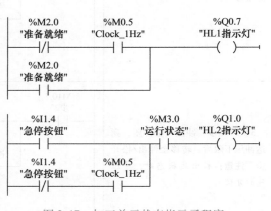

图 3-17　加工单元状态指示子程序

项目小结

加工单元在项目实施过程中,为了使加工台顺畅地沿直线导轨滑动,安装滑动加工台组件时必须注意:

1)应仔细调整两道直线导轨的平行度。

2)仔细调整伸缩气缸支座的安装位置,确保气缸活塞杆连接加工台支座时活塞杆与直线导轨平行且无扭曲变形,伸出与缩回时动作顺畅无卡滞。

项目拓展

YL-335B 型自动化生产线在全线运行时,加工台的工件是由输送单元机械手放上去的。加工过程步进程序的启动,须在机械手缩回到位,发出落料完成信号以后。请用按钮 SB2 模拟输送单元发来的落料完成信号,编写加工单元的单站运行程序。

装配单元 I 安装与调试

项目目标

1）认知摆动气缸和导向气缸的工作原理，熟练掌握它们的安装及调试方法。
2）掌握装配单元安装与调试的方法和步骤。
3）掌握带分支步进顺序控制程序的编制方法和技巧。

项目描述

装配单元在 YL–335B 型自动化生产线中起着芯件装配的重要作用，如图 4-1 所示。根据实际安装与调试工作过程，本项目主要完成装配单元机械部件的安装、气路连接和调整、装置侧与 PLC 侧电气接线和 PLC 程序的编写，最终通过机电联调实现设备总工作目标：按下启动按钮，通过落料机构落料、摆动气缸回转和装配机械手装配，从而完成将芯件嵌入装配台上外壳工件的装配工作。按下停止按钮，系统完成当前装配周期后停止。具体控制要求如下。

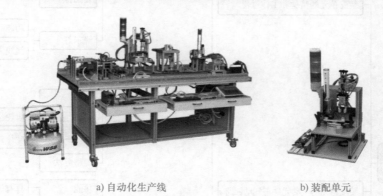

a) 自动化生产线　　　　　　b) 装配单元

图 4-1　装配单元

1）装配单元各气缸的初始位置：挡料气缸位于伸出位置，顶料气缸位于缩回位置（料仓内有足够的小圆柱芯件），装配机械手的升降气缸位于提升（缩回）位置，伸缩气缸位于缩回位置，气动手指处于松开状态。

设备通电且气源接通后，若各气缸满足初始位置要求，且料仓内有足够的小圆柱芯件，则"正常工作"指示灯 HL1 常亮，表示设备已经准备好。否则，该指示灯以 1Hz 的频率闪烁。

2）若设备已经准备好，按下启动按钮 SB1，装配单元启动，"设备运行"指示灯 HL2 常亮。如果回转物料台上的料盘 1 内没有小圆柱芯件，则执行供料操作；如果料盘 1 内有小圆柱芯件，而料盘 2 内没有，则执行回转台回转操作。

　　3）如果回转物料台上的料盘 2 内有小圆柱芯件且装配台上有待装配工件，则装配机械手将抓取小圆柱芯件并将其嵌入待装配工件中。

　　4）完成装配任务后，装配机械手返回初始位置，等待下一次装配。

　　5）若在运行过程中按下停止按钮 SB2，供料机构应立即停止供料。在满足装配条件的情况下，装配单元将在完成本次装配后停止工作。

　　6）若在工作过程中料仓内芯件不足，装配单元仍会继续工作，但"设备运行"指示灯 HL2以 1Hz 的频率闪烁，"正常工作"指示灯 HL1 保持常亮。若出现缺料故障（料仓无料、料盘无料），则 HL1 和 HL2 均以 1Hz 的频率闪烁，装配单元在完成本周期任务后停止，当向料仓补充足够的芯件后才能再次启动。

知识准备

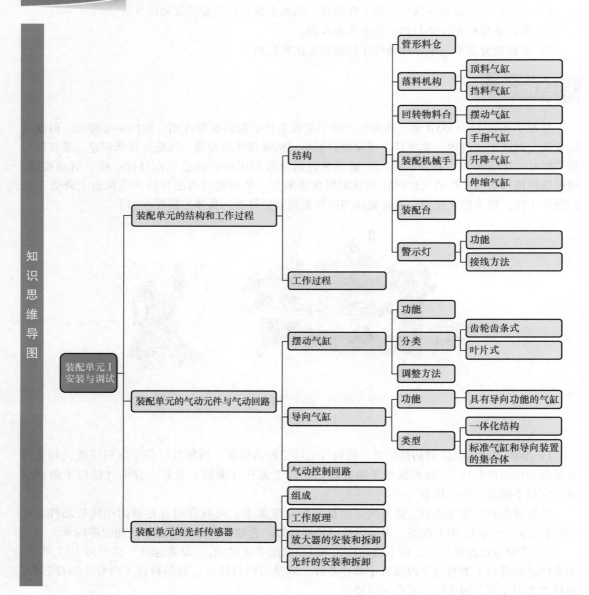

一、装配单元的结构和工作过程

装配单元的功能是将该单元料仓内的小圆柱芯件嵌入装配台料斗中的待装配工件中，该单元装置侧的主要结构如图4-2所示。

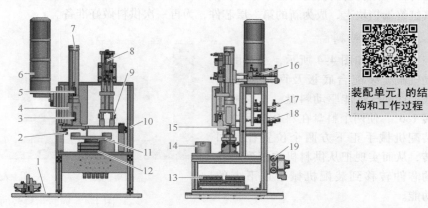

装配单元 I 的结构和工作过程

图 4-2　装配单元装置侧的主要结构

1—底板　2—光电接近开关3　3—光电接近开关2　4—料仓底座　5—光电接近开关1　6—警示灯　7—管形料仓
8—升降气缸　9—气动手指及夹紧器　10—铝型材支架　11—料盘及支撑板　12—摆动气缸　13—接线端口
14—装配台　15—光电接近开关4　16—伸缩气缸　17—顶料气缸　18—挡料气缸　19—电磁阀组

装配单元装置侧的结构包括：①供料组件，主要包括储料装置及落料机构。储料装置包括管形料仓及料仓底座；落料机构由顶料气缸、挡料气缸及支撑板组成。②回转物料台，主要由料盘及支撑板、摆动气缸组成。③装配机械手，主要由伸缩气缸、升降气缸、气动手指及夹紧器等组成。④装配台，定位孔与工件之间的较小间隙，从而实现准确定位，完成装配动作。⑤其他主要包括铝型材支架及底板、气动系统及电磁阀组、光电接近开关及其安装支架、警示灯以及接线端口等。

1. 管形料仓

管形料仓用来存储装配用的金属、黑色和白色小圆柱芯件。它由塑料圆管和中空底座构成，塑料圆管顶端配置加强金属环，以防止破损。芯件竖直放入管形料仓内，由于管形料仓外径稍大于芯件外径，故芯件能在重力作用下自由下落。

为了能在料仓供料不足和缺料时报警，在管形料仓底部和底座处分别安装了两个 E3Z－LS63 型光电接近开关，并在管形料仓及底座的前后侧纵向铣槽，以使光电接近开关的红外光斑能可靠地照射到被检测的物料上。

2. 落料机构

图 4-3 为落料机构示意图，图中，料仓底座的背面安装了两个直线气缸：上面的气缸称为顶料气缸，下面的气缸称为挡料气缸。

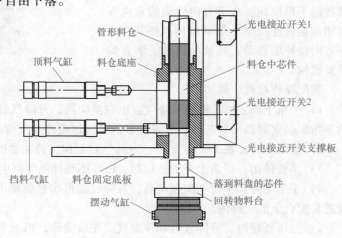

图 4-3　落料机构示意图

系统气源接通后，落料机构位于初始位置：顶料气缸处于缩回状态，挡料气缸处于伸出状态。这样，当从料仓进料口放下芯件时，芯件将被挡料气缸活塞杆终端的挡块阻挡而不能落下。

需要进行供料操作时，首先使顶料气缸伸出，顶住第二层芯件，然后挡料气缸缩回，第一层芯件掉入回转物料台的料盘中；之后挡料气缸复位伸出，顶料气缸缩回，原第二层芯件落到挡料气缸终端挡块上，成为新的第一层芯件，为再一次供料做好准备。

3. 回转物料台

其结构如图 4-4 所示，主要由摆动气缸、装配台底板及两个料盘组成。摆动气缸能驱动料盘、支撑板旋转 180°，使两个料盘在料仓正下方和装配机械手正下方两个位置往复回转，从而实现把从供料机构落到料盘的芯件转移到装配机械手正下方的功能。

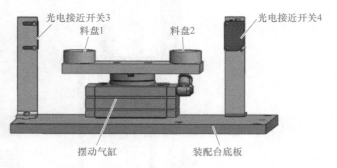

图 4-4　回转物料台的结构

光电接近开关 3 和光电接近开关 4 分别用来检测料盘 1 和料盘 2 中是否有芯件。两个光电接近开关均选用 E3Z－LS63 型光电接近开关。

4. 装配机械手

装配机械手是整个装配单元的核心。当装配机械手正下方的回转物料台料盘 2 上有小圆柱芯件，且装配台侧面的光纤传感器检测到装配台上有待装配工件时，机械手就从初始状态开始执行装配操作过程。

装配机械手装置是一个三维运动机构，其组件如图 4-5 所示，由竖直方向升降移动和水平方向伸缩移动的两个导向气缸以及气动手指组成。竖直方向升降的导向气缸连接气动手指，可沿竖直方向移动，通过气动手指连接的夹紧器实现抓取和放下小圆柱芯件的功能，是装配机械手装置的手爪机构。水平方向伸缩的导向气缸用连接件连接整个手爪机构，使其在水平方向做伸缩移动，是装配机械手装置的手臂机构。

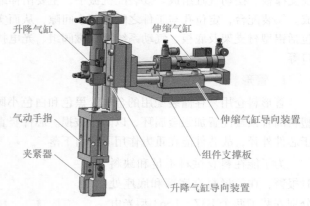

图 4-5　装配机械手组件

装配操作过程步骤如下：

1）手爪下降：PLC 驱动升降气缸电磁换向阀，升降气缸驱动气动手指向下移动，到位后气动手指驱动夹紧器夹紧芯件，并将夹紧信号通过磁性开关传送给 PLC。

2）手爪上升：在 PLC 控制下，升降气缸复位，被夹紧的芯件随气动手指一并提起。

3）手臂伸出：手爪上升到达位后，PLC 驱动伸缩气缸电磁阀，使其活塞杆伸出。

4）手爪下降：手臂伸出到位后，升降气缸再次被驱动下移，到位后气动手指松开，将芯件放进装配台上的工件内。

5）经短暂延时，升降气缸和伸缩气缸先后缩回，机械手恢复初始状态。

在整个机械手动作过程中，除气动手指松开到位无传感器检测外，其余动作的到位信号检测均采用与气缸配套的磁性开关检测，将采集到的信号输入 PLC，由 PLC 输出信号驱动电磁阀换向，使由气缸及气动手指组成的机械手按程序自动运行。

5. 装配台

输送单元运送来的待装配工件直接放置在装配台中，由装配台定位孔与工件之间的较小的间隙配合实现定位，从而完成准确的装配动作。装配台与回转物料台组件共用支撑板，如图 4-6a 所示。为了确定装配台内是否放置了待装配工件，使用了光纤传感器进行检测。装配台的侧面开了一个 M6 的螺孔，光纤传感器的光纤头就固定在螺孔内，如图 4-6b 所示。

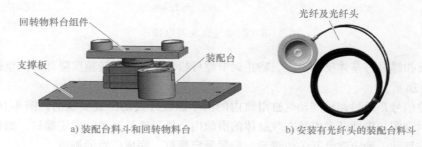

a) 装配台料斗和回转物料台   b) 安装有光纤头的装配台料斗

图 4-6 装配台及支撑板

6. 警示灯

本工作单元上安装有红、橙、绿三色警示灯，它们是作为整个系统警示用的。警示灯有 5 根引出线，其中黄-绿双色导线是接地线，红色线为红色灯控制线，黄色线为橙色灯控制线，绿色线为绿色灯控制线，黑色线为信号灯公共控制线。其接线示意图如图 4-7 所示。

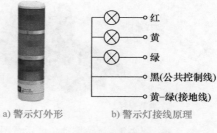

a) 警示灯外形   b) 警示灯接线原理

图 4-7 警示灯接线示意图

> 🎯 **微人物**
>
> 请同学们查下线路"刀手"李刚的事迹，并在在线课程平台上分享讨论。

二、装配单元的气动元件与气动回路

1. 摆动气缸

摆动气缸是利用压缩空气驱动输出轴在一定角度范围内做往复回转运动的气动执行元件，用于物体的转位、翻转、分类、夹紧、阀门的开闭以及机器人的手臂动作等。摆动气缸有齿轮齿条式和叶片式两种类型，YL-335B 型自动化生产线上所使用的都是齿轮齿条式，其实物如图 4-8a 所示。

齿轮齿条式摆动气缸的工作原理示意图如图 4-8b 所示。气压推动活塞带动齿条做直线运动，齿条推动齿轮做回转运动，由齿轮轴输出力矩并带动外负载摆动。摆动平台是在转轴上安装的一个平台，平台可在一定角度范围内摆动。齿轮齿条式摆动气缸的图形符号如图 4-8c 所示。

装配单元摆动气缸的摆动回转角度能在 0°~180°之间任意调整。当需要调节回转角度或调整摆动位置精度时，应首先松开调节螺杆上的反扣螺母，通过旋入和旋出调节螺杆，从而改变摆动平台的回转角度，调节螺杆 1 和调节螺杆 2 分别用于左旋和右旋角度的调整。当调整好摆动角

a) 实物图　　　　　　　b) 工作原理示意图　　　　　　　c) 图形符号

图 4-8　摆动气缸及图形符号

度后，应将反扣螺母与基体反扣锁紧，防止调节螺杆松动，造成回转精度降低。调整摆动角度示意图如图 4-9 所示。

　　摆动到位信号是通过调整摆动气缸滑轨内的两个磁性开关的位置实现的，图 4-10 为磁性开关位置调整示意图。磁性开关安装在气缸体的滑轨内，松开磁性开关的紧定螺钉，磁性开关即可沿着滑轨左右移动。确定磁性开关位置后，旋紧紧定螺钉，完成位置的调整。

图 4-9　调整摆动角度示意图　　　　　图 4-10　磁性开关位置调整示意图

2. 导向气缸

　　导向气缸是指具有导向功能的气缸，一般用于要求抗扭转力矩、承载能力强和工作平稳的场合。其导向结构有两种类型，一种是一体化的结构，将与活塞杆平行的两根导杆与气缸组成一体，外形如图 4-11a 所示，也称为带导杆气缸，具有结构紧凑、导向精度高的特点。YL‑335B 型自动化生产线上的输送单元就是采用这种一体化的带导杆气缸作为其抓取机械手装置的手臂伸缩气缸。

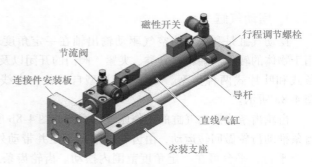

a) 一体化的带导杆气缸　　　　　　　b) 由标准气缸和导向装置构成导向气缸

图 4-11　导向气缸

另一种导向结构为标准气缸和导向装置的集合体，如图 4-11b 所示。YL-335B 型自动化生产线的装配单元中用于驱动装配机械手水平方向移动和竖直方向移动的导向气缸，就采用了这种由标准气缸和导向装置构成的导向气缸，其结构说明如下：

1）连接件安装板将两根导杆和标准气缸活塞杆的相对位置固定下来，安装支座用于固定标准气缸整体，并支撑导杆的导向。当标准气缸的一端接通压缩空气后，活塞被驱动做直线运动，被连接件安装板固定到一起的两根导杆也随活塞杆伸出或缩回，从而实现导向气缸的整体功能。

2）安装在导杆末端的行程调整板用于调整该导杆气缸的伸出行程。具体调整方法是松开行程调整板上的紧定螺钉，让行程调整板在导杆上移动，当达到理想的伸出距离以后，再完全锁紧紧定螺钉，完成行程的调节。

3. 气动控制回路

装配单元的电磁阀组由 6 个二位五通的单电控电磁换向阀组成，气动控制回路如图 4-12 所示。在进行气动控制回路连接时，请注意各个气缸的初始位置，其中挡料气缸位于伸出位置，升降气缸即手爪提升气缸位于上端升起位置。

装配单元 I 气动系统图

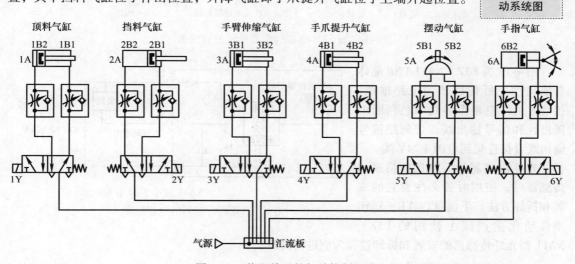

图 4-12 装配单元的气动控制回路

三、装配单元的光纤传感器

光纤传感器也是光电传感器的一种，它由光纤单元、放大器两部分组成。其工作原理示意图如图 4-13 所示。投光器和受光器均在放大器内，投光器发出的光线通过一条光纤的内部从端面（光纤头）以约 60° 的角度扩散，照射到检测物体上；同样，反射回来的光线通过另一条光纤的

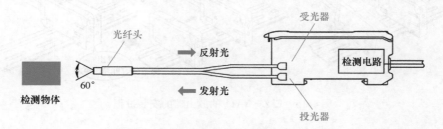

图 4-13 光纤传感器工作原理示意图

内部回送到受光器。反射回来的光线量将由放大器内部的敏感元件检出，并转换为电气信号输出。光纤传感器由于检测部分（光纤）中完全没有电气部分，所以耐干扰、耐环境性良好，并且具有光纤头可安装在空间很小的地方、传输距离远和使用寿命长等优点。

光纤传感器的放大器单元通常包括入光量显示、输出动作显示和输出灵敏度调节旋钮等部分。图 4-14 为在 YL－335B 型自动化生产线上使用的 E3Z－NA11 型光纤传感器放大器单元的俯视图。调节其中部的 8 旋转灵敏度高速旋钮就能进行放大器灵敏度调节（顺时针旋转灵敏度增大），调节时会看到"入光量显示灯"发光的变化。当探测器检测到物料时，"动作显示灯"会亮，提示检测到物料。

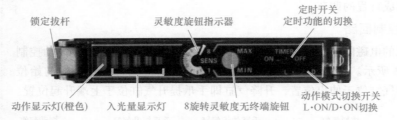

图 4-14　光纤传感器放大器单元的俯视图

图 4-15 为 E3Z－NA11 PNP 晶体管输出型光纤传感器的电路框图，接线时请注意根据导线颜色判断电源极性和信号输出线，切勿把信号输出线直接连接到电源 +24V 端。

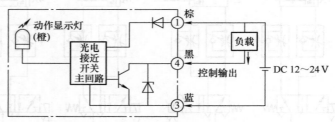

图 4-15　E3Z－NA11 PNP 晶体管输出型光纤传感器的电路框图

光纤传感器是一种比较精密的传感器件，使用时务必注意它的安装和拆卸方法。下面就以 YL－335B 型自动化生产线上使用的 E3Z－NA11 型光纤传感器的安装和拆卸过程为例进行讲解。

1. 放大器的安装和拆卸

放大器单元安装在 DIN 导轨上，图 4-16 为一个放大器的安装过程。

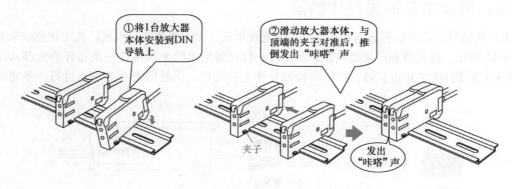

图 4-16　E3Z－NA11 的放大器的安装过程

放大器单元拆卸时，以相反的过程进行。**注意**：在连接了光纤的状态下，请不要从 DIN 导轨上拆卸。

2. 光纤的安装和拆卸

光纤在进行连接或拆下的时候，注意一定要切断电源。然后按下面方法进行装卸，有关安装部位如图 4-17 所示。

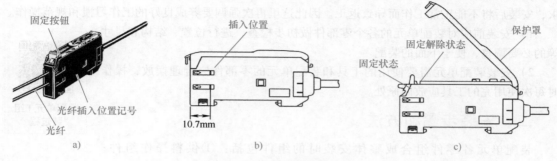

图 4-17　光纤的装卸示意图

1）安装光纤：抬高保护罩，提起固定按钮，将光纤顺着放大器单元侧面的插入位置记号进行插入，然后放下固定按钮。

2）拆卸光纤：抬起保护罩，提升固定按钮时可以将光纤取下来。

光纤头旋入工件装配台检测孔的深度应仔细调整。旋入深度过浅，由于投光器发出的光线以 60°扩散，可能使光线在孔壁处反射造成误动作。

项目实施

任务一　装配单元 I 机械及气动元件安装与调试

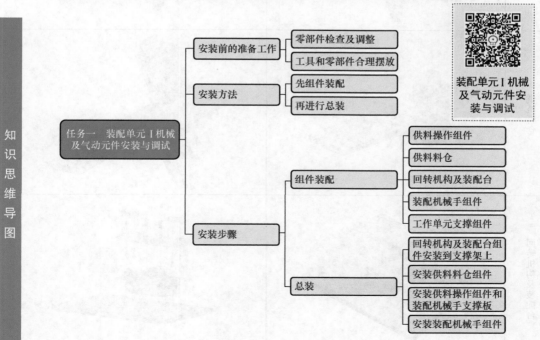

一、安装前的准备工作

在 YL-335B 型自动化生产线设备中，装配单元是机械零部件、气动元器件最多的工作单元，其设备安装和调整也比较复杂，例如摆动气缸的初始位置和摆动角度，如果不能满足工作要求，安装后将不能正常工作而导致返工。因此这里再次强调要养成良好的工作习惯和规范操作。

1）安装前应对装配单元的各个零部件做初步检查，进行位置、结构和尺寸等的必要调整，便于下面的装配。

2）安装装配单元需要使用的工具和装配单元的零部件应合理摆放，操作时每次使用完的工具应放回原处。

装配单元I组装过程

二、安装步骤和方法

装配单元各零件组合成整体安装时的组件包括：①供料操作组件；②供料料仓；③回转机构及装配台；④装配机械手组件；⑤工作单元支撑组件。表4-1 为各种组件的装配过程。

表 4-1　各种组件的装配过程

组件名称及外观		组件装配过程
供料操作组件		
供料料仓		
回转机构及装配台		

（续）

组件名称及外观	组件装配过程
装配机械手组件	
工作单元支撑组件	注意：左右支撑架装配完毕后，再安装到底板上

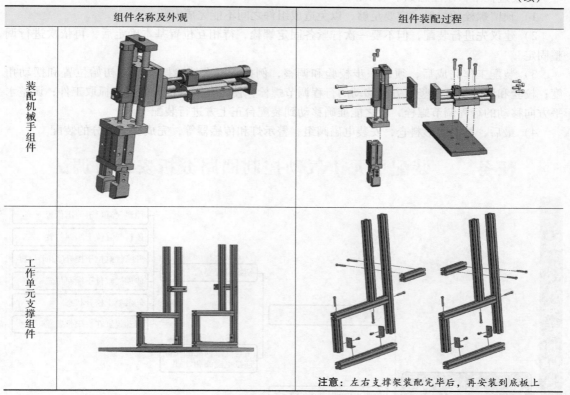

完成以上组件的装配后，按表4-2的顺序进行总装。

表4-2 装配单元总装过程

步骤	步骤一 回转机构及装配台组件安装到支撑架上	步骤二 安装供料料仓组件
示意图		
步骤	步骤三 安装供料操作组件和装配机械手支撑板	步骤四 安装装配机械手组件
示意图		

安装过程中，须注意如下事项：

1）预留螺栓的放置一定要足够，以免造成组件之间不能完成安装。

2）建议先进行装配，但不要一次拧紧各固定螺栓，待相互位置基本确定后，再依次进行调整固定。

3）装配工作完成后，须进一步校验和调整，例如：再次校验摆动气缸初始位置和摆动角度；校验和调整机械手竖直方向移动的行程调节螺栓，使之在下限位置能可靠抓取工件；调整水平方向移动的行程调节螺栓，使之能准确移动到装配台正上方进行装配工作。

4）最后，插上管形料仓，安装电磁阀组、警示灯和传感器等，完成机械部分的装配。

任务二　装配单元Ⅰ气动控制回路分析安装与调试

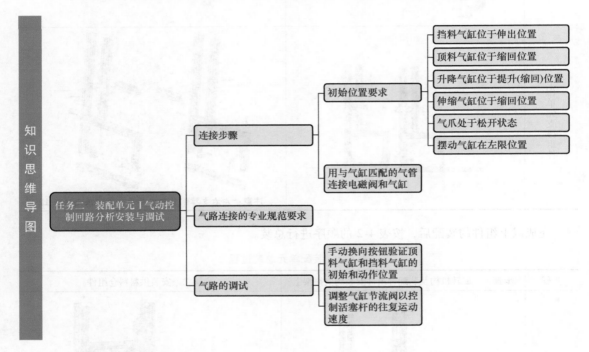

一、连接步骤

装配单元的气动控制回路如图4-12所示。注意挡料气缸2A的初始位置上活塞杆在伸出位置，使得料仓内的芯件被挡住，不会跌落。

装配单元的气动系统是YL-335B型自动化生产线中使用气动元件最多的工作单元，因此用于气路连接的气管数量也大。气路连接前应尽可能对各段气管的长度做好规划，然后按照规范连接气路。

二、气路的调试

1）用电磁阀上的手动换向按钮依次验证顶料气缸、挡料气缸、手臂伸缩气缸、升降气缸、摆动气缸和手指气缸的初始和动作位置是否正确。

2）调整气缸节流阀以控制活塞杆的往复运动速度，使得气缸动作时无冲击、卡滞现象。

任务三　装配单元 I 电气系统分析安装与调试

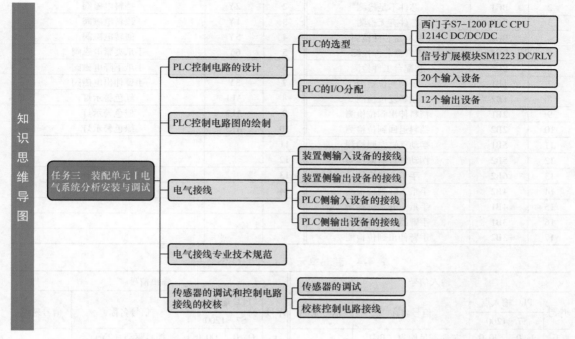

知识思维导图

图中各分支内容：

- 任务三　装配单元 I 电气系统分析安装与调试
  - PLC控制电路的设计
    - PLC的选型
      - 西门子S7-1200 PLC CPU 1214C DC/DC/DC
      - 信号扩展模块SM1223 DC/RLY
    - PLC的I/O分配
      - 20个输入设备
      - 12个输出设备
  - PLC控制电路图的绘制
  - 电气接线
    - 装置侧输入设备的接线
    - 装置侧输出设备的接线
    - PLC侧输入设备的接线
    - PLC侧输出设备的接线
  - 电气接线专业技术规范
  - 传感器的调试和控制电路接线的校核
    - 传感器的调试
    - 校核控制电路接线

一、PLC 控制电路的设计

PLC 控制电路的设计须根据工作任务的要求以及输入、输出的点数，选择 PLC 的型号并完成 PLC 的 I/O 分配。

根据装配单元的结构组成及控制要求分析，一共有 20 个输入设备（按钮、开关和传感器等），12 个输出设备（电磁阀和指示灯）。YL-335B 型自动化生产线选用了 S7-1200 系列 PLC 作为控制器，而所有的 S7-1200 系列 PLC 本机点数最多只有 14 个输入、10 个输出，不能满足装配单元的输入、输出点数的需求，所以需要添加信号扩展模块。因此选择的 S7-1200 系列 PLC 的 CPU 型号为 1214C DC/DC/DC，信号扩展模块的型号为 SM1223 DC/RLY，从而满足装配单元的输入输出设备连接 PLC 的需求。

装配单元 I 电气系统分析安装与调试

装配单元装置侧的接线端口信号端子的分配见表 4-3，其 PLC 的 I/O 信号表见表 4-4。

二、PLC 控制电路图的绘制

图 4-18 为 S7-1200 系列 PLC 的控制电路图，图中各器件的文字符号均与表 4-3 和表 4-4 相对应。另外，各传感器用电源由外部直流电源提供，没有使用 PLC 内置的 DC 24V 传感器电源。

三、电气接线

电气接线包括，在工作单元装置侧完成各传感器、电磁阀和电源端子等引线到装置侧接线端口之间的接线，装置侧输入设备的接线图如图 4-19 所示，装置侧输出设备的接线图如图 4-20 所示。在 PLC 侧进行电源连接、I/O 点接线等，PLC 侧输入设备的接线图如图 4-21 所示，PLC 侧输出设备的接线图如图 4-22 所示。全部接线完成后，用专用连接电缆连接装置侧端口和 PLC 侧端口。

表 4-3　装配单元装置侧的接线端口信号端子的分配

输入端口中间层			输出端口中间层		
端子号	设备符号	信号线	端子号	设备符号	信号线
2	BG1	芯件不足检测	2	2Y	挡料电磁阀
3	BG2	芯件有无检测	3	1Y	顶料电磁阀
4	BG3	左料盘芯件检测	4	5Y	回转电磁阀
5	BG4	右料盘芯件检测	5	6Y	手爪夹紧电磁阀
6	BG5	装配台工件检测	6	4Y	手爪下降电磁阀
7	1B1	顶料到位检测	7	3Y	手臂伸出电磁阀
8	1B2	顶料复位检测	8	AL1	红色警示灯
9	2B1	挡料伸出到位检测	9	AL2	橙色警示灯
10	2B2	挡料退回到位检测	10	AL3	绿色警示灯
11	5B1	摆动气缸左限检测	11		
12	5B2	摆动气缸右限检测	12		
13	6B2	手爪夹紧检测	13		
14	4B2	手爪下降到位检测	14		
15	4B1	手爪上升到位检测			
16	3B1	手臂缩回到位检测			
17	3B2	手臂伸出到位检测			

表 4-4　装配单元 PLC 的 I/O 信号表

输入信号				输出信号			
序号	PLC 输入点 S7 − 1200	信号名称	信号来源	序号	PLC 输出点 S7 − 1200	信号名称	信号来源
1	Ia.0　I0.0	芯件不足检测（BG1）		1	Qa.0　Q0.0	挡料驱动（2Y）	
2	Ia.1　I0.1	芯件有无检测（BG2）		2	Qa.1　Q0.1	顶料驱动（1Y）	
3	Ia.2　I0.2	左料盘芯件检测（BG3）		3	Qa.2　Q0.2	回转驱动（5Y）	
4	Ia.3　I0.3	右料盘芯件检测（BG4）		4	Qa.3　Q0.3	手爪夹紧驱动（6Y）	
5	Ia.4　I0.4	装配台工件检测（BG5）		5	Qa.4　Q0.4	手爪下降驱动（4Y）	装置侧
6	Ia.5　I0.5	顶料到位检测（1B1）		6	Qa.5　Q0.5	手臂伸出驱动（3Y）	
7	Ia.6　I0.6	顶料复位检测（1B2）		7	Qa.6　Q0.6	红色警示灯（AL1）	
8	Ia.7　I0.7	挡料伸出到位检测（2B1）		8	Qa.7　Q0.7	橙色警示灯（AL2）	
9	Ib.0　I1.0	挡料退回到位检测（2B2）		9	Qb.0　Q1.0	绿色警示灯（AL3）	
10	Ib.1　I1.1	摆动气缸左限检测（5B1）		10	Qb.1　Q1.1		
11	Ib.2　I1.2	摆动气缸右限检测（5B2）	装置侧	11	Qb.2　Q1.2		
12	Ib.3　I1.3	手爪夹紧检测（6B2）		12	Qb.3　Q1.3		
13	Ib.4　I1.4	手爪下降到位检测（4B2）		13	Qb.4　Q1.4		
14	Ib.5　I1.5	手爪上升到位检测（4B1）		14	Qb.5　Q1.5		
15	Ib.6　I1.6			15	Qb.6　Q1.6		
16	Ib.7　I1.7			16	Qb.7　Q1.7		
17	Ic.0　I2.0	手臂缩回到位（3B1）		17	Qc.0　Q2.0		
18	Ic.1　I2.1	手臂伸出到位（3B2）		18	Qc.1　Q2.1		
19	Ic.2　I2.2			19	Qc.2　Q2.2		
20	Ic.3　I2.3			20	Qc.3　Q2.3		
21	Ic.4　I2.4	启动按钮（SB1）		21	Qc.4　Q2.4		
22	Ic.5　I2.5	停止按钮（SB2）	按钮/指示 灯模块	22	Qc.5　Q2.5	黄灯（HL1）	
23	Ic.6　I2.6	急停按钮（QS）		23	Qc.6　Q2.6	绿灯（HL2）	指示灯模块
24	Ic.7　I2.7	单站/全线（SA）		24	Qc.7　Q2.7	红灯（HL3）	

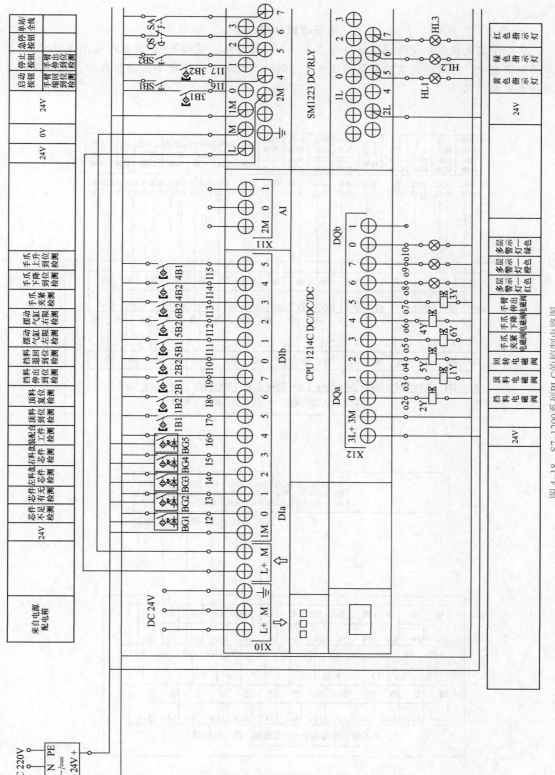

图 4-18 S7-1200系列PLC的控制电路图

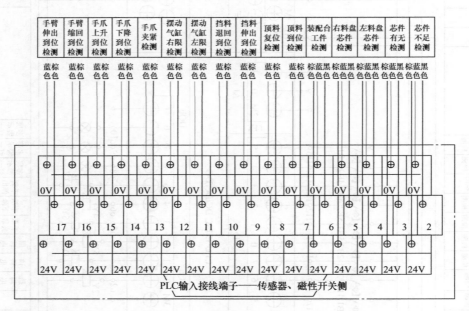

图 4-19　装置侧输入设备的接线图

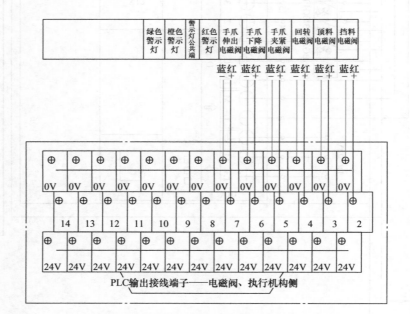

图 4-20　装置侧输出设备的接线图

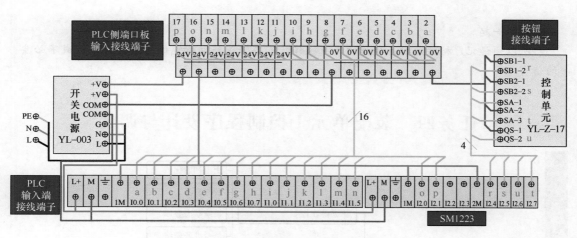

图 4-21　PLC 侧输入设备的接线图

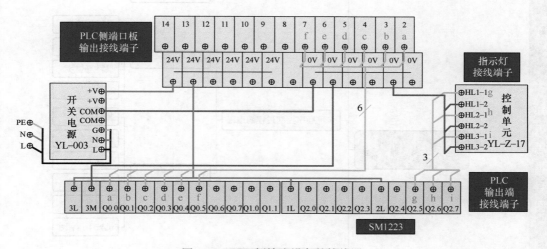

图 4-22　PLC 侧输出设备的接线图

四、传感器的调试和控制电路接线的校核

1. 传感器的调试

控制电路接线完成后，即可接通电源和气源，对工作单元各传感器进行调试。

2. 校核控制电路接线

校核的方法是使用万用表等有关仪表以及借助 PLC 编程软件的状态表监控功能进行校核。

🔍微安全

不要轻易移动带电的设备

　　某学生在上 PLC 控制技术实训课时，将 PLC 直接与电源线连接，没有进行固定，将电源插头插到了电源插座上。然后这名学生反反复复地移动在桌面上的 PLC，过了一会在他面前突然出现了一个小火球，幸运的是这名学生没有受伤，但是对其造成了惊吓。产生这个问题的主要原因是 PLC 的相线和中性线有裸露的导线，在移动 PLC 的过程中，致使相线和中性线搭接到了一起。

所以须谨记严格按照设备操作的流程操作，不要轻易移动带电的设备，避免造成不必要的伤害。

任务四　装配单元 I 控制程序设计与调试

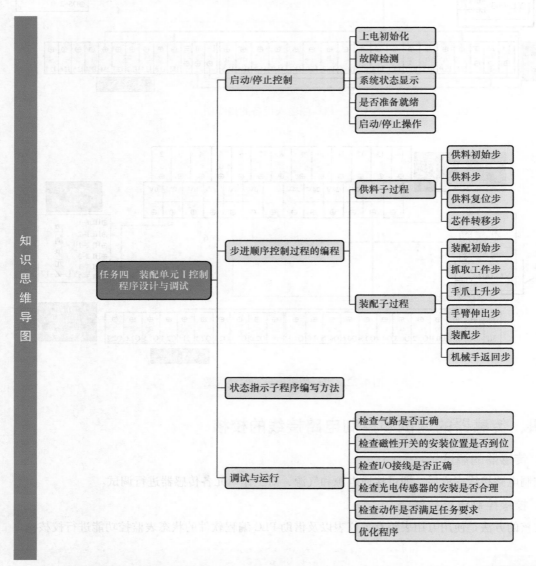

装配单元的工作过程包括两个相互独立的子过程，一个是供料子过程，另一个是装配子过程。供料子过程是将小圆柱芯件从料仓转移到回转物料台的料盘中，然后通过回转物料台的回转使小圆柱芯件转移到装配机械手手爪下方的过程；装配子过程则是装配机械手手爪抓取其正下方的小圆柱芯件，然后将其送往装配台，将小圆柱芯件嵌入待装配工件的过程。

两个子过程都是步进顺序控制，且各自独立，供料子过程的流程图如图 4-23

装配单元 I 电气
控制程序设计
与调试

所示，装配子过程的流程图如图 4-24 所示。它们的初始步均应在 PLC 上电时置位（M100.1，ON），各自独立性体现在：每一子过程位于其初始步时，当其启动条件及就绪条件满足后，即转移到下一步，由此开始本序列的步进过程；某一子过程结束后，不需要等待另一子过程的结束，即可返回其初始步；如果条件满足，又开始下一个工作周期。

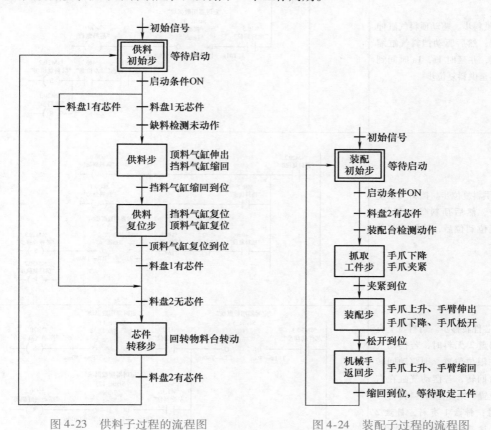

图 4-23　供料子过程的流程图　　　　图 4-24　装配子过程的流程图

一、供料子过程的编程

供料子过程是具有跳转分支的步进顺序控制过程，包含了供料和芯件转移两个过程，其编程步骤见表 4-5。

表 4-5　供料子过程的编程步骤

编程步骤	梯形图
1）供料初始步。系统处于运行状态时：如果料盘 1 无料，料仓有料，则进行供料操作；如果料盘 1 有料，料盘 2 无料，则跳转至芯件转移步	

（续）

编程步骤	梯形图
2）供料步。驱动顶料气缸伸出到位，然后驱动挡料气缸缩回到位，并延时1s，1s时间到即转移至供料复位步	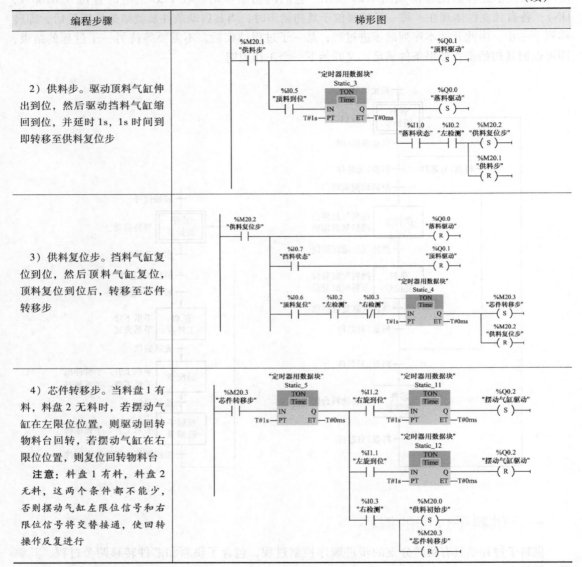
3）供料复位步。挡料气缸复位到位，然后顶料气缸复位，顶料复位到位后，转移至芯件转移步	
4）芯件转移步。当料盘1有料，料盘2无料时，若摆动气缸在左限位位置，则驱动回转物料台回转，若摆动气缸在右限位位置，则复位回转物料台 **注意：** 料盘1有料，料盘2无料，这两个条件都不能少，否则摆动气缸左限位信号和右限位信号将交替接通，使回转操作反复进行	

二、装配子过程的编程

装配子过程是一个单序列、周而复始的步进过程。其编程步骤见表4-6。

表4-6　装配子过程编程步骤

编程步骤	梯形图
1）装配初始步。系统运行后，料盘2有料，装配台检测机构动作，延时确认，转移至抓取工件步	

（续）

编程步骤	梯形图
2）抓取工件步。驱动手爪下降到位后，手爪夹紧，夹紧到位后转移至手爪上升步	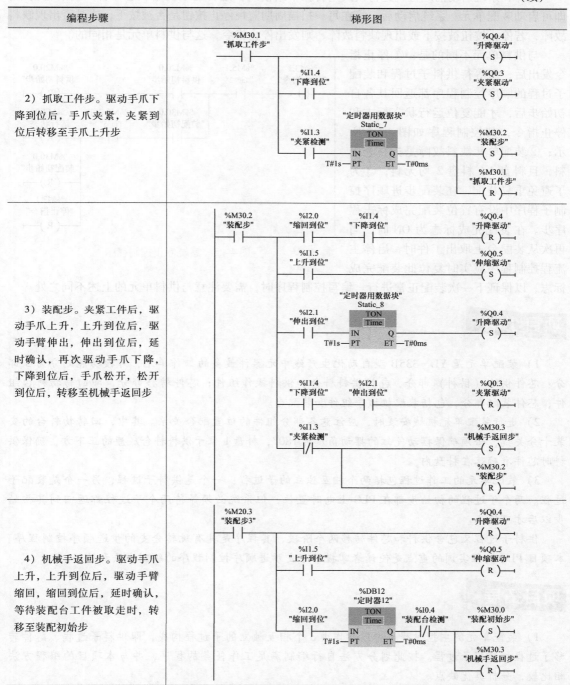
3）装配步。夹紧工件后，驱动手爪上升，上升到位后，驱动手臂伸出，伸出到位后，延时确认，再次驱动手爪下降，下降到位后，手爪松开，松开到位后，转移至机械手返回步	
4）机械手返回步。驱动手爪上升，上升到位后，驱动手臂缩回，缩回到位后，延时确认，等待装配台工件被取走时，转移至装配初始步	

三、系统的启动和停止

装配单元控制子程序的状态监测和启停主流程控制与供料单元十分类似。PLC 上电时，置位两个子程序的初始步。然后每一扫描周期都应检测是否缺料，并调用状态指示子程序以显示系统状态。

此外，系统启动前应检查运行模式是否在单站模式，是否处于初始状态。若一切准备就绪，即可启动装配单元。系统启动后，将在每一扫描周期监视停止按钮是否被按下，或是否出现缺料故障，若停止按钮被按下或出现缺料故障，则发出停止指令，这与供料单元是相同的。

与供料单元不同的是：①停止指令发出后，需等待供料子过程和装配子过程的顺序控制程序都返回其各自初始步后，才能复位运行状态标志和停止指令，其控制程序如图 4-25 所示；②装配单元缺料故障是指料仓无料，且料盘 1、料盘 2 均无料；③为了避免重复装配，在装配步进顺序控制子程序中设有置位装配完成标志程序步。在装配完成标志为 ON 时，当再次从装配台上取出工件时，启停主流程控制程序应实时复位此装配完成

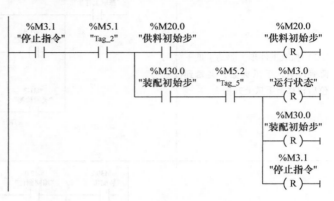

图 4-25　系统停止控制程序

标志，以保证下一次装配正常进行。编写控制程序时，需要注意与供料单元的上述不同之处。

项目小结

1）装配单元是 YL - 335B 型自动化生产线中元器件最多的工作单元，可按功能划分为 3 部分：芯件供给（供料）部分，包括供料料仓和供料操作组件；芯件转移部分，即回转物料台组件；芯件装配部分，包括装配机械手组件和装配台。

2）进行装配单元机械安装时，应注意各部分组件的位置配合关系。其中，回转物料台的安装十分关键，必须确保摆动气缸的摆动角度为 180°，料盘 1 位于供料料仓底座的正下方，确保供料时芯件准确落在料盘内。

3）装配单元的工作过程包括两个相互独立的子过程：一个是供料子过程，另一个是装配子过程。两个子过程的初始步都在 PLC 上电时置位，但系统必须等待两个子过程都返回到其初始步以后才可停止。

供料子过程又包含供料和芯件转移两个阶段，其程序是具有跳转分支的步进顺序控制程序。本项目 PLC 编程实训的重点是使读者掌握带分支步进顺序控制程序的编制方法和技巧。

项目拓展

1）装配单元的主控过程也可以看作由 3 个相互独立的子过程构成，即供料子过程、芯件转移子过程和装配子过程。按此划分方法自行编制满足工作任务的程序，并与本项目的编程方法相比较，分析其优缺点。

2）比较装配单元与供料单元供料编程的异同点，并说明原因。

3）运行过程中出现芯件不能准确落入料盘中，或装配机械手装配不到位、光纤传感器误动作等现象，请分析其原因，并总结处理方法。

项目五

装配单元Ⅱ安装与调试

项目目标

1）掌握 Kinco（步科）3S57Q 步进电动机的基本控制原理及电气接线，通过设置步进电动机驱动器的 DIP（双列直插式封装）开关，能实现步进电动机按指定的功能运行。

2）掌握 S7－1200 PLC 轴工艺的组态方法，能编制实现步进电动机定位控制的 PLC 程序。

3）能在规定时间内完成装配单元Ⅱ的安装、接线、编程与调试，能解决安装与运行过程中出现的常见问题。

项目描述

装配单元Ⅱ与项目四介绍的装配单元功能相同，都是实现装配芯件的功能，如图 5-1 所示。不同之处在于：装配单元Ⅱ采用了步进电动机和减速机驱动旋转运动轴。本项目主要为在完成机械安装、电气接线和程序设计的基础上，通过机电联调最终实现设备工作目标。

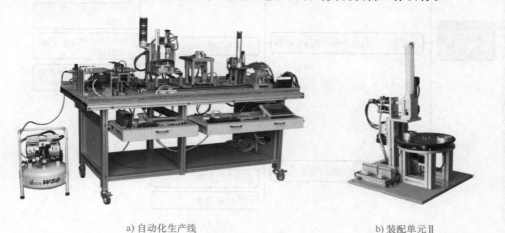

a) 自动化生产线　　　　　　　　　b) 装配单元Ⅱ

图 5-1　装配单元

装配单元Ⅱ单站运行时，其工作的主令信号和工作状态显示信号均来自 PLC 旁边的按钮/指示灯模块，并且按钮/指示灯模块上的工作方式选择开关 SA 应置于"单站方式"位置。具体的控制要求如下：

1）设备通电且气源接通后，旋转盘首先回原点。在回零过程中，"准备就绪"指示灯 HL1 以 1Hz 的频率闪烁。若各气缸都在初始位置，且旋转盘在原点位置，料仓有足够的小圆柱芯件，旋转盘进料定位孔里没有待装配工件，则系统准备就绪，HL1 常亮。

2）设备准备就绪后，按下启动按钮 SB1，系统进入运行状态，"设备运行"指示灯 HL2 常亮，"准备就绪"指示灯 HL1 熄灭。

系统运行时，若进料孔放有待装配工件，则旋转盘逆时针旋转 180°，载着待装配工件至落料机构正下方，落料机构对芯件进行落料装配。装配完毕后，旋转盘顺时针旋转 180°，载着已装配工件至进料孔。

按下停止按钮 SB2，系统完成当前工作周期后停止运行，同时设备运行指示灯 HL2 熄灭。

3）若在工作过程中按下急停开关 QS，系统将立即停止运行，急停解除后，系统从急停前的断点开始继续运行。

4）若在工作过程中料仓内工件不足，装配单元 II 仍会继续工作，但 HL1 指示灯以 1Hz 频率闪烁，HL2 指示灯保持常亮；若料仓内没有芯件，则 HL1 和 HL2 同时以 2Hz 的频率闪烁。

知识准备

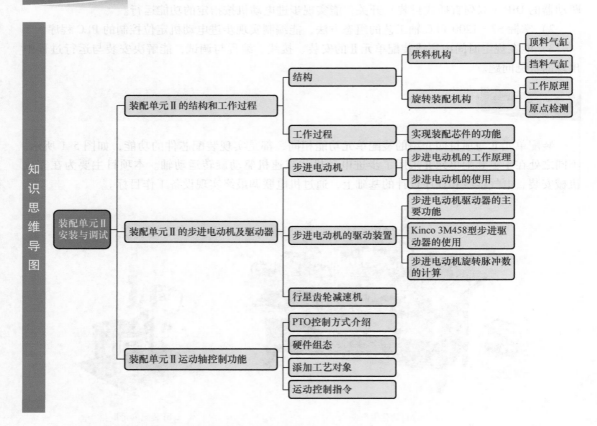

一、装配单元 II 的结构和工作过程

装配单元 II 装置侧的主要结构如图 5-2 所示，整个单元主要由供料机构和旋转装配机构组成。

1. 供料机构

该单元的供料机构与装配单元 I 的供料机构基本相同，包括管形料仓和落料机构两部分。

装配单元 II
的结构和工作
过程

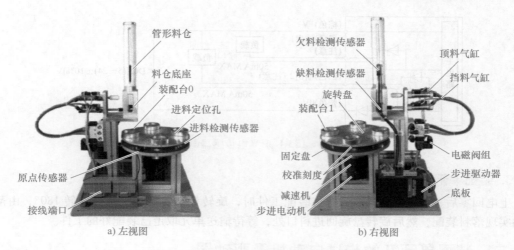

a) 左视图　　　　　　　　　　　　b) 右视图

图 5-2　装配单元Ⅱ装置侧的主要结构

管形料仓由塑料圆管和中空底座构成，用来存储装配用的金属、黑色和白色小圆柱芯件。与装配单元Ⅰ的不同之处在于：开槽在圆管和底座左右两侧，用于检测是否欠、缺料的 E3Z–LS63 型光电接近开关装在了右侧，这样可确保光电接近开关的红外光斑能可靠地照射到被检测的物料上。

2. 旋转装配机构

（1）工作原理　旋转装配机构主要由旋转盘、固定盘和行星齿轮减速机-步进电动机组件等组成。其中，固定盘被安装在 4 条腿的型材支架上，主要用来安装固定减速机-步进电动机组件。该组件出厂时已连接好，作为一个整体，不做拆卸，组件通过减速机前端法兰盘与固定盘螺纹连接。旋转盘的 8 个中心孔与减速机输出轴的 8 个螺纹孔用螺钉连接。这样，步进电动机输出动力由减速机减速后传递到旋转盘上。回到原点后，旋转盘刻度线应与固定盘刻度线对齐。

旋转盘上有 4 个装配台。旋转盘在初始位置（原点）时，位于供料机构正下方的装配台被定义为装配台 0，进料位置处的装配台被定义为装配台 1。当装配台 1 下方的进料检测传感器检测到装配台 1 定位孔（进料定位孔）内有待装配工件时（有进料），旋转盘由步进电动机经减速机驱动旋转 180°，装配台 1 载着待装配工件精确定位到落料机构正下方，然后由落料机构落料，芯料由于重力恰好落入待装配工件的空孔中，从而完成精准的装配动作。装配完成后，装配台 1 承载已装配好的工件再转回进料位置，以方便下一单元取走已装配好的工件。除了进料位置的装配台 1，其他 3 个装配台可用于暂存备件。

（2）原点检测　旋转盘原点位置的确定是通过安装在固定盘上的原点传感器检测到旋转盘下方安装的 T 形挡块实现的。原点传感器选用了 PM–L25 U 形光电传感器，是一种对射式光电接近开关，又称为 U 形光电接近开关，其外观如图 5-3 所示。它主要由红外线发射管和 　图 5-3　PM–L25 U 形光电传感器的外观

红外线接收管组合而成，是以光为媒介，由发光体与受光体间红外光的接收与转换检测物体的位置，槽宽决定了感应接收信号的强弱与接收信号的距离。

PM–L25 U 形光电传感器为 NPN 输出型，其电路原理图如图 5-4 所示。**注意：**输出 1（黑色）为常闭触点，输出 2（白色）为常开触点。特性数据：检测距离为 6mm（固定），最小检测物体为 0.8mm×1.2mm 不透明物体，最大反应频率为 3kHz。

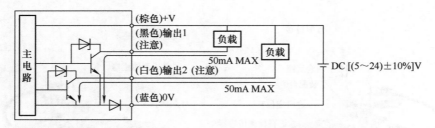

图 5-4 PM－L25 U 形光电传感器电路原理图

3. 装配单元 Ⅱ 的工作过程

上电回零后，当进料口检测到有待装配工件时，旋转盘载着待装配工件旋转 180°，由落料机构实现落料装配，然后旋转盘旋回进料口处，等待输送单元取走已装配好的工件。

二、装配单元 Ⅱ 的步进电动机及驱动器

1. 步进电动机

步进电动机是将电脉冲信号转换为相应的角位移或直线位移的一种特殊执行电动机。每输入一个电脉冲信号，电动机就转动一个角度，其运动形式是步进式的，所以称为步进电动机。

（1）步进电动机的工作原理 下面以一台最简单的三相反应式步进电动机为例简介其工作原理。

图 5-5 为一台三相反应式步进电动机的原理图。它的定子铁心为凸极式，共有 3 对（6 个）磁极，每两个空间相对的磁极上绕有一相控制绕组。转子用软磁性材料制成，也是凸极结构，只有 4 个齿，齿宽等于定子的极宽。

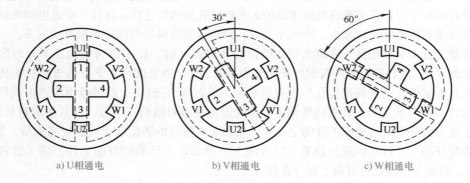

a) U相通电   b) V相通电   c) W相通电

图 5-5 一台三相反应式步进电动机的原理图

当 U1 相控制绕组通电、其余两相均不通电时，电动机内建立以定子 U1 相磁极为轴线的磁场。由于磁通具有力矩走磁阻最小路径的特点，因而使转子齿 1、3 的轴线与定子 U1 相磁极轴线对齐，如图 5-5a 所示。当 U1 相控制绕组断电、V1 相控制绕组通电时，转子在反向转矩的作用下，逆时针转过 30°，使转子齿 2、4 的轴线与定子 V1 相磁极轴线对齐，即转子走了一步，如图 5-5b 所示。当断开 V1 相，使 W1 相控制绕组通电时，转子逆时针方向又转过 30°，使转子齿 1、3 的轴线与定子 W1 相磁极轴线对齐，如图 5-5c 所示。如此按 U1→V1→W1→U1 的顺序轮流通电，转子就会一步一步地按逆时针方向转动。其转速取决于各相控制绕组通电与断电的频率，旋转方向取决于控制绕组轮流通电的顺序。若按 U1→W1→V1→U1 的顺序通电，电动机则按顺时针方向转动。

上述通电方式称为三相单三拍。"三相"是指三相步进电动机;"单三拍"是指每次只有一相控制绕组通电。控制绕组每改变一次通电状态称为一拍,"三拍"是指改变三次通电状态为一个循环。把每一拍转子转过的角度称为步距角,三相单三拍运行时,步距角为30°。显然,这个角度太大,不能付诸应用。

如果把控制绕组的通电方式改为U1→U1V1→V1→V1W1→W1→W1U1→U1,即一相通电接着二相通电,间隔地轮流进行,完成一个循环需要经过6次通电状态的改变,称为三相单、双六拍通电方式。当U1、V1两相控制绕组同时通电时,转子齿的停顿位置应同时考虑到两对定子磁极的作用,U1相磁极和V1相磁极对转子齿所产生的磁拉力相平衡的中间位置才是转子的停顿位置。这样,单、双六拍通电方式下转子步数增加了一倍,步距角为15°。

为进一步减少步距角,可采用定子磁极带有小齿、转子齿数很多的结构。分析表明,采用这种结构的步进电动机,其步距角可以达到很小。一般来说,实际应用中的步进电动机都采用这种方法实现步距角的细分。

装配单元Ⅱ选用了Kinco 3S57Q‑04056型步进电动机,它的步距角为1.2°(+5%)。除了步距角外,步进电动机还有保持转矩、阻尼转矩和电动机惯量等技术参数。其中,保持转矩是指电动机各相绕组通入额定电流且处于静态锁定状态时,电动机所能输出的最大转矩。它体现了步进电动机通电但没有转动时,定子锁住转子的能力,是步进电动机最重要的参数之一;阻尼转矩则表征了步进电动机抵御振荡的能力。Kinco 3S57Q‑04056型步进电动机的主要技术参数见表5‑1。

表5‑1 Kinco 3S57Q‑04056型步进电动机的主要技术参数

参数名称	步距角	相电流	保持转矩	阻尼转矩	电动机惯量
参数值	1.2°(+5%)	5.6A	0.9N·m	0.04N·m	0.3kg·cm²

(2)步进电动机的使用 使用步进电动机时应注意,一是要安装正确,二是要接线正确。

安装步进电动机必须严格按照产品说明的要求进行。步进电动机是一种精密装置,安装时不要敲打它的轴端,更不要拆卸电动机。

不同步进电动机的接线也有所不同,Kinco 3S57Q‑04056型步进电动机的接线如图5‑6所示,其三相绕组的6根引出线必须按首尾相连的原则连接成三角形。改变绕组的通电顺序就能改变步进电动机的转动方向。

2. 步进电动机的驱动装置

步进电动机需要由专门的驱动装置(驱动器)供电,驱动器和步进电动机是一个有机的整体,步进电动机的运行性能是电动机及其驱动器两者配合所反映的综合性能。一般来说,每一台步进电动机几乎都有其对应的驱动器。在装配单元Ⅱ中,选用Kinco 3M458型步进驱动器与Kinco 3S57Q‑04056型步进电动机匹配,其外观如图5-7所示。

(1)步进电动机驱动器的主要功能

1)在步进电动机的驱动过程中,控制脉冲通过脉冲分配器控制步进电动机励磁绕组按照一定的顺序通、断电,从而使电动机绕组按输入脉冲的控制循环通电。

2)对脉冲分配器产生的开关信号波形进行脉冲宽度调制(PWM)以及对相关的波形进行滤波整形处理。PWM的基本思想是控制每相绕组电流的波形,使其阶梯上升或下降,即在0和最大值之间给出多个稳定的中间状态,定子磁场的旋转过程中也就有了多个稳定的中间状态,对应于电动机转子旋转的步数增多,将每一个步距角的距离分成若干个细分步完成。采用这种细分驱动技术可以大大提高步进电动机的步进分辨率,减小转矩波动,避免低频共振及运行噪声。

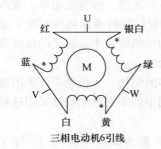

线色	电动机信号
红色	U
银白色	
蓝色	V
白色	
黄色	W
绿色	

三相电动机6引线

图 5-6　Kinco 3S57Q－04056 型步进电动机的接线　　　图 5-7　Kinco 3M458 型步进驱动器外观

3）对脉冲信号的电压、电流进行功率放大，用功率元件直接控制电动机的各相绕组。

（2）Kinco 3M458 型步进驱动器的使用

1）三相步进电动机、步进驱动器与 PLC 的接线图如图 5-8 所示。图中给出西门子 S7－1200 PLC 与步进驱动器的接线。**注意：**由于 PLC 输出的控制信号电压为 24V，为保证控制信号的电流符合驱动器要求（TTL 电平），驱动器 PLS（脉冲）及 DIR（方向）连接线路中需要串接 $2k\Omega$ 的电阻。

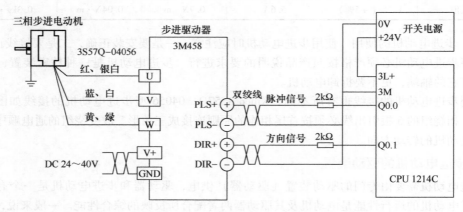

图 5-8　三相步进电动机、步进驱动器与 PLC 的接线图

2）DIP 开关功能说明。在 3M458 型步进驱动器的侧面连接端子中间有一个红色的 8 位 DIP 功能设定开关，其正视图如图 5-9 所示。DIP 开关可以用来设定驱动器的工作方式和工作参数，包括细分设置、静态电流设置和运行电流设置。DIP 开关功能划分见表 5-2。

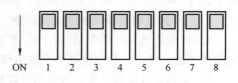

图 5-9　DIP 开关的正视图

细分设置见表 5-3。在实际使用时，若对转速要求较高，且对精度和平稳性要求不高，则不必选高细分；如果转速很低，则应该选高细分，以确保平滑，减少振动和噪声。

表 5-2   3M458 型步进驱动器 DIP 开关功能划分

开关序号	ON 功能	OFF 功能
DIP1 ~ DIP3	细分设置用	细分设置用
DIP4	静态电流全流	静态电流半流
DIP5 ~ DIP8	运行电流设置用	运行电流设置用

表 5-3   细分设置

DIP 开关位置			细分/（步/r）	脉冲数/r
DIP1	DIP2	DIP3		
ON	ON	ON	400	400
ON	ON	OFF	500	500
ON	OFF	ON	600	600
ON	OFF	OFF	1000	1000
OFF	ON	ON	2000	2000
OFF	ON	OFF	4000	4000
OFF	OFF	ON	5000	5000
OFF	OFF	OFF	10000	10000

输出电流设置见表 5-4，在电动机转矩足够的情况下，应尽量把电动机相电流设置到比额定电流略小一点的挡位，这样可以延长步进驱动器的使用寿命。

表 5-4   输出电流设置

DIP5	DIP6	DIP7	DIP8	输出电流/A
OFF	OFF	OFF	OFF	3.0
OFF	OFF	OFF	ON	4.0
OFF	OFF	ON	ON	4.6
OFF	ON	ON	ON	5.2
ON	ON	ON	ON	5.8

另外，可以通过 DIP4 来设定驱动器的自动半流功能。一般用途时应将其设置成 OFF，从而使电动机和驱动器的发热减少，可靠性提高。选用自动半流功能，当脉冲串停止后约 0.4s 时，电流会自动减至全流的一半左右（实际值的 60%），发热量理论上减至全流时的 36%。

（3）步进电动机旋转脉冲数的计算   被控对象旋转的角度、PLC 输出的脉冲数，以及步进电动机细分数之间的关系如下：

$$P_1 = \frac{R}{360} \times P \tag{5-1}$$

$$i = \frac{R}{R_1} \tag{5-2}$$

由式（5-1）和式（5-2）可得

$$P_1 = \frac{iR_1}{360} \times P \tag{5-3}$$

式中，P_1 表示 PLC 输出的每转脉冲数（脉冲数/r）；R 表示步进电动机旋转角度（°）；P 表示步进细分数（步/r）；i 表示减速机的减速比；R_1 表示被控对象的旋转角度（°）。

3. 行星齿轮减速机

行星齿轮减速机是一种应用广泛的减速机，通常安装在步进电动机或伺服电动机的输出端。它的主要传动结构为一个太阳轮、若干个行星轮和一个齿轮圈，其中行星轮由行星架的固定轴支撑，允许行星轮在支撑轴上转动。以 3 个行星轮结构为例，其各组成部件如图 5-10 所示。

减速机的整体结构如图 5-11 所示，行星轮与太阳轮、齿轮圈总是处于啮合状态。其中，将齿轮圈固定，以太阳轮为主动件、行星架为从动件时，可获得较大减速比。太阳轮作为输入元件，一般与步进电动机或伺服电动机相连接，而行星架作为输出元件，一般与输出轴相连接。

图 5-10　减速机的各组成部件　　　　　图 5-11　减速机的整体结构

装配单元 Ⅱ 中采用了法兰盘式行星齿轮减速机，型号是 PLH60 - 7 - S2 - P2，其外观及型号含义如图 5-12 所示。该减速机减速比为 7，额定输出转矩为 33N·m，最大径向力为 680N，最大轴向力为 340N，满载效率为 98%。

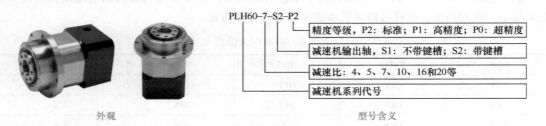

外观　　　　　　　　　　　　　　　型号含义

图 5-12　行星齿轮减速机外观及型号含义

三、装配单元 Ⅱ 运动轴控制功能

1. PTO 控制方式介绍

如图 5-13 所示，S7 - 1200 PLC 的运动控制可以分成 PROFIdrive（基于 PROFIBUS/PROFINET）、PTO（脉冲序列输出）和模拟量 3 种控制方式。

PTO 控制方式是目前为止所有版本的 S7 - 1200 PLC CPU 都有的控制方式，该控制方式由 CPU 向轴驱动器发送高速脉冲信号（以及方向信号）来控制轴的运行。这种控制方式属于开环控制方式。

S7 - 1200 PLC 运动控制的组态按照以下 4 个步骤实现：

第一步：在 Portal 软件中对 S7 - 1200 PLC CPU 进行硬件组态。

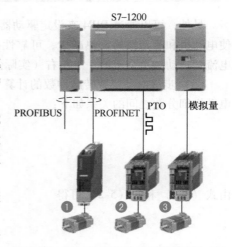

图 5-13　S7 - 1200 PLC 的运动控制方式

第二步：插入轴工艺对象，设置参数，下载项目。

第三步：使用调试面板进行调试。S7-1200运动控制功能的调试面板是一个重要的调试工具，使用该工具的节点是在编写控制程序前，用来测试轴的硬件组件以及轴的参数是否正确。

第四步：调用"工艺"程序进行程序编写并调试，最终完成项目的编写。

2. 硬件组态

首先在Portal软件中插入S7-1200 PLC CPU（DC/DC/DC类型），在"设备视图"中配置PTO。

1）进入CPU属性的常规界面，选择"脉冲发生器"，如图5-14所示。

图5-14 CPU属性常规界面

勾选"启用脉冲发生器"方框，可以给该脉冲发生器起一个名字，也可以不做任何修改采用Portal软件默认的名字；可以为该脉冲发生器添加相应的注释。

2）根据实际需要进行参数分配，选择脉冲的信号类型，并确定脉冲输出的端口，如图5-15所示。

PTO有4种类型，如图5-16所示。"脉冲选项"中PTO信号类型不同，脉冲的硬件输出也会相应不同。

在YL-335B型自动化生产线的装配Ⅱ工作单元中，采用"脉冲+方向"的PTO控制方式，PTO的端口设置如图5-17所示。图中①为"脉冲输出"点，可以

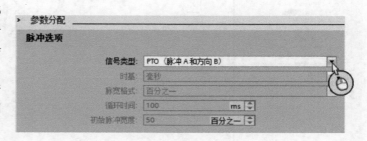

图5-15 脉冲信号类型

根据实际硬件分配情况改成其他Q点；②为"方向输出"点，也可以根据实际需要修改成其他Q点；③可以取消勾选"启用方向输出"，这样修改后该控制方式变成了单脉冲（没有方向控制）。

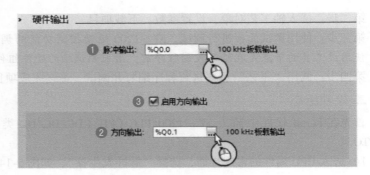

图 5-16　PTO 类型　　　　　　　图 5-17　PTO 的端口设置

3）确认硬件标识符。设置完成
PTO 的参数和输出后，记录该 PTO 的
硬件标识符，在后续编写程序时会用
到。硬件标识符是由软件自动生成的，
不能自行修改，如图 5-18 所示。

图 5-18　PTO 的硬件标识符

3. 添加工艺对象

1）使用工艺对象编程的步骤如图 5-19 所示，单击"插入新对象"，选择"运动控制"，选
择轴工艺对象"TO_PositioningAxis"，"自动"分配背景 DB（数据块），最后单击"确定"按钮。

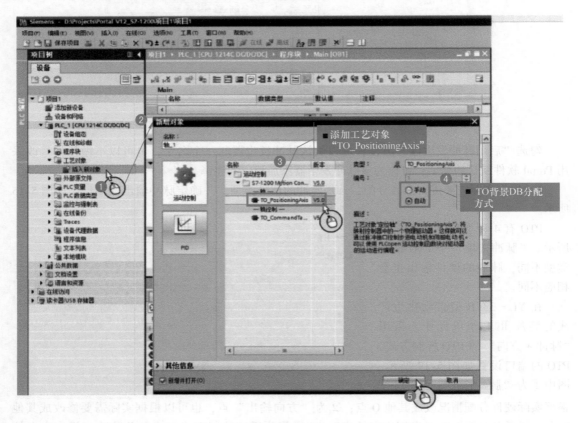

图 5-19　添加工艺对象

2）每个轴添加了工艺对象之后，都会出现 3 个选项：组态、调试和诊断。其中，组态用来设置轴的参数，包括基本参数和扩展参数，组态轴的参数如图 5-20 所示。

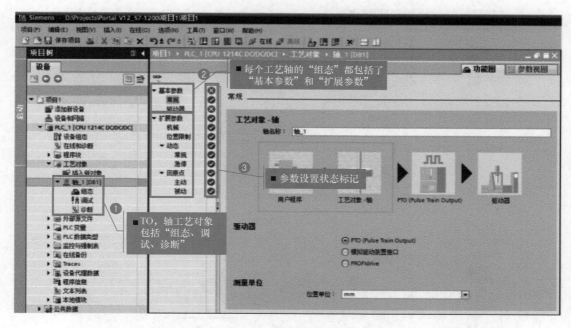

图 5-20 组态轴的参数

软件中工艺对象的每个参数页面都有状态标记，提示用户轴参数设置的状态，其状态标记见表 5-5。

表 5-5 轴工艺对象参数的状态标记

状态标记	含　义
图标为蓝色	参数配置正确，为系统默认配置，用户没有做修改
图标为绿色	参数配置正确，不是系统默认配置，用户做过修改
图标为红色	参数配置没有完成或有错误
图标为黄色	参数组态正确，但是有报警，比如只组态了一侧的限位开关

设置轴工艺对象参数的具体步骤如下：
① 测量单位选择 "mm"，如图 5-21 所示。
② 选择硬件接口，如图 5-22 所示。
③ 扩展参数中机械参数设置，如图 5-23 所示。
④ 设置硬件限位开关，如图 5-24 所示。
⑤ 动态常规参数设置，如图 5-25 所示。
⑥ 动态急停参数设置，如图 5-26 所示。

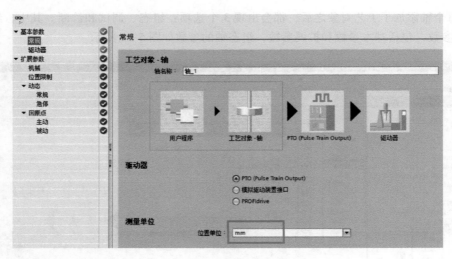

图 5-21　测量单位

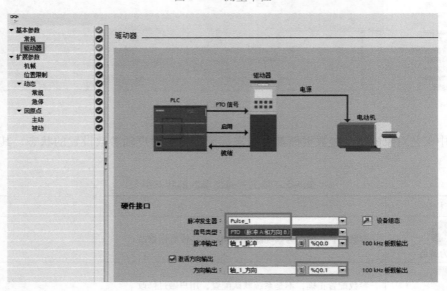

图 5-22　选择硬件接口

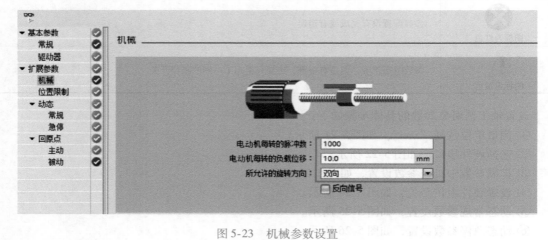

图 5-23　机械参数设置

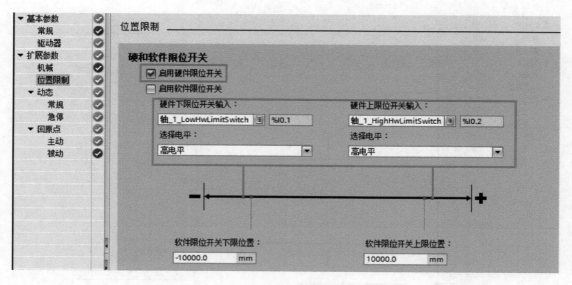

图 5-24 设置硬件限位开关

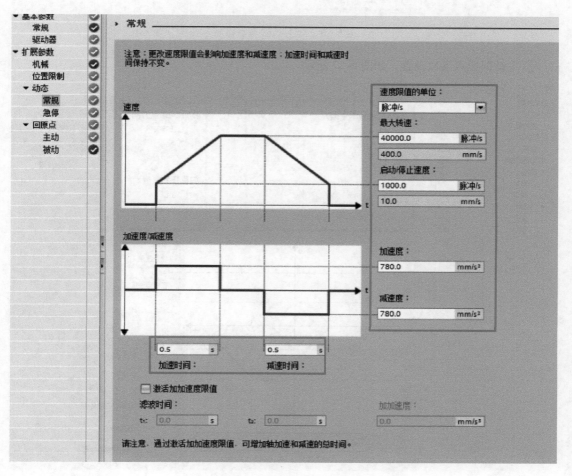

图 5-25 动态常规参数设置

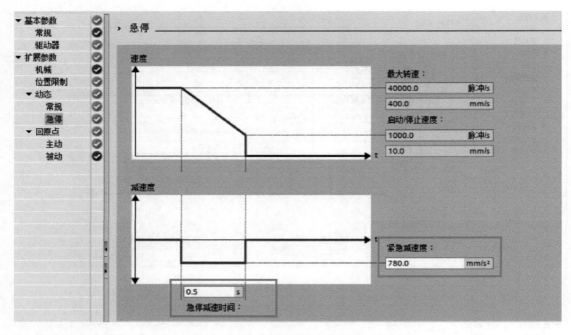

图 5-26　动态急停参数设置

⑦ 主动回原点参数设置，如图 5-27 所示。

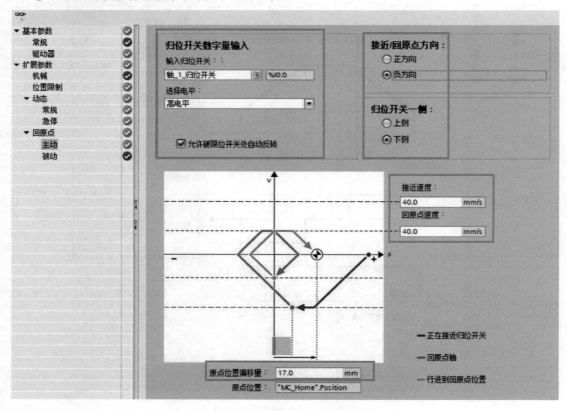

图 5-27　主动回原点参数设置

4. 运动控制指令

打开 OB1 程序块，在 Portal 软件右侧"指令"中的"工艺"中找到运动控制（Motion Control）指令文件夹，展开"Motion Control"可以看到所有的 S7 - 1200 PLC 的运动控制指令，如图 5-28 所示。可以使用拖拽或是双击的方式在程序段中插入这些运动指令，这些运动控制指令插入到程序中时需要背景 DB，可以选择手动或是自动生成 DB 的编号，如图 5-29 所示。选择适合的运动控制指令设计相应的程序来满足任务需求。

图 5-28 S7 - 1200 PLC 的运动控制指令

图 5-29 运动控制指令 DB 的调用

项目实施

任务一 装配单元Ⅱ机械及气动元件安装与调试

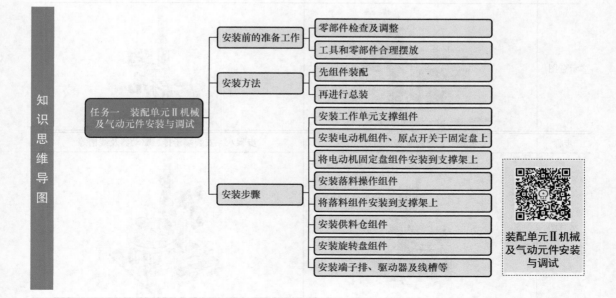

一、安装前的准备工作

这里再次强调要养成良好的工作习惯和规范操作：

1）安装前应对设备的零部件做初步检查以及必要的调整。

2）工具和零部件应合理摆放，操作时每次使用完的工具应放回原处。

二、安装步骤和方法

装配单元Ⅱ的安装主要包括供料机构、旋转装配机构等机械部件。表5-6 为各种组件的装配过程。

表5-6　各种组件的装配过程

步骤	步骤一　安装工作单元支撑组件	步骤二　安装电动机组件、原点开关于固定盘上
示意图		
步骤	步骤三　将电动机固定盘组件安装到支撑架上	步骤四　安装落料操作组件
示意图		
步骤	步骤五　将落料组件安装到支撑架上	步骤六　安装供料仓组件
示意图		
步骤	步骤七　安装旋转盘组件	步骤八　安装端子排、驱动器及线槽等
示意图		

任务二 装配单元Ⅱ气动控制回路分析安装与调试

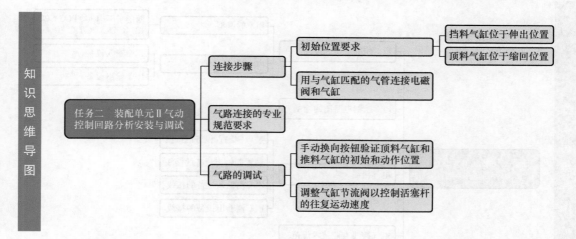

知识思维导图

一、连接步骤

装配单元Ⅱ的气路只涉及落料的两个气缸，与装配单元Ⅰ供料部分相同。气动控制回路如图5-30所示。**注意**：挡料气缸2A的初始位置上活塞杆在伸出位置，使得料仓内的芯件被挡住，不致跌落。气路连接前，规划好各段气管的长度，然后按照所要求的规范连接气路。

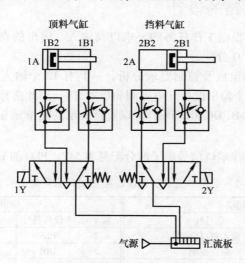

图5-30 装配单元Ⅱ的气动控制回路

二、气路的调试

1）用电磁阀上的手动换向按钮依次验证顶料气缸、挡料气缸的初始和动作位置是否正确。

2）调整气缸节流阀以控制活塞杆的往复运动速度，使得气缸动作时无冲击、卡滞现象。

任务三　装配单元 II 电气系统分析安装与调试

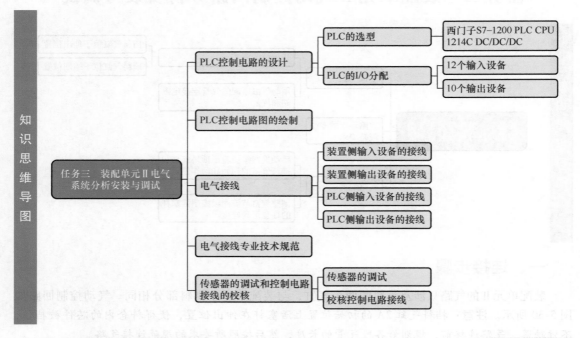

一、PLC 控制电路的设计

PLC 控制电路的设计须根据工作任务的要求以及输入、输出的点数，选择 PLC 的型号并完成 PLC 的 I/O 分配。

根据装配单元 II 的结构组成及控制要求分析，一共有 12 个输入设备（按钮、开关和传感器等），10 个输出设备（电磁阀和指示灯），因此选择 S7 - 1200 系列 PLC 的 CPU 型号为 1214C DC/DC/DC，可以直接满足装配单元 II 的输入输出设备连接 PLC 的需求。

装配单元 II 装置侧的接线端口信号端子的分配见表 5-7，PLC 的 I/O 信号表见表 5-8。

装配单元 II 电气系统分析安装与调试

表 5-7　装配单元 II 装置侧的接线端口信号端子的分配

输入端口中间层			输出端口中间层		
端子号	设备符号	信号线	端子号	设备符号	信号线
2	BG2	前入料口检测	2	PLS +	步进电动机驱动器脉冲信号 +
3	BG1	原点检测	3	DIR +	步进电动机驱动器方向信号 +
4	BG3	物料不足检测	4	2Y	挡料电磁阀
5	BG4	物料有无检测	5	1Y	顶料电磁阀
6	1B1	顶料到位检测	6		
7	1B2	顶料复位检测	7		
8	2B1	挡料状态检测	8		
9	2B2	落料状态检测	9		
10			10		
11			11		
12			12		
13			13		
14			14		

表 5-8　装配单元Ⅱ PLC 的 I/O 信号表

输入信号					输出信号				
序号	PLC 输入点		信号名称	信号来源	序号	PLC 输出点		信号名称	信号来源
	S7 – 1200					S7 – 1200			
1	Ia.0	I0.0	前入料口检测（BG2）	装置侧	1	Qa.0	Q0.0	步进电动机驱动器脉冲信号 +（PLS +）	装置侧指示灯模块
2	Ia.1	I0.1	原点检测（BG1）		2	Qa.1	Q0.1	步进电动机驱动器方向信号 +（DIR +）	
3	Ia.2	I0.2			3	Qa.2	Q0.2	红灯（HL3）	
4	Ia.3	I0.3	物料不足检测（BG3）		4	Qa.3	Q0.3	顶料驱动（1Y）	
5	Ia.4	I0.4	物料有无检测（BG4）		5	Qa.4	Q0.4	挡料驱动（2Y）	
6	Ia.5	I0.5	顶料到位检测（1B1）		6	Qa.5	Q0.5	黄灯（HL1）	
7	Ia.6	I0.6	顶料复位检测（1B2）		7	Qa.6	Q0.6	绿灯（HL2）	
8	Ia.7	I0.7	挡料状态检测（2B1）		8	Qa.7	Q0.7		
9	Ib.0	I1.0	落料状态检测（2B2）		9	Qb.0	Q1.0		
10	Ib.1	I1.1			10	Qb.1	Q1.1		
11	Ib.2	I1.2	启动按钮（SB1）	按钮/指示灯模块					
12	Ib.3	I1.3	停止按钮（SB2）						
13	Ib.4	I1.4	急停按钮（QS）						
14	Ib.5	I1.5	单站/全线（SA）						

二、PLC 控制电路图的绘制

图 5-31 为 S7 – 1200 系列 PLC 的控制电路图，图中各器件的文字符号均与表 5-7 和表 5-8 相对应。另外，各传感器用电源由外部直流电源提供，没有使用 PLC 内置的 DC 24V 传感器电源。

三、电气接线

电气接线包括，在工作单元装置侧完成各传感器、电磁阀和电源端子等引线到装置侧接线端口之间的接线，装置侧输入设备的接线图如图 5-32 所示，装置侧输出设备的接线图如图 5-33 所示。在 PLC 侧进行电源连接、I/O 点接线等，PLC 侧输入设备的接线图如图 5-34 所示，PLC 侧输出设备的接线图如图 5-35 所示。全部接线完成后，用专用连接电缆连接装置侧端口和 PLC 侧端口。

四、传感器的调试和控制电路接线的校核

1. 传感器的调试

控制电路接线完成后，即可接通电源和气源，对工作单元各传感器进行调试。

2. 校核控制电路接线

校核的方法是使用万用表等有关仪表以及借助 PLC 编程软件的状态表监控功能进行校核。

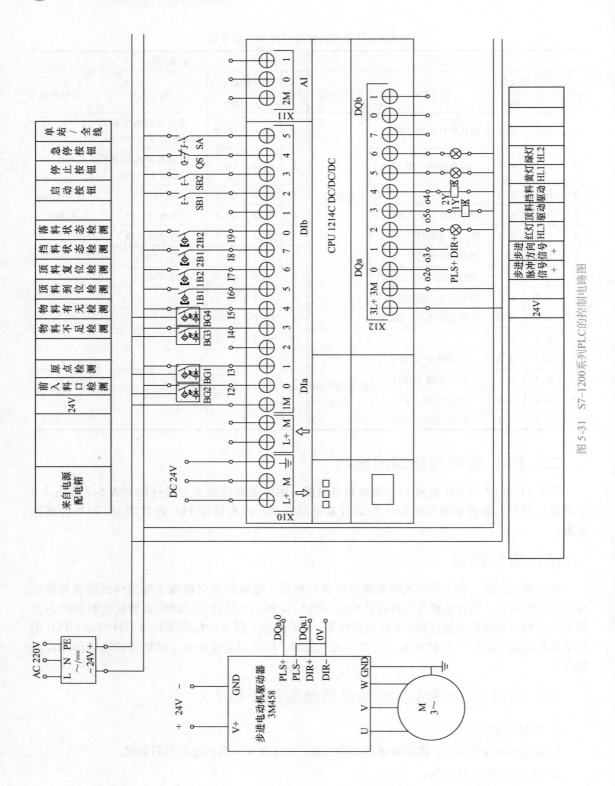

图 5-31 S7-1200 系列PLC的控制电路图

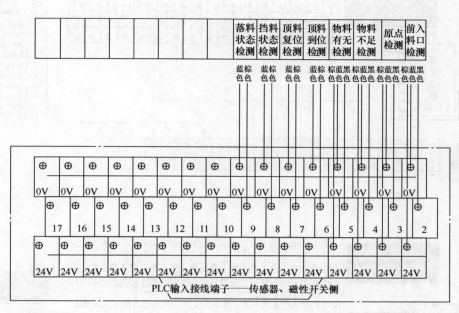

图 5-32　装置侧输入设备的接线图

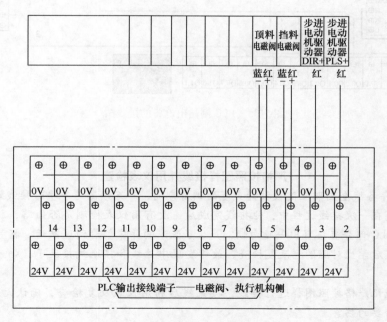

图 5-33　装置侧输出设备的接线图

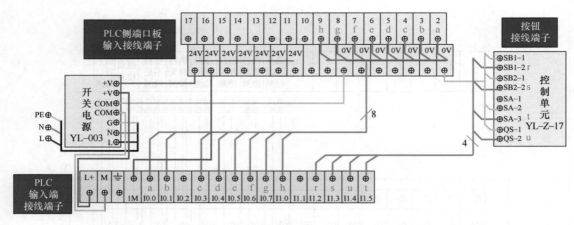

图 5-34　PLC 侧输入设备的接线图

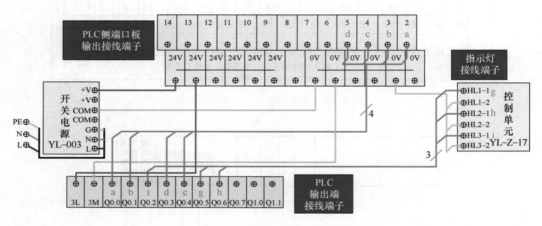

图 5-35　PLC 侧输出设备的接线图

> **微安全**
>
> **严格按照图样接线并用仪表检查**
>
> 在 2018 年备战全国职业院校技能大赛的训练期间，一名参赛选手平时接线效率和准确率都较高。但是在一次接线过程中，他接线完成后，没有用仪表检测是否短路，就直接接通了电源，然后 PLC 部分直接冒出一股白烟，产生了浓浓的异味。看到现象后，指导教师紧急切断了电源，然后学生对照图样反复检查，最终发现中性线和接地线接反了，导致了此次事故的发生。
>
> 所以须谨记严格按照图样进行接线，接完线后利用仪表反复检查，确认无误后再通电，避免造成不必要的伤害。

五、步进驱动器设置

步进驱动器 DIP 开关设置见表 5-9。3S57Q－04056 型步进电动机的额定相电流为 5.6A，实际使用时应比额定值低一些，故设置为 5.2A。为减少电动机和驱动器的发热，设定静态电流半流，即 DIP4 置为 OFF。

表 5-9 步进驱动器 DIP 开关设置

开关位	DIP1	DIP2	DIP3	DIP4	DIP5	DIP6	DIP7	DIP8
设置挡位	OFF	OFF	ON	OFF	OFF	ON	ON	ON
功能含义	细分设置为5000步/r			静态电流半流	相电流设置为5.2A			

任务四　装配单元Ⅱ控制程序设计与调试

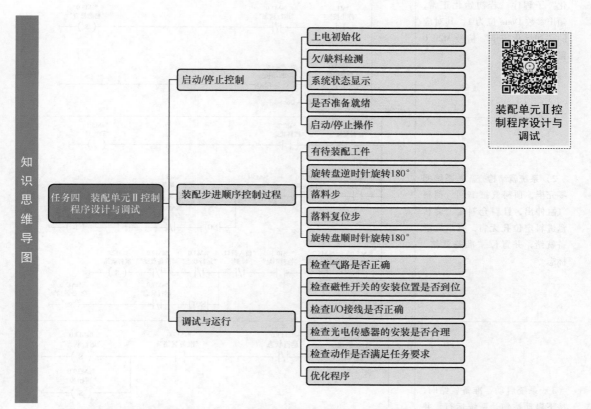

装配单元Ⅱ的控制程序分为一个主程序和3个子程序。主程序 OB1 调用 3 个子程序 FC2 "初始化"、FC1 "运行控制" 和 FC3 "状态显示"。与前面的程序类似,主程序主要负责系统启停等主流程控制;"初始化" 子程序主要用于系统的复位,即旋转盘回原点;"运行控制" 子程序主要负责装配工艺过程中的步进顺序控制。

一、系统启停控制

系统启停主流程控制主要包括上电初始化、系统是否准备就绪检查,以及系统准备就绪后的启停等操作。系统复位及启停部分编程要点见表5-10。

其中,"初始化" 子程序如图 5-36 所示,其执行结果需返回给调用它的程序,即主程序。所以,在子程序里需定义输出参数型局部变量,其局部变量表如图 5-37 所示。在局部变量表中定义该局部变量时,只需指定变量类型和数据类型,不需指定存储器地址,存储器地址由程序编辑器自动分配。

表 5-10　系统复位及启停部分编程要点

编程步骤	梯形图
1）运动轴的启用和初始化。第一个扫描周期置位"初态检查"即 M5.0，并调用"初始化"子程序。若初始化正常，输出参数 Done 位为 1，其对应的"初始化完毕"信号 M20.0 置 1	%M1.0 "FirstScan" ── %M2.0 "准备就绪" (R)；%M3.0 "运行状态" (R)；%M20.0 "归零完成" (R)。%I1.3 "停止按钮" — %M3.0 "运行状态"/ — %M5.0 "初态检查" (S)。%M5.0 "初态检查" — %FC2 "初始化" EN ENO；%M20.0 "归零完成" — Done
2）系统就绪检查。若系统回零完毕，顶料气缸缩回，挡料气缸伸出，且料仓料足，旋转盘进料定位孔无料，则系统准备就绪，并置位"准备就绪"标志	%I0.6 "顶料复位" — %I0.7 "挡料状态" — %M5.1 "Tag_1" ( )。%I1.4 "急停按钮" — %M20.0 "归零完成" — %M5.1 "Tag_1" — %M5.2 "装配站就绪" (S)；%M3.0 "运行状态"/ — %M5.2 "装配站就绪"/ — NOT — %M5.2 "装配站就绪" (R)。%M5.1 "Tag_1" — %M5.2 "装配就绪" — %I0.3 "物料不足" — %I0.1 "前入料口检测" — %M3.0 "运行状态"/ — %M2.0 "准备就绪"/ — %M2.0 "准备就绪" (S)；%M3.0 "运行状态"/ — NOT — %M2.0 "准备就绪" (R)
3）系统启动。准备就绪时，按下启动按钮，系统运行，并调用"运行控制"子程序	%I1.2 "启动按钮" — %M3.0 "运行状态"/ — %M2.0 "准备就绪" — %M3.0 "运行状态" (S)；%M30.0 "初始步" (S)。%M3.0 "运行状态" — %FC1 "运行控制" EN ENO
4）系统停止。当按下停止按钮或缺料时，完成当前工作周期后，系统停止	%I1.3 "停止按钮" — %M3.0 "运行状态" — %M3.1 "停止指令" (S)。%M3.1 "停止按钮" — %M5.1 "Tag_1" — %M5.2 "装配站就绪" — %M30.0 "初始步" — %M3.0 "运行状态" (R)；%I0.4 "物料没有" — %M3.1 "停止指令" (R)

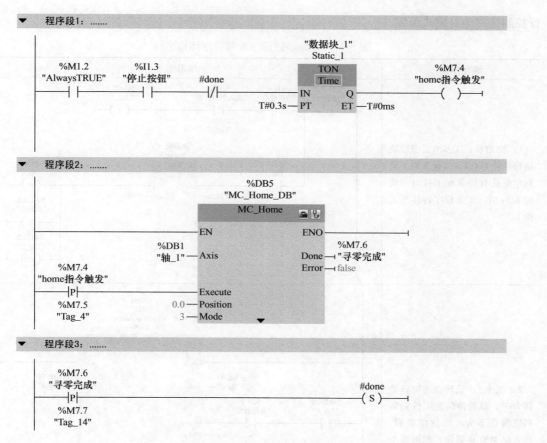

图 5-36 "初始化"子程序

	初始化			
	名称	数据类型	默认值	注释
1	▼ Input			
2	■ <新增>			
3	▼ Output			
4	■ <新增>			
5	▼ InOut			
6	■ done	Bool		
7	▼ Temp			
8	■ <新增>			
9	▼ Constant			
10	■ <新增>			

图 5-37 "初始化"子程序局部变量表

实际运行时,"初始化"子程序通过运动轴回原点指令驱动旋转装配机构回零。回零完毕后,经过一定的延时,子程序输出参数 Done 置 1。

此外,通过在 MC_Halt 的 Execute 参数输入处及"运行控制"子程序的调用 EN 处串接急停按钮 I1.4 接入点可实现急停。

二、装配步进顺序控制过程

装配步进顺序控制为单序列步进顺序控制,主要任务是实现外壳工件与芯件的装配,工件装配过程中主要涉及运动轴的运行控制、落料控制,其编程步骤见表 5-11。其中,运动轴的运行控制选择绝对模式编程。

表 5-11　装配步进顺序控制程序编程步骤

编程步骤	梯形图
1）初始步：工步 0。当系统运行条件为 ON，料仓有料，进料定位孔有待装配工件时，延时 1.5s 后，步进程序转移至工步 1	
2）工步 1。旋转盘逆时针旋转 180°，载着待装配工件到落料机构正下方，到达位置后，标志位 M50.0 置位，利用其上升沿转移步进程序至工步 2	
3）工步 2。首先驱动顶料气缸，顶料到位后，延时 0.5s 后驱动落料气缸，落料完成 0.5s 后转移至工步 3	

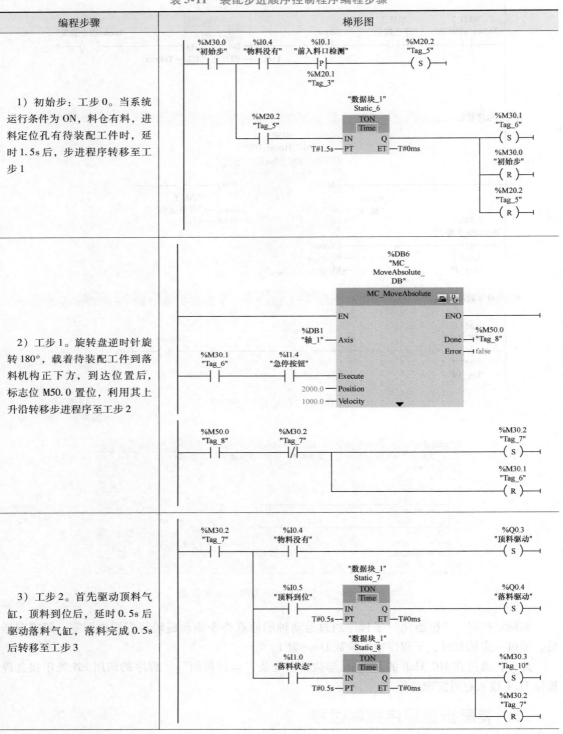

（续）

编程步骤	梯形图
4）工步3。开始供料复位动作，首先复位落料气缸，恢复挡料状态后，再复位顶料气缸，顶料复位后，转移到工步4	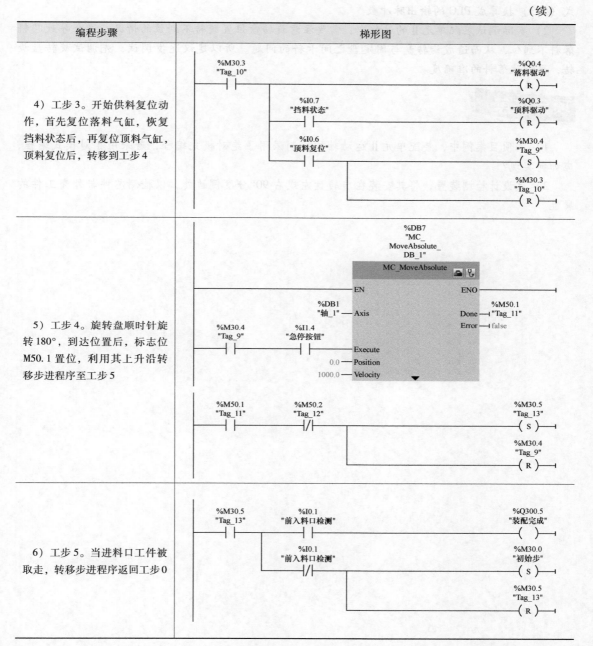
5）工步4。旋转盘顺时针旋转180°，到达位置后，标志位M50.1置位，利用其上升沿转移步进程序至工步5	
6）工步5。当进料口工件被取走，转移步进程序返回工步0	

注意：落料工作完成后，需有一段时间的延时（落料复位工步），以确保芯件落到位后，旋转盘再顺时针旋转；否则，容易出现芯件还没落到位，旋转盘即旋转，从而造成旋转盘与固定盘之间卡料的现象。

项目小结

1）装配单元Ⅱ是 YL-335B 型自动化生产线中装配单元的升级产品，主要包括两部分：供料机构和旋转装配机构。其中，旋转盘由步进电动机和减速机驱动，减速比为7，旋转角度需按式（5-3）换算成 PLC 的输出脉冲数。

2）实际调试装配单元Ⅱ的过程中，需要注意旋转盘位置旋转不到位的情况，这会导致芯料落料不到位，从而造成旋转盘与固定盘之间卡料的问题。所以建议逐步调试，先调试旋转盘旋转，再调试落料的准确度。

项目拓展

1）本项目案例中，装配单元Ⅱ运动轴的控制采用了绝对模式编程，若采用相对模式编程，应如何实现？

2）试设计检测装置，将其安装在旋转盘左或右90°分度侧边处，以检测芯件与外壳工件的属性。

项目六

分拣单元安装与调试

项目目标

1）掌握 G120 变频器的安装和接线，理解基本参数的含义，熟练使用操作面板进行参数设置及操控电动机的运行。

2）掌握旋转编码器的结构、特点及电气接口特性，并能正确地进行安装和调试。掌握高速计数器的选用及其硬件组态编辑方法。

3）掌握触摸屏的通信连接方法及界面组态调试方法。

4）能在规定时间内完成分拣单元的安装和调试，进行程序的设计和调试，并能够排除在安装与运行过程中存在的故障。

项目描述

分拣单元的功能是变频器驱动传送带电动机运转，使成品工件在传送带上传送，在检测区获得工件的属性（颜色、材料等），进入分拣区后，完成不同属性工件从不同料槽的分流，如图 6-1 所示。本项目主要考虑完成分拣单元机械部件的安装、气路连接和调整、主电路接线、装置侧与 PLC 侧电气接线、PLC 程序的编写，最终通过机电联调实现设备总工作目标。

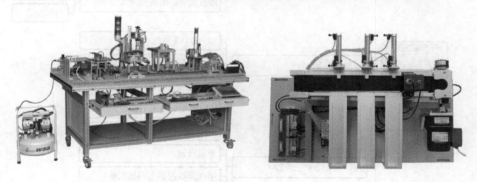

a）自动化生产线　　　　　　　　　　b）分拣单元

图 6-1　分拣单元

1）初始状态：3 个推料气缸处于缩回位置，传送带驱动电动机为停止状态，进料口上没有工件。

设备上电和气源接通后，若设备在上述初始状态，且选择开关 SA 置于"单站方式"位置（断开状态），则黄色指示灯 HL1 常亮，表示设备准备好。否则，该指示灯以 1Hz 频率闪烁。

2）若设备准备好，按下启动按钮 SB1，设备启动，绿色指示灯 HL2 常亮。当人工将一个待分拣工件放置到进料口中心处并被进料口的光纤传感器检出后，传送带电动机启动，使工件经过检测区进入分拣区进行分拣。

3）变频器运行的频率源是模拟信号。

4）分拣要求：待分拣工件是嵌入金属、白色或黑色芯件的工件。1#出料槽应推出嵌入金属芯件的工件；2#出料槽应推出嵌入白色芯件的工件；3#出料槽应推出嵌入黑色芯件的工件。

5）工件应在相应出料槽中心处停止，然后被推出。当推料气缸复位后，如果没有停止信号输入，当再有待分拣工件放置到进料口时，分拣单元又开始下一周期的工作。

6）在运行过程中若按下停止按钮 SB2，则发出停止运行指令，系统在完成本周期分拣工作后停止，指示灯 HL2 熄灭。

知识准备

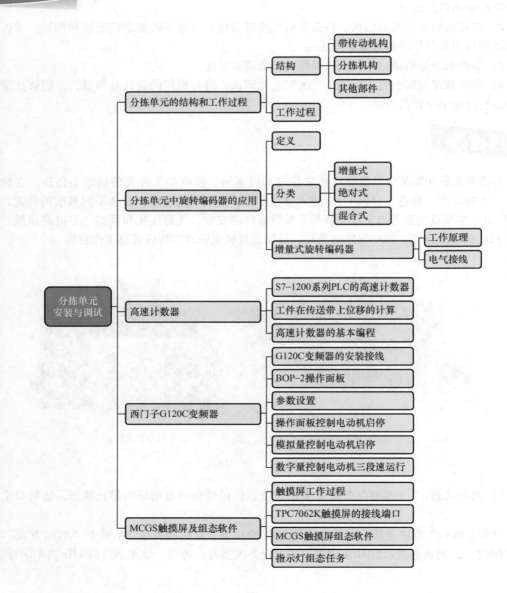

一、分拣单元的结构和工作过程

分拣单元的功能是待分拣工件通过检测区检测后，由传送装置传送到不同的料仓位，再由推料气缸推入料仓，从而完成工件分拣过程。

分拣单元装置侧的主要结构组成为：带传动机构、分拣机构、电磁阀组、接线端口和底板等，如图 6-2 所示。

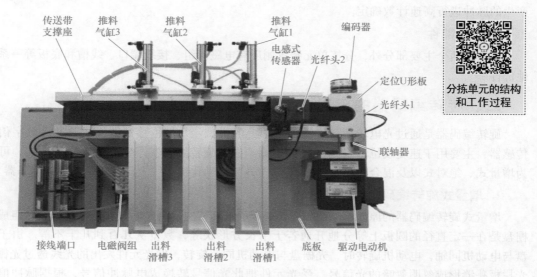

图 6-2　分拣单元装置侧的主要结构组成

以功能划分，分拣单元装置侧的结构主要是带传动机构和分拣机构两部分。

1. 带传动机构

分拣单元的带传动属于摩擦型带传动，具有能缓冲吸振、传动平稳和噪声小，能过载打滑，结构简单且制造、安装和维护方便、成本低，两轴距离允许较大等特点，适用于无须保证准确传动比的远距离场合，在近代机械传动中应用十分广泛。

带传动装置由主动轮、从动轮、紧套在两轮上的传动带和机架组成。主动轮用三相减速电动机驱动，通过带与带轮之间产生的摩擦力，使从动带轮一起转动，从而实现运动和动力的传递。

驱动电动机是通过弹性联轴器与传送带主动轮连接的，整个驱动机构包括电动机支架、电动机和弹性联轴器等，带传动机构如图 6-3 所示。电动机轴与主动轮轴间的连接质量直接影响传送带运行的平稳性，安装时务必注意，必须确保两轴间的同心度。

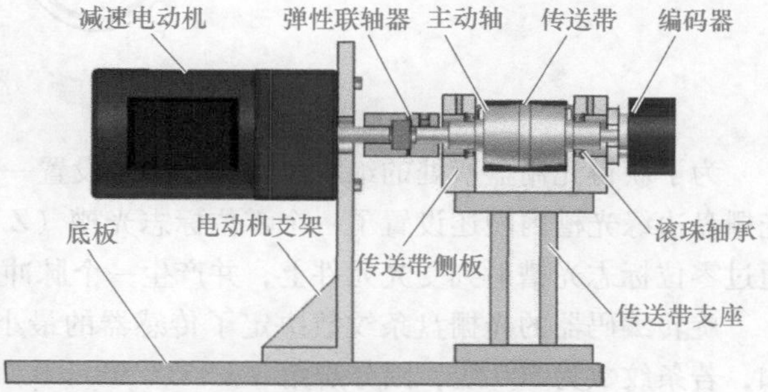

图 6-3　带传动机构

2. 分拣机构

带传动装置上安装有出料滑槽、推料（分拣）气缸、进料检测的光纤传感器、属性检测

（电感式和光纤）传感器以及磁性开关等，它们构成了分拣机构。分拣机构把带传动装置分为两个区域，从进料口到传感器支架的前端为检测区，后端是分拣区。成品工件在进料口被检测后由传送带传送，通过检测区的属性检测传感器确定工件的属性，然后传送到分拣区，按工作任务要求把不同类别的工件推入指定的物料槽中。

为了准确确定工件在传送带上的位置，在传送带进料口安装了定位 U 形板，用来纠正输送单元机械手输送过来的工件并确定其初始位置。传送带上工件移动的距离则通过对旋转编码器产生的脉冲进行高速计数确定。

3. 其他部件

除上述两个主要部分外，分拣单元装置侧还有电磁阀组、接线端口、线槽和底板等一系列其他部件。

二、旋转编码器的应用

旋转编码器是通过光电转换，将输出至轴上的机械、几何位移量转换成脉冲或数字信号的传感器，主要用于速度或位置（角度）的检测。根据旋转编码器产生脉冲方式的不同，可以分为增量式、绝对式以及混合式 3 大类，YL－335B 型自动化生产线上只使用了增量式编码器。

1. 增量式旋转编码器的工作原理

增量式旋转编码器的原理示意图如图 6-4 所示，其结构是由光栅盘和光电检测装置组成。光栅盘是在一定直径的圆板上等分地开通若干个长方形狭缝，数量从几百到几千不等。由于光栅盘与电动机同轴，电动机旋转时，光栅盘与电动机同速旋转，发光元件发出的光线透过光栅盘和光栏板狭缝形成忽明忽暗的光信号，受光元件把此光信号转换成电脉冲信号，根据脉冲信号数量便可推知转轴转动的角位移数值。

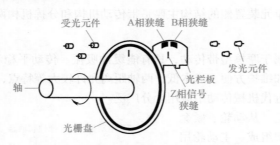

编码器工作原理

图 6-4　增量式旋转编码器的原理示意图

为了获得光栅盘所处的绝对位置，还必须设置一个基准点（起始零点，Zero Point），为此在光栅盘边缘光槽内圈还设置了一个零位标志光槽（Z 相狭缝）。光栅盘旋转一圈，光线只有一次通过零位标志光槽射到受光元件上，并产生一个脉冲，此脉冲即可作为起始零点信号。

旋转编码器的光栅盘条纹数决定了传感器的最小分辨角度，即分辨角 $\alpha = 360°/$ 条纹数。例如，若条纹数为 500 线，则分辨角 $\alpha = 360°/500 = 0.72°$。为了提供旋转方向的信息，光栏板上设置了两个狭缝，A 相狭缝与 A 相发光元件、受光元件对应；同样，B 相狭缝与 B 相发光元件、受光元件对应。若两狭缝的间距与光栅间距 T 的比值满足一定关系，就能使 A 和 B 两个脉冲列在相位上相差 90°。当 A 相脉冲超前 B 相时为正转方向，而当 B 相脉冲超前 A 相时则为反转方向。

A、B 和 Z 相受光元件转换成的电脉冲信号经整形电路后，输出的 3 组方波脉冲如图 6-5 所示。

由此可见，增量式旋转编码器输出电脉冲表征位置、角度和转向信息。一圈内的脉冲数代表了角位移的精度即分辨率,分辨率越高其精度也越高。

2. 增量式旋转编码器在 YL – 335B 型自动化生产线中的应用

(1) 分拣单元的旋转编码器 分拣单元选用了具有 A、B 两相,相位差为 90°的旋转编码器,用于计算工件在传送带上的位移。该编码器的外观和引出线定义如图 6-6 所示。其有关的性能数据如下:工作电源为 DC 12 ~ 24V,工作电流为 110mA;分辨率 500 线,即每旋转一周产生 500 个脉冲;A、B 两相及 Z 相均采用 NPN 型集电极开路输出。

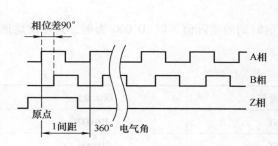

图 6-5 增量式旋转编码器输出的 3 组方波脉冲　　图 6-6 分拣单元旋转编码器的外观和引出线定义

(2) 电气接线 该旋转编码器的信号输出线分别由绿色、白色和黄色 3 根线引出,其中黄色线为 Z 相输出线。编码器在出厂时,旋转方向规定为从轴侧看顺时针方向旋转时为正向,这时绿色线的输出信号将超前白色线的输出信号 90°,因此规定绿色线为 A 相线,白色线为 B 相线。

在分拣单元传送带的实际运行中,使传送带正向运行的电动机转向却恰恰相反。为了确保传送带正向运行时,PLC 的高速计数器的计数为增计数,编码器实际接线时须将白色线作为 A 相使用,绿色线作为 B 相使用,分别连接到 PLC 的 I0.0 和 I0.1 输入点。此外,传送带不需要起始零点信号,Z 相脉冲没有连接。

由于该编码器的工作电流达 110mA,进行电气接线还须注意,编码器的正极电源引线(红色)须连接到装置侧接线端口的 +24V 稳压电源端子上,不宜连接到带有内阻的电源端子 Vcc 上,否则工作电流在内阻上压降过大,使编码器不能正常工作。编码器的负极电源引线(黑色)连接到装置侧接线端口的 0V 稳压电源端子上。

微人物

请同学们查下高铁接线员姚智慧的故事,并在在线课程平台上分享讨论。

三、高速计数器

1. S7 – 1200 系列 PLC 的高速计数器

S7 – 1200 PLC CPU 提供了最多 6 个高速计数器,编号为 HSC1 ~ HSC6,其独立于 CPU 的扫描周期进行计数。CPU 1217C 可测量的脉冲频率最高为 1 MHz,其他型号的 S7 – 1200 PLC V4.0 CPU 可测量到的单相脉冲频率最高为 100kHz,A/B 相最高为 80kHz。

S7 – 1200 PLC V4.0 CPU 和信号板具有可组态的硬件输入地址,因此可测量到的高速计数器频率与高速计数器编号无关。

(1) S7-1200 PLC V4.0 CPU 高速计数器定义了 4 种工作模式　4 种工作模式为：单相计数器，外部方向控制；单相计数器，内部方向控制；双相增/减计数器；双脉冲输入和 A/B 相正交脉冲输入计数器。

(2) 每种高速计数器都有两种工作状态　两种工作状态为：外部复位，无启动输入；内部复位，无启动输入。

(3) 高速计数器寻址　CPU 将每个高速计数器的测量值存储在输入过程映像区内，数据类型为 32 位双整型有符号数，用户可以在设备组态中修改这些存储地址，在程序中可直接访问这些地址，但由于过程映像区受扫描周期影响，读取到的值并不是当前时刻的实际值。在一个扫描周期内，此数值不会发生变化，但计数器中的实际值有可能会在一个周期内变化，用户无法读到此变化。

用户可通过读取外设地址的方式，读取到当前时刻的实际值。以 ID1000 为例，其外设地址为 "ID1000：P"。表 6-1 为高速计数器寻址列表。

表6-1　高速计数器寻址列表

高速计数器号	数据类型	默认地址
HSC1	DINT	ID1000
HSC2	DINT	ID1004
HSC3	DINT	ID1008
HSC4	DINT	ID1012
HSC5	DINT	ID1016
HSC6	DINT	ID1020

2. 高速计数器在 YL-335B 型自动化生产线分拣单元的应用

传送带驱动电动机旋转时，与电动机同轴连接的旋转编码器向 PLC 输出表征电动机轴角位移的脉冲信号，PLC 根据相应的高速计数器计数值，计算工件在传送带上的位移。脉冲数与位移量的对应关系计算方法如下：分拣单元主动轴的直径为 $d = 43\text{mm}$，则减速电动机每旋转一周，皮带上工件移动距离 $L = \pi d = 3.14 \times 43\text{mm} \approx 135\text{mm}$，每两个脉冲之间的距离即脉冲当量为 $\mu = L/500 = 0.27\text{mm}$，根据 μ 值就可以计算任意脉冲数与位移量的对应关系。

例如，按如图 6-7 所示的安装尺寸，当工件从下料口中心线移至传感器 1 中心时（85mm），旋转编码器约发出 315 个脉冲（85mm/0.27mm≈315）；移至传感器 2 中心时（120mm），约发出 444 个脉冲。移至推杆 1 中心点时（168mm），约发出 622 个脉冲；移至推杆 2 中心点（260mm）时，约发出 963 个脉冲；移至推杆 3 中心点时（352mm），约发出 1304 个脉冲。

3. 高速计数器的基本编程

高速计数器指令编程包括高速计数器硬件组态及程序编写两部分。

(1) 高速计数器硬件组态　高速计数器硬件组态包括启用 HSC 高速计数器、功能设置、初始值设置、I/O 地址设置、硬件输入设置和数字量输入滤波器更改，组态步骤见表 6-2。

高速计数器
硬件组态

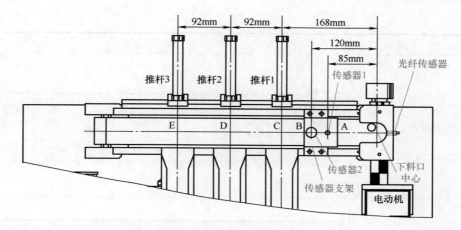

图 6-7　安装尺寸

表 6-2　高速计数器硬件组态步骤

序号	功　能	组态步骤
1	高速计数器 HSC1 启用	
2	功能设置	
3	初始值设置	
4	硬件输入设置	

（续）

序号	功　能	组态步骤
5	I/O 地址设置	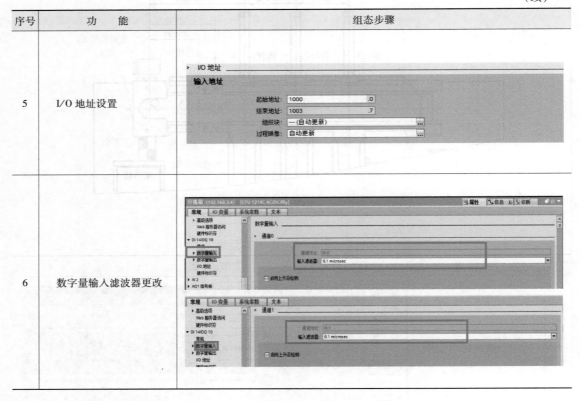
6	数字量输入滤波器更改	

（2）高速计数器梯形图程序

1）高速计数器指令块。高速计数器指令块及功能端如图 6-8 所示，需要使用指定背景 DB 用于存储参数。

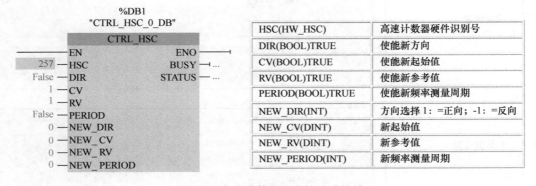

HSC(HW_HSC)	高速计数器硬件识别号
DIR(BOOL)TRUE	使能新方向
CV(BOOL)TRUE	使能新起始值
RV(BOOL)TRUE	使能新参考值
PERIOD(BOOL)TRUE	使能新频率测量周期
NEW_DIR(INT)	方向选择 1：=正向；-1：=反向
NEW_CV(DINT)	新起始值
NEW_RV(DINT)	新参考值
NEW_PERIOD(INT)	新频率测量周期

图 6-8　高速计数器指令块及功能端

2）高速计数器使能和复位操作的梯形图。从分拣单元工作过程来看，高速计数器的编程仅要求能接收旋转编码器的脉冲信号进行计数，提供工件在传送带上的位移信息，以及能对所使用的高速计数器进行复位操作。表 6-3 为高速计数器使能和复位操作的梯形图。

表6-3 高速计数器使能和复位操作的梯形图

梯形图	注 释
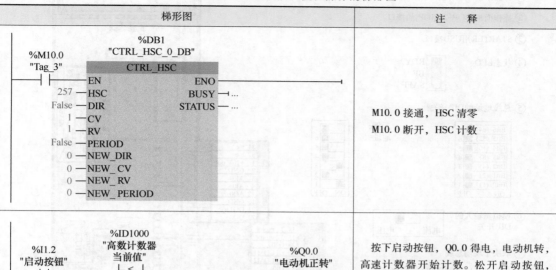	M10.0 接通，HSC 清零 M10.0 断开，HSC 计数
	按下启动按钮，Q0.0 得电，电动机转，高速计数器开始计数。松开启动按钮，Q0.0 失电，电动机停

四、西门子 G120C 变频器

1. G120C 变频器的安装接线

（1）G120C USS/MB 型变频器端子 拆下变频器操作面板，打开正面门盖，可以看到 G120C 变频器的控制接口如图 6-9 所示。

（2）主电路接口及接线 在变频器的底部有电源、电动机和制动电阻的接口，其中 L1、L2、L3、PE 接三相电源，U、V、W、PE 接三相异步电动机，U、V、W 可按照电动机旋转方向的要求改变相序，R1、R2 接制动电阻，接地端子 PE 必须可靠接地，并直接与电动机接地端子相连。必须注意，进行接线时，一定不能将输入电源线接到 U、V、W 端子上，否则将损坏变频器。接线图如图 6-10 所示。

（3）控制电路接口及接线 变频器的控制电路一般包括输入电路、输出电路和辅助接口等部分，输入电路接收控制器（PLC）的指令信号（开关量或模拟量信号），输出电路输出变频器的状态信息（正常时的开关量或模拟量输出、异常输出等），辅助接口包括通信接口、外接键盘接口等。可使用变频器内部电源，也可以使用变频器外部电源；可接源型触点，也可以接漏型触点。G120C 变频器控制电路接线端子如图 6-11 所示。

YL-335B 型自动化生产线分拣单元的运行，只使用了部分控制端子：①通过开关量输入端子接收 PLC 的启动/停止、正反转等命令信号；②通过模拟量输入端子接收 PLC 的频率指令。

分拣单元的调速控制，也可以采用几个开关量端子的通断状态组合提供多段频率指令。实际工程中，多段速控制也是一种常用的方式。

2. BOP-2 操作面板

通用变频器操作面板的结构一般包括键盘操作单元（或称控制单元）和显示屏两部分，键盘的主要功能是向变频器的主控板发出各种指令或信号，而显示屏的主要功能则是接收并显示主控板提供的各种数据，两者总是组合在一起的。G120C 变频器的操作面板如图 6-12 所示，包

① 存储卡(MMC卡或SD卡)插槽

② 操作面板(BOP-2或IOP)的接口

③ STARTER用USB接口

④ 状态LED

    RDY
    BF
    SAFE

⑤ 总线地址的DIP开关

Bit6 (64)	7
Bit5 (32)	6
Bit4 (16)	5
Bit3 (8)	4
Bit2 (4)	3
Bit1 (2)	2
Bit0 (1)	1

ON OFF

示例:
地址=5

⑥ 模拟量输入的DIP开关

电流   电压

⑦ 取决于现场总线

G120C USS/MB 和 G120C CAN:
总线接口

OFF ON

G120C DP: 没有功能

⑧ 端子台

⑨ 端子标识

⑩ 现场总线接口

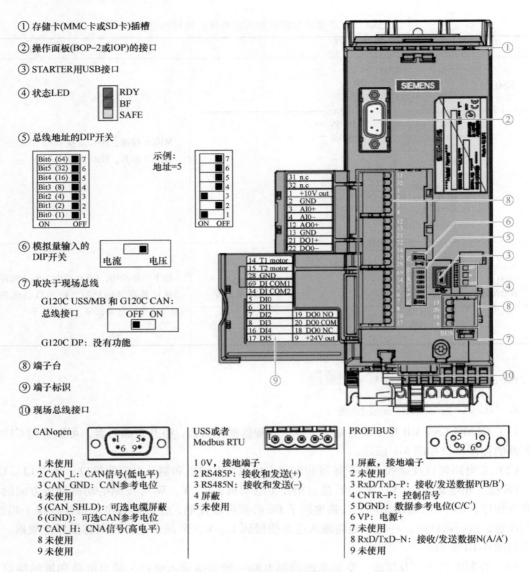

CANopen
1 未使用
2 CAN_L: CAN信号(低电平)
3 CAN_GND: CAN参考电位
4 未使用
5 (CAN_SHLD): 可选电缆屏蔽
6 (GND): 可选CAN参考电位
7 CAN_H: CNA信号(高电平)
8 未使用
9 未使用

USS或者 Modbus RTU
1 0V,接地端子
2 RS485P: 接收和发送(+)
3 RS485N: 接收和发送(−)
4 屏蔽
5 未使用

PROFIBUS
1 屏蔽,接地端子
2 未使用
3 RxD/TxD−P: 接收/发送数据P(B/B′)
4 CNTR−P: 控制信号
5 DGND: 数据参考电位(C/C′)
6 VP: 电源+
7 未使用
8 RxD/TxD−N: 接收/发送数据N(A/A′)
9 未使用

图 6-9 G120C 变频器的控制接口

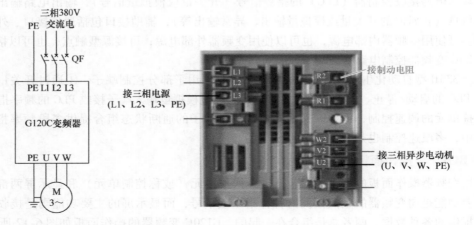

图 6-10 变频器主电路接线图

端子排接线方式

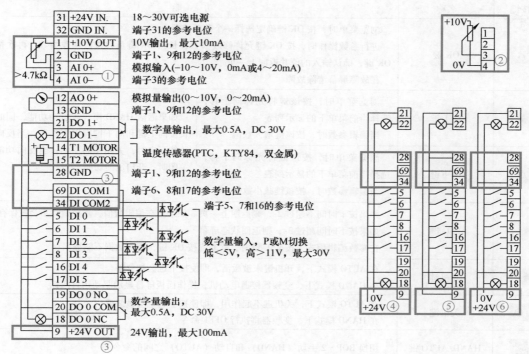

31	+24V IN.	18～30V可选电源
32	GND IN.	端子31的参考电位
1	+10V OUT	10V输出，最大10mA
2	GND	端子1、9和12的参考电位
3	AI 0+	模拟输入(-10～10V，0mA或4～20mA)
4	AI 0–	端子3的参考电位
12	AO 0+	模拟量输出(0～10V，0～20mA)
13	GND	端子1、9和12的参考电位
21	DO 1+	数字量输出，最大0.5A，DC 30V
22	DO 1–	
14	T1 MOTOR	温度传感器(PTC，KTY84，双金属)
15	T2 MOTOR	
28	GND	端子1、9和12的参考电位
69	DI COM1	端子6、8和17的参考电位
34	DI COM2	端子5、7和16的参考电位
5	DI 0	
6	DI 1	
7	DI 2	数字量输入，P或M切换
8	DI 3	低<5V，高>11V，最大30V
16	DI 4	
17	DI 5	
19	DO 0 NO	数字量输出，
20	DO 0 COM	最大0.5A，DC 30V
18	DO 0 NC	
9	+24V OUT	24V输出，最大100mA

①模拟量输入由一个内部10V电源供电。
②模拟量输入由一个外部10V电源供电。
③使用内部电源时的接线，可连接源型触点。
④使用外部电源时的接线，可连接源型触点。
⑤使用内部电源时的接线，可连接漏型触点。
⑥使用外部电源时的接线，可连接漏型触点。

图 6-11　G120C 变频器控制电路接线端子

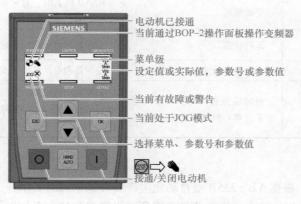

- 电动机已接通
- 当前通过BOP-2操作面板操作变频器
- 菜单级
- 设定值或实际值，参数号或参数值
- 当前有故障或警告
- 当前处于JOG模式
- 选择菜单、参数号和参数值
- 接通/关闭电动机

图 6-12　G120C 变频器的操作面板

括基本操作面板 BOP-2 和智能操作面板 IOP，这里使用 BOP-2。

（1）BOP-2 操作面板按键的功能　BOP-2 操作面板按键的功能见表 6-4。

表 6-4　BOP－2 操作面板按键的功能

按键	名称	功　　能	
OK	OK 键	浏览菜单时，按 OK 键确定选择一个菜单选项 进行参数操作时，按 OK 键允许修改参数，长按 OK 键可以按位修改参数。再次按 OK 键，确认输入的值并返回上一页 在故障屏幕清除故障	
▲	向上键	浏览菜单时，按该键将光标向上移，选择当前菜单下的显示列表 当编辑参数时，按该键增大数值	如果激活 HAND 模式或点动功能，同时长按向上键和向下键有以下作用：当反向功能开启时，关闭反向功能；当反向功能关闭时，开启反向功能
▼	向下键	浏览菜单时，按该键将光标向下移，选择当前菜单下的显示列表 当编辑参数时，按该键减小数值	
ESC	ESC 键	如果按下时间不超过 2s，则返回上一页。如果正在编辑数值，新数值将不会被保存 如果按下时间超过 3s，则返回状态屏幕 在参数编辑模式下按 ESC 键时，除非先按 OK 键，否则数据不能被保存	
I	开机键	在 AUTO 模式下，开机键未被激活，即使按下也会被忽略 在 HAND 模式下，变频器接通电动机，操作面板屏幕显示驱动运行图标	
O	关机键	在 AUTO 模式下，关机键不起作用，即使按下它也会被忽略 在 HAND 模式下，变频器将执行 OFF1 命令	
HAND AUTO	HAND/AUTO 键	切换 BOP－2 手动（HAND）和自动（AUTO）之间的命令源	

（2）BOP－2 操作面板的图标　BOP－2 操作面板的左侧显示表示变频器当前状态的图标，这些图标的说明见表 6-5。

表 6-5　BOP－2 操作面板图标的说明

图标	功能	状　态	描　　述
✋	命令源	手动模式	HAND 模式时，显示该图标；AUTO 模式时，无图标显示
◕	变频器状态	运行状态	变频器和电动机处于运行状态
JOG	点动	点动功能激活	变频器和电动机处于点动模式
⊗	报警/故障	故障或报警等待：符号闪烁表示故障；符号稳定表示报警	如果检测到故障，变频器将停止，用户必须采取必要的纠正措施，以清除故障。报警提示一种状态（如过热），它并不会停止变频器运行

3. 参数设置

（1）设定的参数　根据 YL－335B 型自动化生产线分拣单元的工作特点，变频器所需设定的参数不多，并且都是常用的基本参数。此处仅对所需设置参数的含义加以说明。

1）变频器命令源和频率源的指定。指定变频器运行的命令源，以及变频器设定频率的频率源的相关参数，都是变频器运行前必须加以设置的重要参数。YL－335B 型自动化生产线通常在安装调试过程中通过操作面板发出启动和停止命令，指定运行频率；在生产线运行过程中则通过外部端子排接收 PLC 发出的控制命令和频率设定值。

2）限制变频器运行频率的参数。调速系统由于工艺过程的要求或设备的限制，需要对变频器运行的最高和最低频率加以限制，即当频率设定值高于最高频率（上限频率）或低于最低频率（下限频率）时，输出频率将被嵌位，输出频率与设定频率的关系如图 6-13 所示。一般情况下，YL-335B 型自动化生产线将变频器对应的上限频率参数值设置为 50Hz、下限频率参数值设置为 0Hz。

3）变频器启、制动和加减速参数。电动机启、制动和加减速过程是一个动态过程，通常用加速、减速时间来表征。加速时间参数用来设定从停止状态加速到加减速基准频率时的加速时间，减速时间用来设定从加减速基准频率到停止的减速时间，加减速时间示意图如图 6-14 所示。若要求变频器运行频率为小于 50Hz 的某一值，则实际的加减速时间显然小于设定值。

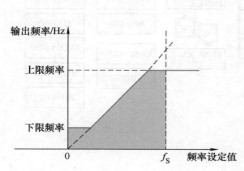

图 6-13 输出频率与设定频率的关系
注：f_S 频率时对应的给定电压值为 10V。

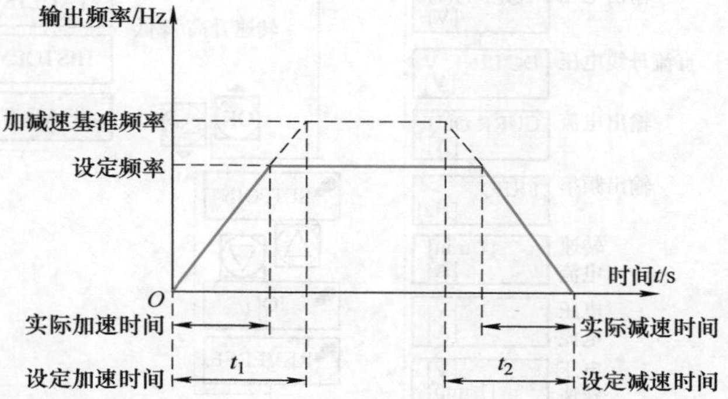

图 6-14 加减速时间示意图

YL-335B 型自动化生产线的调试中必须设置的参数是上升时间和下降时间。其中，下降时间的设置，对分拣单元传送带运行中工件的准确定位有着至关重要的意义。

实际工程中，如果设定的上升时间太短，有可能导致变频器过电流跳闸；如果设定的下降时间太短，则有可能导致变频器过电压跳闸。不过 YL-335B 型自动化生产线分拣单元中变频器容量远大于所驱动的电动机的容量，即使上述参数设置得很小（例如 0.2s），也不至于出现故障跳闸情况。但加减速时间不宜设置过小的概念必须建立起来。另外，在频繁启动、停止，且加速时间和减速时间很短时，可能出现电动机过热现象。

4）变频器输出频率的设定。

① 通过模拟电压输入设定频率。YL-335B 型自动化生产线分拣单元变频器的频率设定，主要以模拟量输入信号设定为主。例如在触摸屏上指定变频器的频率，则此频率在某一范围内是随机给定的。这时 PLC 将向变频器输出模拟量信号，因此需设置变频器模拟输入端与 PLC 输出的模拟信号相匹配的参数。

② 用多段速控制功能控制输出频率。变频器通过外接开关器件的组合通断，使输入端子的状态改变来实现调速，这种控制频率的方式称为多段速控制功能。

要实现多段速控制功能，首先必须指定变频器的频率源为外部端子输入的多段速方式，其次要指定这些外部端子的功能或组合编码方式，最后指定每一段速度所对应的输出频率。

5）被控对象（电动机）主要额定参数，以及与之匹配的变频器的输出参数。一般情况下，应按照被控电动机的铭牌参数进行变频器的电动机配置，如果铭牌参数在设定范围内，变频器将根据电动机配置参数确定其控制性能。变频器的输出参数必须与被控电动机相匹配，例如电动机的额定电压、额定频率等。

（2）BOP-2 操作面板菜单结构 G120C 变频器的 BOP-2 操作面板菜单结构如图 6-15 所示。

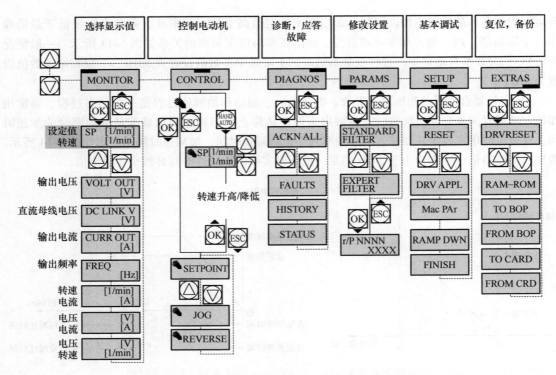

图 6-15　G120C 变频器的 BOP－2 操作面板菜单结构

BOP－2 操作面板的 6 个顶层菜单为监视菜单（MONITOR）、控制菜单（CONTROL）、诊断菜单（DIAGNOS）、参数菜单（PARAMS）、设置菜单（SETUP）和附加菜单（EXTRAS）。其功能描述见表 6-6。

表 6-6　BOP－2 操作面板菜单功能描述

菜单	功能描述
MONITOR	显示变频器/电动机系统的实际状态，如运行速度、电压和电流值等
CONTROL	使用 BOP－2 操作面板控制变频器，可以激活设定值、点动和反向模式
DIAGNOS	故障报警和控制字、状态字的显示
PARAMS	查看并修改参数
SETUP	调试向导，可以对变频器执行快速调试
EXTRAS	执行附加功能，如设备的工厂复位和数据备份

（3）更改参数的步骤　G120C 变频器的每一个参数名称对应一个参数的编号。参数号用 0000 到 9999 的 4 位数字表示。在参数号的前面加一个小写字母 r 时，表示该参数是"只读"的参数；其他所有参数号的前面都加一个大写字母 P。这些参数的设定值可以直接在标题栏的最小值和最大值范围内进行修改。

用 BOP－2 操作面板可以修改和设定系统参数，使变频器具有期望的特性，例如，斜坡时间、最小和最大频率等。选择的参数号和设定的参数值在 5 位数字的 LCD（液晶显示器）上显示。

更改参数的步骤可大致归纳为：① 查找所选定的参数号；②进入参数值访问级，修改参数值；③确认并存储修改好的参数值。

可以用 BOP - 2 操作面板设定常用的参数，长按 OK 键可以进行参数的单位编辑，按向上和向下键可以修改参数的各个单位数且按 OK 键可进行单独确认。

P0327 参数修改步骤如图 6-16 所示。

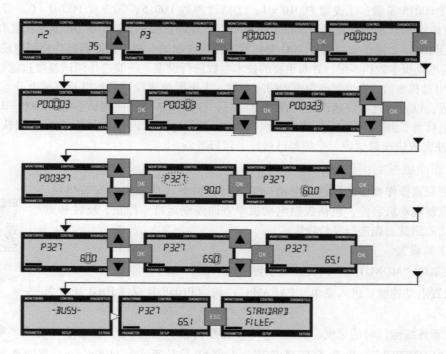

图 6-16　P0327 参数修改步骤

（4）恢复出厂设置　通过 BOP - 2 操作面板恢复出厂设置可以采用两种方式，一种是通过菜单"EXTRAS"的"DRVRESET"实现；另一种是通过菜单"SETUP"的"RESET"实现，如图 6-17 所示。

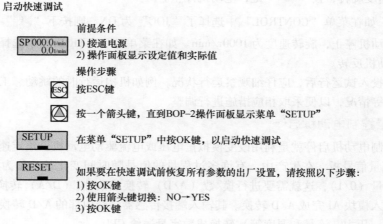

图 6-17　恢复出厂设置

此外，也可以通过设置参数 P0010 和 P0970 来实现变频器全部参数的复位。操作步骤：①设定 P0010 = 30；②设定 P0970 = 1。

（5）预设置接口宏 G120C 变频器为满足不同的接口定义，提供了 17 种预设置接口宏：预设置 1、2、3、4、5、7、8、9、12、13、14、15、17、18、19、20、21，利用预设置接口宏可以方便地设置变频器命令源和设定值源。可以通过参数 P0015 修改宏，但只有在 P0010 = 1 时才能修改。修改 P0015 步骤：①设置 P0010 = 1；②修改参数 P0015；③设置 P0010 = 0。带安全功能 STO，必须使用 STO 功能，使能 "Safe Torque Off"，现场总线 PROFIBUS DP 需要获取 GSD 文件。

（6）用 BOP - 2 操作面板对 G120C 变频器进行快速调试 利用快速调试功能可以使变频器与实际使用的电动机参数相匹配，并对重要的技术参数进行设定。一般选择调试参数过滤器 P0010 = 1，筛选出电动机参数、命令源与频率源指定参数、上下限频率设定参数以及斜坡上升与下降时间设定参数等，以方便进行快速设定。设定完成后，应选择结束快速调试参数 P1900 = 2，完成必要的电动机计算，并使其他所有的参数（P0010 = 1 不包括在内）复位为工厂的默认设置。当 P1900 = 0 并完成快速调试后，变频器已做好了运行准备。

4. 操作面板控制电动机启停

通过变频器操作面板的操控，电动机试运行，检测传动机构的安装质量。操作面板控制电动机启停，包括控制电动机单方向连续运行、停止、反转和点动，进行功能测试前先进行参数设置。

操作面板控制
电动机启停

（1）参数设置

1）在菜单 "MONITOR" 的转速显示界面按 " ESC " 键。

2）设置点动速度。进入菜单 "PARAMS"，找到 P1058 并设置 JOG1 速度为 1000r/min。

3）设置连续运行时的速度。切换 BOP - 2 操作面板上的 " HAND AUTO " 键至手动模式 "✋"，然后进入菜单 "CONTROL"，找到 "SETPOINT"，设定 SP 长动速度为 1100r/min。返回菜单 "MONITOR" 的转速显示界面。

（2）功能测试

1）启停。返回菜单 "MONITOR" 的转速显示界面，按 " I " 键，变频器拖动电动机以 1100r/min 的速度旋转；按 " O " 键，电动机停止。

2）点动。如在菜单 "CONTROL" 中选择了 "JOG" 为 ON，则按下 " I " 键时，电动机旋转，松开时电动机停止，旋转速度为 1000r/min。如在菜单 "CONTROL" 中选择了 "REVERSE" 为 ON，则电动机反转。

传动机构投入试运行后，应仔细观察运行状况，例如机构运行时的跳动、工件有无跑偏和传送带有无打滑等情况，以便采取相应措施进行调整。

5. 模拟量控制电动机启停

模拟量控制电动机启停就是利用改变模拟量电压或电流驱动电动机以给定速度连续运行。

（1）模拟量信号板 在生产中，有许多过程量的值是随时间变化的，称为模拟量，而 CPU 只能处理数字量（0/1），这就需要进行模/数（A/D）转换或数/模（D/A）转换。

模拟量输入模块 AI 完成 A/D 转换。其输入端接传感器，经内部的 A/D 转换器件将输入的模拟量（如温度、压力、流量和湿度等）转换成数字量送给 CPU。

模拟量输出模块 AQ 完成 D/A 转换。其输出端接外设驱动器装置，经内部的 D/A 转换器件将 CPU 输出的数字量转换成模拟电压或电流驱动外设。

在空间有限的情况下，或只需要少数附加输入/输出的情况下，可以在 S7 - 1200 PLC 的 CPU 上面使用信号板，YL - 335B 型自动化生产线采用西门子 SB1232 AQ 模拟量输出模块，如图 6-18

所示。通过信号板可以对 S7 - 1200 PLC CPU 进行模块化扩展，且不会增加控制器所需的安装空间。

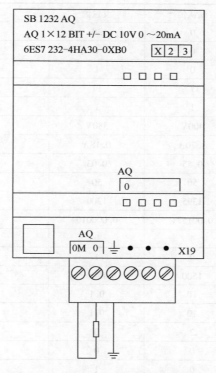

模拟量调速参数设置

图 6-18　SB1232 AQ 模拟量输出模块

（2）控制电路接线　控制电路按图 6-19 所示的电气原理图进行接线。

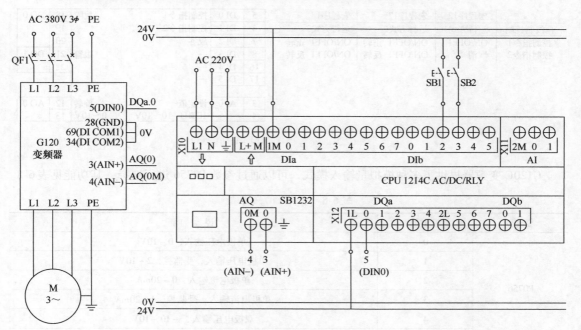

图 6-19　模拟量控制电动机启停电气原理图

（3）参数设置 模拟量调速参数设置见表6-7，采用0~10V单极电压输入。

表6-7 模拟量调速参数设置

序号	参数	默认值	设置值	说 明
1	P0010	0	30	参数复位
2	P0970	0	1	触发驱动参数复位
3	P0010	0	1	快速调试
4	P0015	7	17	宏连接
5	P0300	1	1	设置为异步电动机
6	P0304	400V	380V	电动机额定电压
7	P0305	1.70A	0.18A	电动机额定电流
8	P0307	0.55	0.03	电动机额定功率
9	P0310	50	50	电动机额定频率
10	P0311	1395	1300	电动机额定转速
11	P0341	0.001571	0.000010	电动机转动惯量
12	P0756 [00]	4	0	单极电压输入（0~10V）
13	P0776 [00]	0	1	电压输出
14	P1082	1500	1500	最大转速
15	P1120	10	0.1	加速时间
16	P1121	10	0.1	减速时间
17	P1900	2	0	电动机数据检查
18	P0010	0	0	电动机就绪
19	P0971	0	1	保存驱动对象

宏连接模式选择"17"，端子功能如图6-20所示，能进行电动机正反转控制。

	宏程序12	宏程序17	宏程序18
两线制控制	运行方式1	运行方式2	运行方式3
控制指令1	ON/OFF1	ON/OFF1 正转	ON/OFF1 正转
控制指令2	取消	ON/OFF1 反转	ON/OFF1 反转

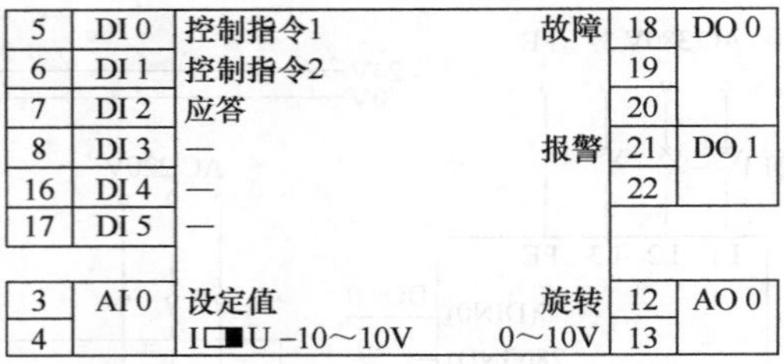

5	DI 0	控制指令1	故障	18	DO 0
6	DI 1	控制指令2		19	
7	DI 2	应答		20	
8	DI 3	—	报警	21	DO 1
16	DI 4	—		22	
17	DI 5	—			

3	AI 0	设定值	旋转	12	AO 0
4		I□U −10~10V	0~10V	13	

图6-20 宏程序17时端子功能

G120C变频器提供了多种模拟量输入模式，可以通过参数P0756进行选择，其功能见表6-8。

表6-8 参数P0756功能

参数号	设定值	说 明
P0756	0	单极电压输入，0~10V
	1	单极电压输入，受监控，2~10V
	2	单极电流输入，0~20mA
	3	单极电流输入，受监控，4~20mA
	4	双极电压输入，−10~10V
	5	未连接传感器

参数 P0756 选择模拟量输入类型后，变频器会自动调整模拟量输入的标定。线性标定曲线由点（P0757，P0758）和点（P0759，P0760）确定，也可以根据需要调整标定。例如 P0756［00］＝4 时，模拟量标定见表 6-9。

表 6-9　模拟量标定

参数	设定值	描　　述
P0757	−10	输入电压 −10V 对应 −100% 标度，即 −50Hz
P0758	−100	
P0759	10	输入电压 +10V 对应 100% 标度，即 50Hz
P0760	100	
P0761	0	死区宽度

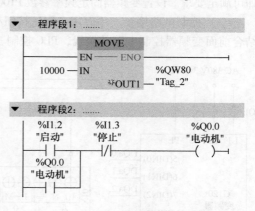

（4）模拟量转换的数值表达方式　模拟量转换成数字量以二进制补码形式表示，字长占 16 位。16 位二进制补码表示的数值范围为 −32768～32767。需要注意的是，西门子的模拟量模块测量范围并不是与数值范围相对应的，如 ±10V 电压对应的转换值为 ±27648。这样做的好处是，当传感器的输入值超出范围时，模拟量模块仍然可以进行转换，使 CPU 做出判断。对于 YL−335B 型自动化生产线，根据前面变频器参数的设置，PLC 数字量值 0～27648 通过 SB1232AQ 模块转化成模拟量电压 0～10V，控制变频器的输出速度，对应的转速为 0～1500r/min。

（5）程序　通过模拟量给定电动机旋转速度，按下启动按钮电动机运行，按下停止按钮电动机停止。通过修改 QW80 的值来修改电动机转速。模拟量电动机运行控制程序如图 6-21 所示：

6. 数字量控制电动机三段速运行

（1）控制要求　按下 SB1，电动机启动以 500r/min 的速度稳定运行；6s 后，切换到以 800r/min 稳定运行；12s 后切换到以 1200r/min 的速度稳定运行。按下 SB2，电动机停止。

（2）任务分析　G120C 变频器在使用二进制给定时，最多可以支持 15 个速度。二进制通过 DIN1～DIN4 给定，对应变频器的控制端子号为 6、7、8、16，5 号端子 DIN0 作为启停控制端。DIN1～DIN4 与频率设置参数的对应关系见表 6-10，当 DIN0 为 1，电动机启动时，如果 DIN1 为 1，DIN2～DIN4 为 0，则电动机以 P1001 参数设定的频率值运行。若将参数值设定为负数，电动机将反转运行。

图 6-21　模拟量电动机运行控制程序

表 6-10　DIN1～DIN4 与频率设置参数的对应关系

固定频率设置参数	DIN4（端子 16）	DIN3（端子 8）	DIN2（端子 7）	DIN1（端子 6）
关闭	0	0	0	0
P1001（固定频率 1）	0	0	0	1
P1002（固定频率 2）	0	0	1	0

（续）

固定频率设置参数	DIN4（端子16）	DIN3（端子8）	DIN2（端子7）	DIN1（端子6）
P1003（固定频率3）	0	0	1	1
P1004（固定频率4）	0	1	0	0
P1005（固定频率5）	0	1	0	1
P1006（固定频率6）	0	1	1	0
P1007（固定频率7）	0	1	1	1
P1008（固定频率8）	1	0	0	0
P1009（固定频率9）	1	0	0	1
P1010（固定频率10）	1	0	1	0
P1011（固定频率11）	1	0	1	1
P1012（固定频率12）	1	1	0	0
P1013（固定频率13）	1	1	0	1
P1014（固定频率14）	1	1	1	0
P1015（固定频率15）	1	1	1	1

由于控制要求中电动机有 3 个运行速度，所以只需连接 6 号端子（DIN1）和 7 号端子（DIN2）即可满足要求。设置变频器固定频率参数 P1001 = 500r/min、P1002 = 800r/min、P1003 = 1200r/min。

（3）控制电路接线　用万用表测试按钮/指示灯模块上各按钮、开关与 PLC 的连接关系，并结合前面变频器控制电路的接线，PLC 控制三段速电气原理图如图 6-22 所示。

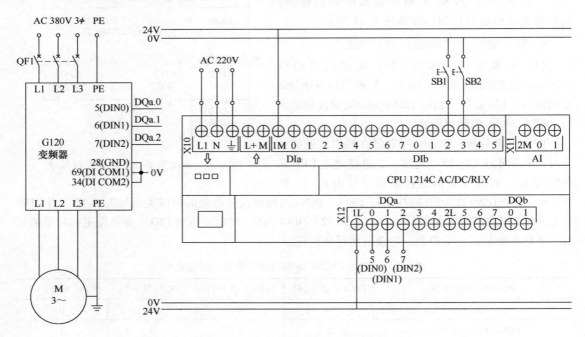

图 6-22　PLC 控制三段速电气原理图

（4）G120C 变频器三段速控制参数设置　实现变频器三段速控制需要设置变频器参数，见

表 6-11。

表 6-11　G120C 变频器三段速控制参数设置

序号	参数	默认值	设置值	说　　明
1	P0010	0	30	工厂的默认设定值
2	P0970	0	1	参数复位
3	P0010	0	1	快速调试
4	P0015	7	17	宏连接
5	P0300	1	1	设置为异步电动机
6	P0304	400V	380V	电动机的额定电压
7	P0305	1.70A	0.18A	电动机的额定电流
8	P0307	0.55	0.03	电动机的额定功率
9	P0311	1395	1300	电动机的额定转速
10	P1120	10	0.1	加速时间
11	P1121	10	0.1	减速时间
12	P0840	R722.0	R722.0	设置指令"ON/OFF（OFF1）"的信号源
13	P1000	2	3	转速固定设定值
14	P1016	1	2	设置选择转速固定设定值的模式，2为二进制模式
15	P1020	0	R722.1	设置选择转速固定设定值的信号源 DIN1
16	P1021	0	R722.2	设置选择转速固定设定值的信号源 DIN2
17	P1022	0	R722.3	设置选择转速固定设定值的信号源 DIN3
18	P1023	0	R722.4	设置选择转速固定设定值的信号源 DIN4
19	P1001	0	500	转速固定设定值1
20	P1002	0	800	转速固定设定值2
21	P1003	0	1200	转速固定设定值3
22	P1900	2	0	电动机数据检查
23	P0010	0	0	电动机就绪
24	P0971	0	1	保存驱动对象

（5）程序编写　利用西门子 S7-1200 PLC 编程软件 Portal TIA V16，编写三段速控制程序如图 6-23 所示。

（6）调试运行　按下 SB1，电动机启动以 500r/min 的速度稳定运行；6s 后，切换到以 800r/min 稳定运行；12s 后切换到以 1200r/min 的速度稳定运行。

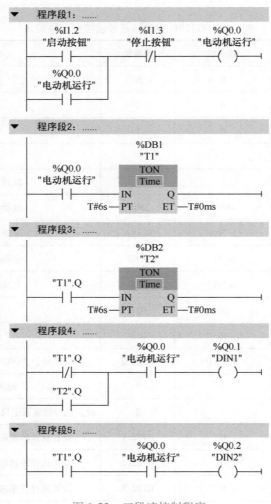

图 6-23　三段速控制程序

五、MCGS 触摸屏及组态软件

微知识

国内外主要品牌的工业触摸屏

　　欧美：西门子、施耐德、通用、红狮和贝加莱

　　日韩：普洛菲斯、欧姆龙、三菱、松下、富士、乐金和 M2I

　　国内：威纶通、台达、海泰克、显控科技、昆仑通态、步科、信捷、永宏、维控和无锡天任

1. 触摸屏工作过程

在计算机上安装 MCGS 组态软件，利用连接电缆将组态好的监控界面下载到 MCGS 触摸屏上，触摸屏与 PLC 通过连接电缆进行设备信号的监控及控制，工作过程如图 6-24 所示。

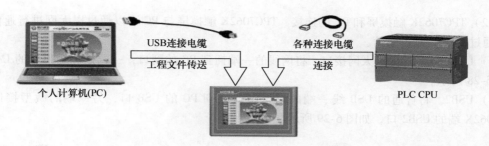

图 6-24　MCGS 触摸屏工作过程

2. TPC7062K 触摸屏的接线端口

TPC7062K 触摸屏的正视图和背视图如图 6-25 所示。

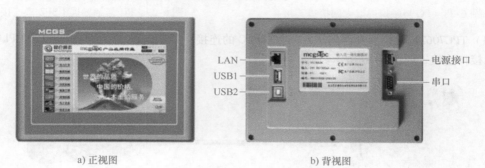

a) 正视图　　　　　　　　b) 背视图

图 6-25　TPC7062K 触摸屏

TPC7062K 触摸屏的电源进线、各种通信接口均在其背面，其接口说明见表 6-12。

表 6-12　TPC7062K 触摸屏接口说明

接口名称	接口说明
LAN（RJ45）	以太网接口
串口（DB9）	1 × RS232，1 × RS485
USB1	主口，USB1.1 兼容，用来连接鼠标和 U 盘等
USB2	从口，用于下载工程
电源接口	DC 24V，±20%

（1）TPC7062K 触摸屏供电接线和启动　供电接线步骤如下：①将直流电源的 24V + 端插入 TPC 电源插头接线 1 端中，如图 6-26 所示；②将 24V – 端插入 TPC 电源插头接线 2 端中；③使用一字螺钉旋具将电源插头锁紧。

使用 24V 直流电源给 TPC7062K 供电，开机启动后屏幕出现"正在启动"提示进度条，如图 6-27 所示，此时操作系统将自动进入工程运行界面。

PIN	定义
1	+
2	–

图 6-26　电源插头示意图及引脚定义　　　　　图 6-27　"正在启动"提示进度条

（2）TPC7062K 触摸屏和 PC 的连接　TPC7062K 触摸屏与 PC 可以通过以太网进行通信，也可以通过 USB 口进行通信。

1）LAN（RJ45）：以太网接口。将网线的一端插到 PC 的网口，一端插到触摸屏的 LAN 口，如图 6-28 所示。

2）USB2。将普通的 USB 线一端的扁平接口插到 PC 的 USB 口，另一端的微型接口插到 TPC7062K 端的 USB2 口，如图 6-29 所示。

图 6-28　PC 与触摸屏以太网接口连接　　　　　图 6-29　PC 与触摸屏 USB2 口连接

（3）TPC7062K 触摸屏和西门子 S7-1200 PLC 的连接　TPC7062K 触摸屏与 S7-1200 PLC 通过以太网接口连接，如图 6-30 所示。

图 6-30　通过以太网接口连接

（4）串口　TPC7062K 触摸屏虽然只有一个 9 针串行接口，但使用不同引脚却有不同的通信方式。表 6-13 为其串口引脚定义。

表 6-13　TPC7062K 触摸屏串口引脚定义

接口	PIN	引脚定义	串口引脚图
COM1	2	RS232 RXD	1 2 3 4 5 6 7 8 9
	3	RS232 TXD	
	5	GND	
COM2	7	RS485 +	
	8	RS485 −	

3. MCGS 触摸屏组态软件

MCGS（Monitor and Control Generated System）是一套基于 Windows 平台的、用于快速构造和生成上位机监控系统的组态软件系统，MCGS 提供了解决实际工程问题的完整方案和开发平台，能够完成现场数据采集、实时和历史数据处理、报警和安全机制、流程控制、动画显示、趋势曲线和报表输出以及企业监控网络等功能。

（1）MCGS 组态软件的结构
MCGS 组态软件结构包括组态环境和运行环境两个部分，如图 6-31 所示。组态环境相当于一套完整的工具软件，

图 6-31　MCGS 组态软件结构

帮助用户设计和构造自己的应用系统；运行环境则按照组态环境中构造的组态工程，以用户指定的方式运行，并进行各种处理，完成用户组态设计的目标和功能。

（2）MCGS 嵌入版生成的用户应用系统　如果运行 MCGS 嵌入版组态软件，单击菜单"文件"中"新建工程"选项，在弹出的"新建工程设置"对话框中，选择 TPC 类型为"TPC7062K"，单击"确认"后，就会在组态界面上弹出如图 6-32 所示的工作台。这时组态软件新建了一个工程，用"工作台"窗口来管理构成用户应用系统的各个部分。工作台上的 5 个标签为主控窗口、设备窗口、用户窗口、实时数据库和运行策略，每一个标签负责管理用户应用系统的一个部分。

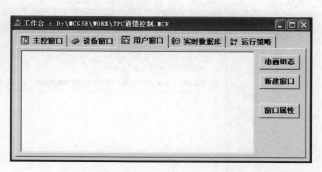

图 6-32　MCGS 组态界面上的工作台

在 MCGS 嵌入版中，每个应用系统只能有一个主控窗口和一个设备窗口，但可以有多个用户窗口和多个运行策略，实时数据库中也可以有多个数据对象。

1）主控窗口确定了工业控制中工程作业的总体轮廓，以及运行流程、特性参数和启动特性等内容，是应用系统的主框架。

2）设备窗口专门用来放置不同类型和功能的设备构件，实现对外部设备的操作和控制。设备窗口通过设备构件把外部设备的数据采集进来，送入实时数据库，或把实时数据库中的数据输出到外部设备。

3）用户窗口是屏幕中的一块空间，是一个"容器"，直接提供给用户使用。在窗口内，用户可以放置不同的构件，创建图形对象并调整画面的布局，组态配置不同的参数以完成不同的功能。

用户窗口中可以放置 3 种不同类型的图形对象：图元、图符和动画构件。通过在用户窗口内放置不同的图形对象，用户可以构造各种复杂的图形界面，用不同的方式实现数据和流程的"可视化"。

4）实时数据库是一个数据处理中心，同时也起到公共数据交换区的作用。从外部设备采集来的实时数据送入实时数据库，系统其他部分操作的数据也来自于实时数据库。

5）运行策略本身是系统提供的一个框架，里面放置由策略条件构件和策略构件组成的"策略行"，通过对运行策略的定义，使系统能够按照设定的顺序和条件操作任务，实现对外部设备工作过程的精确控制。

4. 指示灯组态任务

任务要求：按下触摸屏上启动按钮或实际的启动按钮，指示灯亮；按下触摸屏或实际的停止按钮，指示灯灭。指示灯监控界面如图 6-33 所示。

（1）新建工程　双击桌面 MCGS 组态环境图标" "，进入 MCGS 组态环境，如图 6-34 所示。

在菜单"文件"中选择"新建工程"选项，在如图 6-35 所示的"新建工程设置"对话框中，选择实际触摸屏型号 TPC7062K，单击"确定"按钮。

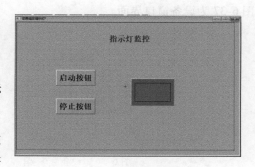

图 6-33　指示灯监控界面

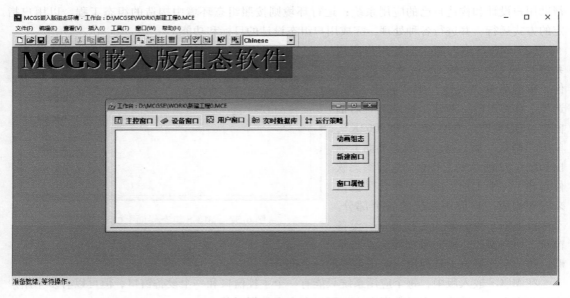

图 6-34　MCGS 组态环境

如果 MCGS 安装在 D 盘根目录下，则会在"D：\ MCGS \ WORK \ "下自动生成新建工程，默认的工程名为"新建工程 X. MCG"（X 表示新建工程的顺序号，如：0、1、2 等）。

在菜单"文件"中选择"工程另存为"选项，出现"另存为"对话框，工程名称为"指示灯"。单击"保存"按钮，完成工程的创建。

（2）设备连接　为了能够使触摸屏和 PLC 连接上，须把定义好的数据对象和 PLC 内部变量进行连接，具体操作步骤如下：

1）在工作台中激活设备窗口，双击"　设备窗口　"进入设备组态界面。

2）单击工具条中的工具箱"　"图标，打开"设备工具箱"如图 6-36 所示。

3）在可选设备列表中，双击"Siemens_1200"，图 6-37 为设备窗口界面。

图 6-35　"新建工程设置"对话框

图 6-36　设备工具箱

图 6-37　设备窗口界面

4）设置通信的 IP 地址。打开设备编辑窗口如图 6-38 所示，设置本地 IP 地址为：192.168.3.6（触摸屏的 IP 地址）；远端 IP 地址为：192.168.3.1（PLC 的 IP 地址）。

5）添加设备通道。单击"添加设备通道"按钮，出现"添加设备通道"对话框，如图 6-39 所示。

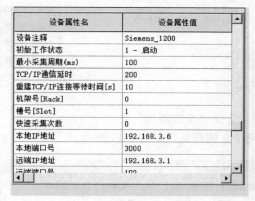

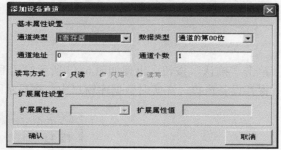

图 6-38　设备编辑窗口　　　　　　　　　图 6-39　"添加设备通道"对话框

设置通道类型：

① M 寄存器。数据类型：通道的第 00 位；通道地址：0；通道个数：2；读写方式：读写。单击"确认"按钮，完成基本属性设置。

② Q 寄存器。数据类型：通道的第 07 位；通道地址：0；通道个数：1；读写方式：读写。单击"确认"按钮，完成基本属性设置。

6）连接变量。双击"设备编辑窗口"，如图 6-40 所示，在 M0.0 前连接变量，

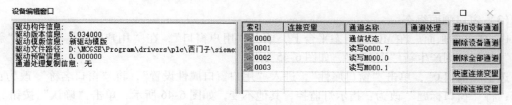

图 6-40　设备编辑窗口

弹出"变量选择"对话框，在"选择变量"中输入"触摸屏启动"，数据类型为开关型，如图 6-41 所示。

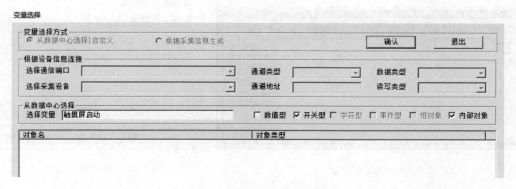

图 6-41　"变量选择"对话框

同样方法完成连接变量"触摸屏停止"和"指示灯",如图 6-42 所示。

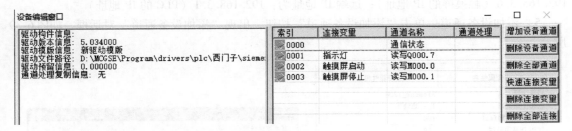

图 6-42　连接变量

单击"确认"按钮,出现如图 6-43 所示对话框,选择"全部添加"。

保存设备窗口,在实时数据库窗口中,将显示刚建立的变量,如图 6-44 所示。

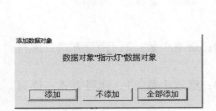

图 6-43　"添加数据对象"对话框

图 6-44　"实时数据库"窗口

(3) 窗口画面组态

1) 建立新画面。在 MCGS 组态平台上,单击"用户窗口",在"用户窗口"中单击"新建窗口"按钮,则产生新"窗口 0",如图 6-45 所示。

选中"窗口 0",单击"窗口属性",进入"用户窗口属性设置",将"窗口名称"改为:指示灯;将"窗口标题"改为:指示灯监控,其他不变,如图 6-46 所示,单击"确认"按钮。

图 6-45　新建用户窗口

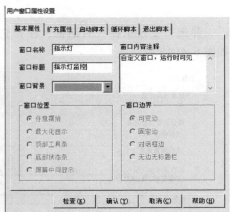

图 6-46　用户窗口属性设置

选中刚创建的"指示灯"用户窗口，单击"动画组态"，进入动画制作窗口。

2）制作文字框图。单击工具条中的"工具箱"按钮，打开动画工具箱，"▶"图标对应于选择器，用于在编辑图形时选取用户窗口中指定的图形对象。

① 建立文字框。选择"工具箱"内的标签"A"按钮，鼠标的光标变为十字形，在窗口任一位置拖拽鼠标，拉出一个一定大小的矩形框。

② 输入文字。建立矩形框后，光标在其内闪烁，可直接输入"指示灯监控"文字，按＜Enter＞键或在窗口任意位置用鼠标单击一下，结束文字输入过程。如果用户想改变矩形内的文字，先选中文字标签，按＜Enter＞键或空格键，光标显示在文字起始位置，即可进行文字的修改。

③ 设置框图颜色及文字大小。设定文字框颜色：选中文字框，按工具条上的"▥"（填充色）按钮，设定文字框的背景颜色（设为无填充色）；按"▥"（线色）按钮改变文字框的边线颜色（设为没有边线）。设定的结果是，不显示框图，只显示文字。

设定文字的颜色：按"▦"（字符颜色）按钮，改变文字颜色（设为蓝色）。

设定文字的大小：按"Aa"（字符字体）按钮改变文字字体和大小，字体设置如图 6-47 所示。

3）按钮组态。从工具箱中单击选中"标准按钮"构件，鼠标的光标变为十字形，在窗口编辑位置按住鼠标左键，拖拽出一定大小后，松开鼠标左键，这样一个按钮构件就绘制在了窗口画面中，上面显示名称"按钮"。双击按钮，打开"标准按钮构件属性设置"对话框，在"基本属性"选项卡中将文本改为"启动按钮"，如图 6-48 所示。

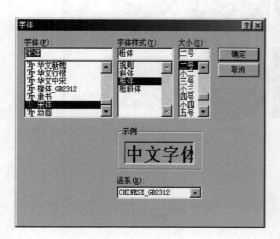

图 6-47 字体设置

图 6-48 基本属性选项卡

在"操作属性"选项卡中勾选"数据对象值操作"，数据对象指定为"触摸屏启动"，抬起功能指定为"清0"，按下功能指定为"置1"，如图 6-49 所示。

同样方法设置停止按钮，"数据对象值操作"连接变量"触摸屏停止"。

4）指示灯组态。选择工具箱中的插入元件"▣"图标，从"对象元件库管理"中读取存盘的图形对象，如图 6-50 所示。

选择"指示灯6"，单击"确定"。所选中的指示灯出现在界面的左上角，可以改变其大小及位置。

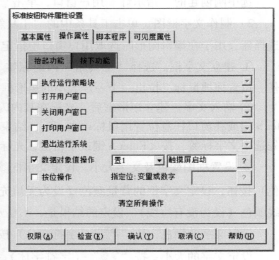

图 6-49　操作属性选项卡

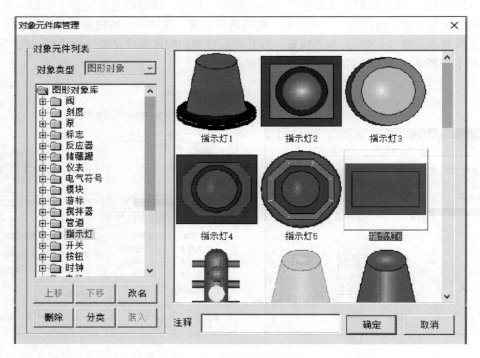

图 6-50　对象元件库管理

　　双击指示灯打开"单元属性设置"对话框，"填充颜色"连接变量"指示灯"，如图 6-51 所示，单击"确认"按钮，指示灯组态完成。

　　（4）下载组态监控程序　单击工具条中的下载按钮，进行下载配置。出现"下载配置"对话框，如图 6-52 所示，选择"联机运行"，连接方式为"TCP/IP 网络"，目标机名为"192.168.3.6"，通信测试成功后，单击"工程下载"，将工程下载到触摸屏。

图 6-51 "单元属性设置"对话框

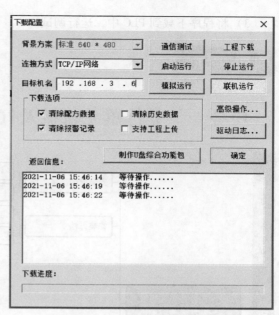

图 6-52 "下载配置"对话框

（5）PLC 程序

1）设置 PLC 的以太网地址为 192.168.3.1，如图 6-53 所示。

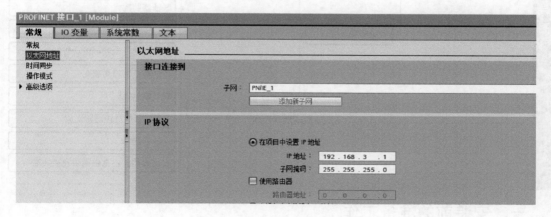

图 6-53 PLC 以太网地址设置

2）编写两地控制指示灯程序，如图 6-54 所示。

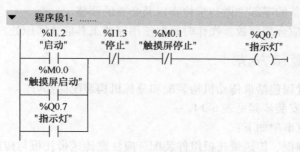

图 6-54 两地控制指示灯程序

3) 将程序下载到 PLC 中，运行调试。

项目实施

任务一　分拣单元机械及气动元件安装与调试

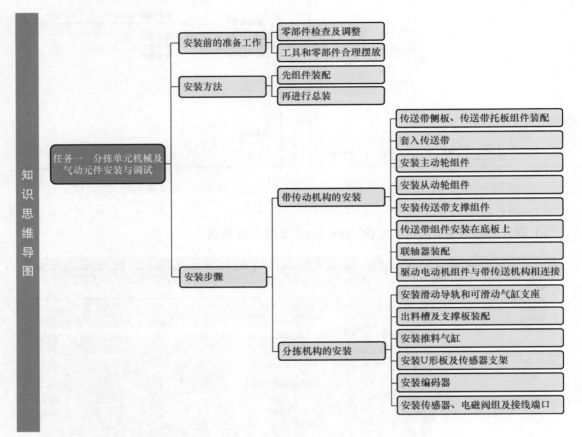

一、安装前的准备工作

必须强调做好安装前的准备工作，养成良好的工作习惯和操作规范，这是培养工作素质的重要步骤。

1) 安装前应对设备的零部件做初步检查以及必要的调整。

2) 工具和零部件应合理摆放，操作时每次使用完的工具应放回原处。

二、安装步骤和方法

分拣单元的装配过程包括带传动机构装配和分拣机构装配两部分。

1) 带传动机构的安装步骤见表6-14。

各安装步骤的注意事项如下：

步骤一：传送带侧板、传送带托板组件装配。应注意传送带托板与传送带两侧板的固定位置要调整好，以免传送带安装后凹入侧板表面，造成推料被卡住的现象。

表 6-14 带传动机构的安装步骤

步骤	步骤一 传送带侧板、传送带托板组件装配	步骤二 套入传送带
示意图		

步骤	步骤三 安装主动轮组件	步骤四 安装从动轮组件
示意图		

步骤	步骤五 安装传送带支撑组件	步骤六 传送带组件安装在底板上
示意图		

步骤	步骤七 联轴器装配	步骤八 驱动电动机组件与带传送机构相连接
示意图		

步骤三、四：主动轮组件和从动轮组件的安装。应注意：主动轴和从动轴的安装位置不能错，主动轴和从动轴安装板的位置不能相互调换。

步骤六：在底板上安装传送带组件并调整传送带张紧度。应注意传送带张紧度要调整适中，并保证主动轴和从动轴平行。

步骤八：连接驱动电动机组件与带传送机构，须注意联轴器的装配步骤：

① 将联轴器套筒固定在传送带主动轴上，且套筒与轴承座距离 0.5mm（用塞尺测量）。

② 电动机预固定在支架上，不要完全紧定，然后将联轴器套筒固定在电动机主轴上，接着把组件安装到底板上，同样不要完全紧定。

③ 将弹性滑块放入传送带主动轴套筒内，沿支架上下移动电动机，使两套筒对准。

④ 套筒对准之后，紧定电动机与支架连接的 4 个螺栓；用手扶正电动机之后，紧定支架与底板连接的两个螺栓。

2）分拣机构的安装步骤见表 6-15。

表 6-15　分拣机构的安装步骤

步骤	步骤一　安装滑动导轨和可滑动气缸支座	步骤二　出料槽及支撑板装配
示意图		

步骤	步骤三　安装推料气缸	步骤四　安装 U 形板及传感器支架
示意图		

步骤	步骤五　安装编码器	步骤六　安装传感器、电磁阀组及接线端口
示意图		

⊙微知识

编码器安装的注意事项

安装时，首先把编码器旋转轴的中空孔插入传送带主动轴，紧定编码器轴端的紧定螺栓。然后将固定编码器本体的板簧用螺栓连接到进料口 U 形板的两个螺孔上，注意不要完全紧定，接着用手拨动电动机轴使编码器轴随之旋转，调整板簧位置，直到编码器无跳动，再紧定两个螺栓。

3）图 6-55 为分拣单元组装图。

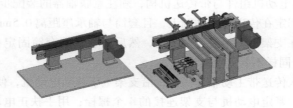

分拣单元组装
过程

图 6-55　分拣单元组装图

任务二　分拣单元气动控制回路分析安装与调试

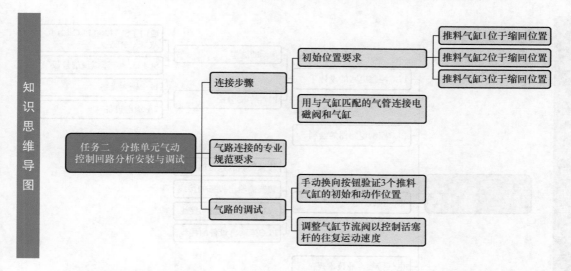

一、连接步骤

从汇流板开始，按如图 6-56 所示的气动控制回路用直径为 4mm 的气管连接电磁阀、气缸，然后用直径为 6mm 的气管完成气源处理器与汇流板进气孔之间的连接。

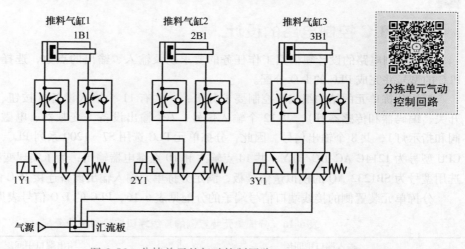

图 6-56　分拣单元的气动控制回路

二、气路连接的专业规范要求

参考项目二供料单元气路连接的专业规范要求。

三、气路的调试

1）用电磁阀上的手动换向按钮验证推料气缸 1、推料气缸 2 和推料气缸 3 的初始和动作位置是否正确。

2）调整气缸节流阀以控制活塞杆的往复运动速度，使得气缸动作时无冲击、卡滞现象。

任务三　分拣单元电气系统分析安装与调试

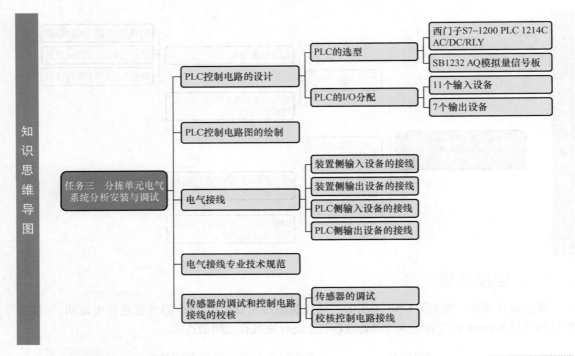

知识思维导图

任务三　分拣单元电气系统分析安装与调试

- PLC控制电路的设计
  - PLC的选型
    - 西门子S7-1200 PLC 1214C AC/DC/RLY
    - SB1232 AQ模拟量信号板
  - PLC的I/O分配
    - 11个输入设备
    - 7个输出设备
- PLC控制电路图的绘制
- 电气接线
  - 装置侧输入设备的接线
  - 装置侧输出设备的接线
  - PLC侧输入设备的接线
  - PLC侧输出设备的接线
- 电气接线专业技术规范
- 传感器的调试和控制电路接线的校核
  - 传感器的调试
  - 校核控制电路接线

一、PLC 控制电路的设计

分拣单元电气系统分析安装与调试

　　PLC 控制电路的设计须根据工作任务的要求以及输入、输出的点数，选择 PLC 的型号并完成 PLC 的 I/O 分配。

　　根据分拣单元的结构组成及控制要求分析，一共有 11 个输入设备（按钮、开关、编码器和传感器等），共 12 个输入信号；7 个输出设备（变频器、电磁阀和指示灯），共 8 个输出信号。因此，分拣单元 PLC 选用 S7-1200 系列 PLC，CPU 型号为 1214C AC/DC/RLY，共 14 点输入和 10 点继电器输出；为了实现变频器模拟量控制，选用型号为 SB1232 AQ 的模拟量信号板，满足分拣单元输入输出设备连接 PLC 的需求。

　　分拣单元装置侧的接线端口信号端子的分配见表 6-16，PLC 的 I/O 信号表见表 6-17。

表 6-16　分拣单元装置侧的接线端口信号端子的分配

输入端口中间层			输出端口中间层		
端子号	设备符号	信号线	端子号	设备符号	信号线
2	CODER	旋转编码器 A 相	2	1Y	推杆 1 电磁阀
3		旋转编码器 B 相	3	2Y	推杆 2 电磁阀
5	BG1	进料口检测传感器	4	3Y	推杆 3 电磁阀
6	BG2	电感式传感器			
7	BG3	光纤传感器 2			
9	1B	推杆 1 推出到位			
10	2B	推杆 2 推出到位			
11	3B	推杆 3 推出到位			
4、8 及 12～17 端子没有连接			5～14 端子没有连接		

表 6-17　分拣单元 PLC 的 I/O 信号表

输入信号					输出信号				
序号	PLC 输入点		信号名称	信号来源	序号	PLC 输出点		信号名称	信号来源
	S7-1200					S7-1200			
1	Ia.0	I0.0	编码器 A 相	装置侧	1	Qa.0	Q0.0	正转	变频器
2	Ia.1	I0.1	编码器 B 相		2	Qa.1	Q0.1	速度	
3	Ia.3	I0.3	进料口检测传感器（BG1）		3	Qa.2	Q0.2	推杆 1 电磁阀（1Y）	装置侧
					4	Qa.3	Q0.3	推杆 2 电磁阀（2Y）	
4	Ia.4	I0.4	电感式传感器（BG2）		5	Qa.4	Q0.4	推杆 3 电磁阀（3Y）	
5	Ia.5	I0.5	光纤传感器（BG3）		6	Qa.7	Q0.7	黄灯（HL1）	指示灯模块
6	Ia.7	I0.7	推杆 1 到位检测（1B）		7	Qb.0	Q1.0	绿灯（HL2）	
7	Ib.0	I1.0	推杆 2 到位检测（2B）		8	Qb.1	Q1.1	红灯（HL3）	
8	Ib.1	I1.1	推杆 3 到位检测（3B）						
9	Ib.2	I1.2	启动按钮（SB1）	按钮/指示灯模块	9	AQW2		模拟量输出	变频器
10	Ib.3	I1.3	停止按钮（SB2）						
11	Ib.4	I1.4	急停按钮（QS）						
12	Ib.5	I1.5	单站/全线（SA）						

二、PLC 控制电路图的绘制

图 6-57 为 S7-1200 系列 PLC 的控制电路图。各传感器用电源由外部直流电源提供，没有使用 PLC 内置的 DC 24V 传感器电源。

三、电气接线

电气接线包括，在工作单元装置侧完成各传感器、电磁阀和电源端子等引线到装置侧接线端口之间的接线，装置侧输入设备的接线图如图 6-58 所示，装置侧输出设备的接线图如图 6-59 所示。在 PLC 侧进行电源连接、I/O 点接线等，PLC 侧输入设备的接线图如图 6-60 所示，PLC 侧输出设备的接线图如图 6-61 所示。全部接线完成后，用专用连接电缆连接装置侧端口和 PLC 侧端口。

微知识

分拣单元电气接线要点

1）分拣单元所使用的旋转编码器的接线要求：①白色引出线为 A 相线，绿色引出线为 B 相线；②编码器的正极电源引线（红色）须连接到装置侧接线端口的 +24V 稳压电源端子上，不要连接到带有内阻的电源端子 Vcc 上。

2）变频器必须接地且与电动机的接地端子连接。主电路接线与控制电路接线应尽量分开，控制电路连接线应采用屏蔽线，屏蔽层可连接到 PLC 侧。接线后的校验以万用表为主。

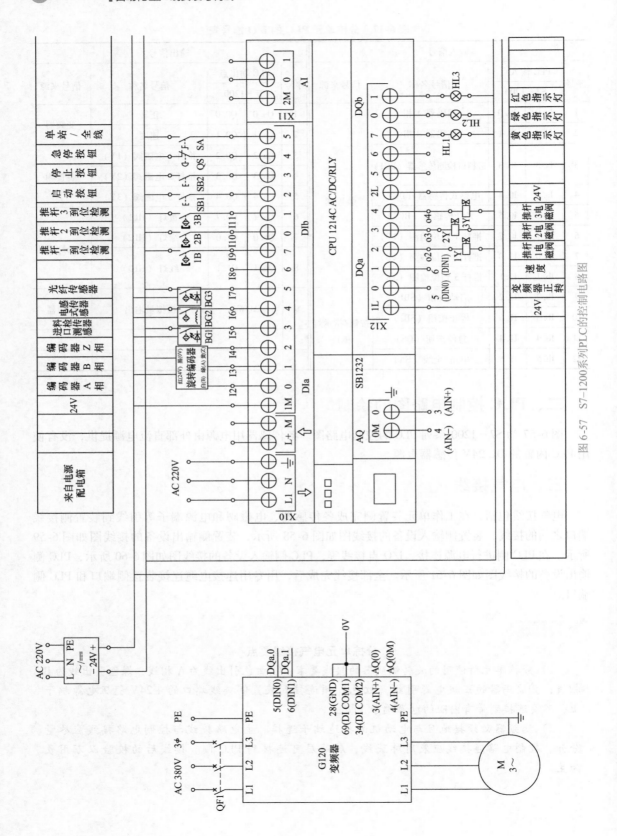

图 6-57 S7-1200系列PLC的控制电路图

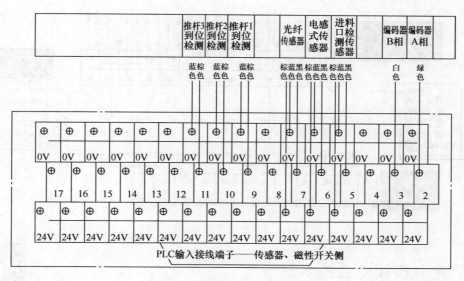

图 6-58　装置侧输入设备的接线图

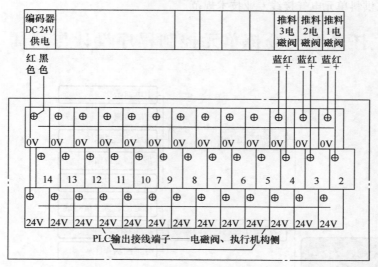

图 6-59　装置侧输出设备的接线图

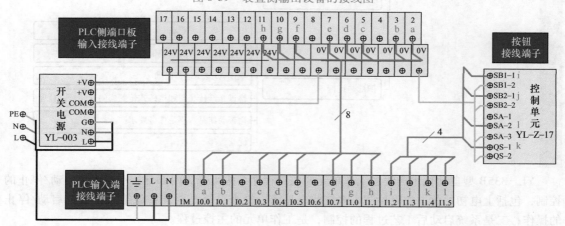

图 6-60　PLC 侧输入设备的接线图

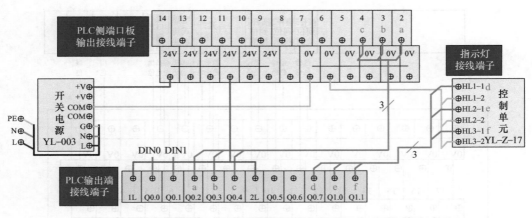

图 6-61　PLC 侧输出设备的接线图

四、电气接线专业技术规范

参考项目二供料单元电气接线专业技术规范。

分拣单元控制
程序设计与
调试

任务四　分拣单元控制程序设计与调试

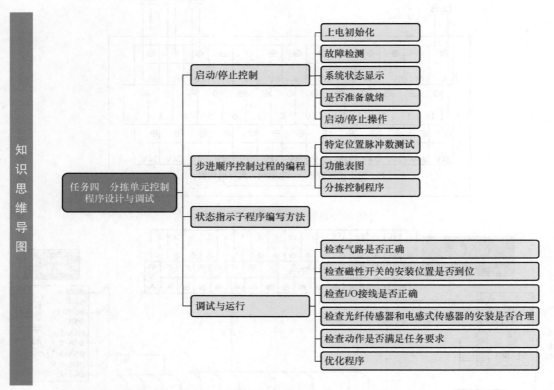

YL-335B 型自动化生产线各工作单元的控制程序结构可分为两部分，一是系统启动/停止的控制，包括上电初始化、故障检测、系统状态显示、检查系统是否准备就绪以及系统启动/停止的操作；二是系统启动后工艺过程的控制，是工作单元的主控过程。

一、启动/停止控制

系统启动/停止控制的流程图如图 6-62 所示，说明如下：

1）PLC 上电初始化后，调用状态指示子程序，通过指示灯显示系统当前状态。接着控制流程根据当前运行状态（启动或停止）分为两条支路。

2）如果当前运行状态标志为 OFF，即进入系统启动操作流程，完成系统的启动。

3）如果当前运行状态标志为 ON，则进行工艺过程的步进顺序控制，同时在每一扫描周期监视停止按钮有无按下，若按下停止按钮则发出停止指令，当步进顺序控制返回到初始步时，停止系统运行。状态监控及启停部分编程步骤见表 6-18。

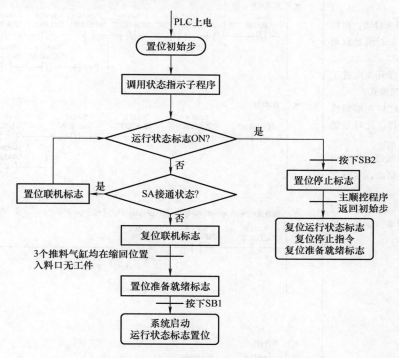

图 6-62 分拣单元系统启动/停止控制的流程图

表 6-18 状态监控及启停部分编程步骤

编程步骤	梯形图
1）PLC 上电初始化后，调用状态指示子程序，通过指示灯显示系统当前状态	▼ 程序段1： …… %M1.0 "FirstScan" ——┤├—————— %M5.0 "初态检查" (S) %M2.0 "准备就绪" (R) %M3.0 "运行状态" (R) %M20.0 "初始步" (R) ▼ 程序段2： …… %M1.2 "AlwaysTRUE" ——┤├—————— %FC2 "状态指示" EN ENO

（续）

编程步骤	梯形图
	程序段3: ...... %M3.0 "运行状态" / %I1.5 "方式切换" / — [SR] %M3.4 "联机方式" — S Q %M3.0 "运行状态" / %I1.5 "方式切换" / — R1

2）如果系统尚未启动，则检查系统当前状态是否满足启动条件：

①工作模式选择开关应置于单站模式（非联机模式）

②3个推料气缸均在缩回位置，入料口无工件，此时系统准备就绪

③若系统准备就绪，按下启动按钮，则系统启动，运行状态标志被置位

④运行状态标志置位后，写入变频器运行频率，调用分拣控制子程序

程序段4: ......

%I0.3 "入料检测" — %I0.7 "推杆1到位" / %I1.0 "推杆2到位" / %I1.1 "推杆3到位" / %M5.0 "初态检查" — %M3.0 "运行状态" / %M2.0 "准备就绪" / %M2.0 "准备就绪" (S)

%M3.0 "运行状态" / %M2.0 "准备就绪" / [NOT] — %M2.0 "准备就绪" (R)

程序段5: ......

%I1.2 "启动按钮" — %M3.4 "联机方式" / %M2.0 "准备就绪" — %M3.0 "运行状态" / — %M3.0 "运行状态" (S)

%M20.0 "初始步" (S)

程序段6: 0～27648数字量对应0～50Hz 1Hz=552.96

%M3.0 "运行状态" — %M3.4 "联机方式" — [MUL Int] — EN — ENO

553 — IN1 — OUT — %MW10 "变频器频率"

30 — IN2

程序段7: ......

%M3.0 "运行状态" — [%FC1 "分拣控制"] EN — ENO

3）如果系统已经启动，则程序应在每一个扫描周期检查有无停止按钮按下，若出现上述事件，将发出停止指令。停止指令发出后当顺序控制过程返回初始步时，复位运行状态标志及响应停止指令，系统停止运行

程序段8: ......

%M3.4 "联机方式" / %I1.3 "停止按钮" — %M3.0 "运行状态" — %M3.1 "停止指令" (S)

程序段9: ......

%M3.1 "停止指令" — %M20.0 "初始步" — %M3.0 "运行状态" (R)

%M3.1 "停止指令" (R)

%M20.0 "初始步" (R)

二、步进顺序控制过程的编程

1. 特定位置脉冲数测试

编制程序前应编写和运行一个测试程序，现场测试传送带上各特定位置（包括各推料气缸中心位置、检测区出口位置）的脉冲数，获得各特定点对以进料口中心点为基准原点的坐标值。进一步编制控制程序时，将测试获得的坐标值数据作为已知数据存储，供程序调用。

测试方法有多种，例如可用如下方法：在进料口中心位置放下一个工件，按下按钮 SB2 使高速计数器清零，然后按下按钮 SB1，电动机运行，当工件中心点到达某一希望的位置时，松开按钮 SB1，电动机立即停止。从编程软件的监控界面上读取高速计数器当前值并加以记录，此值即为该特定点对以进料口中心点为基准原点的坐标值。测试程序见表 6-19。

表 6-19　特定位置脉冲数测试程序

编程步骤	梯形图
1）高速计数器清零：按下停止按钮，高速计数器 HSC1 清零	程序段1：…… %I1.3 "停止按钮" %DB3 "CTRL_HSC_0_DB" CTRL_HSC EN — ENO 257 — ESC　BUSY — False False — DIR　STATUS — 16#0 1 — CV 1 — RV False — PERIOD 0 — NEW_DIR 0 — NEW_CV 0 — NEW_RV 0 — NEW_PERIOD
2）电动机速度	程序段2：…… 注释 MOVE EN — ENO 10000 — IN OUT1 — %QW2 "模拟量输出"
3）测试脉冲实际个数：按下启动按钮，电动机运转，到达指定位置松开启动按钮，读取高速计数器的位置脉冲数	程序段3：…… %I1.2 "启动按钮" %ID1000 "高速计数器当前值" < DInt 10000 %Q0.0 "电动机正转" —( )

根据任务安装尺寸要求，计算理论脉冲数，利用测试程序测试实际脉冲数并记录，填入表 6-20。

表 6-20　脉冲数测试表格

测试点	安装位置尺寸	理论脉冲数	实际脉冲数
光纤传感器位置			
金属传感器位置			
推料气缸 1 中心位置			
推料气缸 2 中心位置			
推料气缸 3 中心位置			

2. 功能表图

分拣单元工艺过程要求不同属性工件分别在 3 个出料槽被推出，因此工艺过程的步进程序具有 3 个选择分支，图 6-63 为步进顺序控制的流程图。

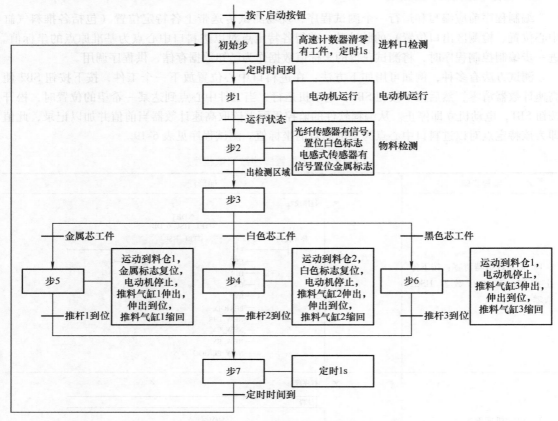

图 6-63　步进顺序控制的流程图

3. 分拣控制程序

根据图 6-63，编写分拣控制程序，编程步骤见表 6-21。

表 6-21　步进顺序控制过程具体编程步骤

编程步骤	梯形图
1）进料口检测步：系统运行后，高速计数器清零，检测进料口是否有工件，确认有工件，延迟 1s，定时时间到转换到下一步	（见梯形图：程序段1……，含 %M20.0 "初始步"、%DB2 "CTRL_HSC_0_DB" CTRL_HSC、%I0.3 "入料检测"、%M3.4 "联机方式"、%M3.0 "运行状态"、%M3.1 "停止指令"、TON 定时器、%M20.1 "Tag_1"、%M20.0 "初始步"等）

（续）

编程步骤	梯形图
2）传送带运转：系统运行，电动机以给定的频率转动，然后转换到下一步	
3）物料检测：传送带运行到金属检测传感器及光纤检测传感器区域，传感器有信号时进行标记。光纤检测传感器有信号，标记白芯；金属检测传感器有信号，标记为金属。高速计数器运行到500个脉冲的位置转换到下一步	
4）分拣：如果白芯标志有信号、金属标志没信号，为白色料芯，转换到M20.4步；金属标志有信号为金属料芯，转换到M20.5步；白芯标志没信号为黑色料芯，转换到M20.6步	

（续）

编程步骤	梯形图
5）金属工件推出步：传送带运动到料仓 1，金属标志复位，电动机停止，驱动推料气缸 1 伸出，伸出到位后推料气缸 1 缩回，转换到下一步	**程序段5：工位1** %M20.5 "Tag_6" —┤├— %ID1000 "高速计数器 当前值" >= DInt 800 —( )— %M4.0 "金属标志" (R) —( )— %Q0.0 "电动机正转" (R) %Q0.0 "电动机正转" —┤N├— %M9.0 "Tag_8" —( )— %Q0.2 "槽1驱动" (S) %I0.7 "推杆1到位" —┤P├— %M9.1 "Tag_9" —( )— %M20.7 "Tag_10" (S) —( )— %M20.5 "Tag_6" (R) —( )— %Q0.2 "槽1驱动" (R)
6）白色工件推出步：传送带运动到料仓 2，白芯标志复位，电动机停止，驱动推料气缸 2 伸出，伸出到位后推料气缸 2 缩回，转换到下一步	**程序段6：工位2** %M20.4 "Tag_5" —┤├— %ID1000 "高速计数器 当前值" >= DInt 970 —( )— %M4.1 "白芯标志" (R) —( )— %Q0.0 "电动机正转" (R) %Q0.0 "电动机正转" —┤N├— %M9.2 "Tag_11" —( )— %Q0.3 "槽2驱动" (S) %I1.0 "推杆2到位" —┤P├— %M9.3 "Tag_12" —( )— %M20.7 "Tag_10" (S) —( )— %M20.4 "Tag_5" (R) —( )— %Q0.3 "槽2驱动" (R)
7）黑色工件推出步：传送带运动到料仓 3，电动机停止，驱动推料气缸 3 伸出，伸出到位后推料气缸 3 缩回，转换到下一步	**程序段7：工位3** %M20.6 "Tag_7" —┤├— %ID1000 "高速计数器 当前值" >= DInt 1350 —( )— %Q0.0 "电动机正转" (R) %Q0.0 "电动机正转" —┤N├— %M9.4 "Tag_13" —( )— %Q0.4 "槽3驱动" (S) %I1.1 "推杆3到位" —┤P├— %M9.5 "Tag_14" —( )— %M20.7 "Tag_10" (S) —( )— %M20.6 "Tag_7" (R) —( )— %Q0.4 "槽3驱动" (R)

（续）

编程步骤	梯形图
8）驱动机构返回步：延迟1s，返回初始步，等待再次启动	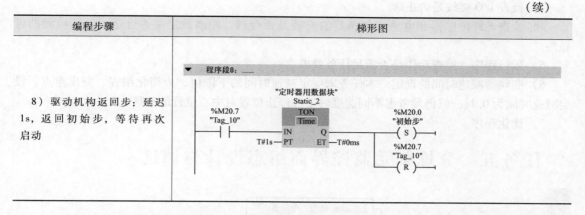

本工作任务的分拣要求并不复杂，但要准确判别工件属性、在目标料槽气缸中心位置平稳地推出工件，则需要进行细致的调试。

三、状态指示子程序编写方法

根据控制要求，分拣单元有两个指示灯，分别是 HL1 指示灯和 HL2 指示灯，具体的亮灭控制要求总结分析见表 6-22，状态指示子程序如图 6-64 所示。

表 6-22　指示灯亮灭控制要求总结分析

序号	控制要求	HL1 指示灯状态	HL2 指示灯状态
1	工作单元准备好	常亮	熄灭
2	工作单元没有准备好	1Hz 频率闪烁	熄灭
3	工作单元运行过程中	常亮	常亮
4	工作单元停止工作	常亮	熄灭

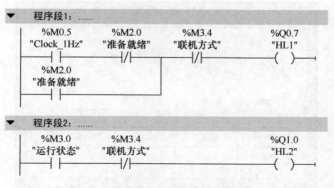

图 6-64　分拣单元状态指示子程序

四、调试与运行

1）调整气动部分，检查气路是否正确、气压是否合理及气缸的动作速度是否合理。

2）检查磁性开关的安装位置是否到位、磁性开关工作是否正常。

3）检查 I/O 接线是否正确。

4）检查光纤传感器和电感式传感器的安装是否合理、距离设定是否合适，保证检测的可靠性。

5）运行程序，检查动作是否满足任务要求。

6）变频器减速时间的设定。本任务未规定减速时间的下限值，为简化编程、突出重点，设定减速时间为 0.1s，但仍须考虑不同速度时工件停止位置对中心位置的偏移。

7）优化程序。

任务五 分拣单元监控界面组态设计与调试

知识思维导图

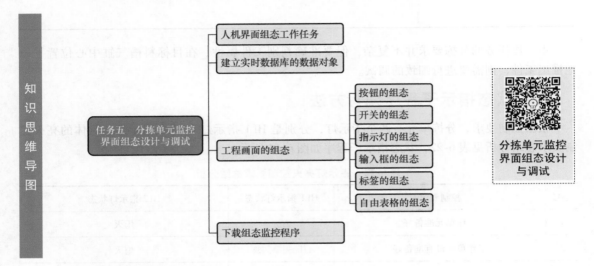

一、人机界面组态工作任务

分拣单元运行监控界面如图 6-65 所示。

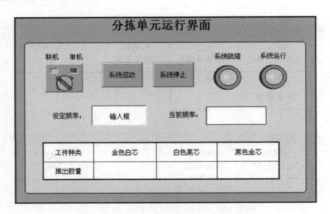

图 6-65 分拣单元运行监控界面

画面元件包括按钮、开关、指示灯、输入框、标签和自由表格，其连接变量、功能及地址见表 6-23。

表 6-23 分拣单元运行界面元件功能

画面元件		变量名称	类型	地址	功 能
按钮	系统启动	启动	开关型	M30.0	发出系统启动命令
	系统停止	停止	开关型	M30.1	发出系统停止命令
开关	联机/单机	联机	开关型	I300.5	是否联机
指示灯	系统就绪	准备就绪	开关型	M2.0	显示系统运行前是否就绪
	系统运行	系统运行	开关型	M3.0	显示系统当前是否处于运行状态
输入框	设定频率	设定频率	数值型	IW301	设定变频器输出频率值
标签	当前频率	输出频率	数值型	MW10	实时显示变频器当前运行频率
自由表格	金芯推出数量	金芯个数	数值型	MW40	显示已分拣到槽 1 的金属芯工件个数
	白芯推出数量	白芯个数	数值型	MW42	显示已分拣到槽 2 的白芯工件个数
	黑芯推出数量	黑芯个数	数值型	MW44	显示已分拣到槽 3 的黑芯工件个数

二、建立实时数据库的数据对象

为了能够使触摸屏和 PLC 通信连接上，须把定义好的数据对象和 PLC 内部变量进行连接，具体操作步骤如下：

1）在工作台中激活设备窗口，双击"　设备窗口　"进入设备组态界面。

2）单击工具条中的工具箱"🔧"图标，打开"设备工具箱"。

3）在可选设备列表中，双击"Siemens_1200"。

4）以太网地址设置。设置本地 IP 地址为：192.168.3.6；远端 IP 地址为：192.168.3.5（分拣单元 PLC 以太网地址）。

5）通道设置及变量连接。根据表 6-23 添加设备通道、连接变量，设备编辑窗口如图 6-66所示。

图 6-66 设备编辑窗口

单击"确认"按钮后，添加所有变量，在实时数据库中将生成所添加的变量，如图 6-67 所示。

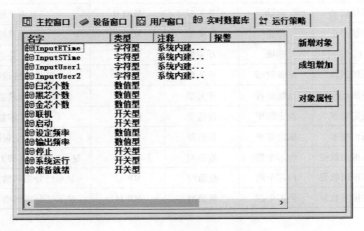

图 6-67　实时数据库

三、工程画面的组态

1. 按钮的组态

从工具箱中单击选中"标准按钮"构件，鼠标的光标变为十字形，在窗口编辑位置按住鼠标左键，拖拽出一定大小后，松开鼠标左键，这样一个按钮构件就绘制在了窗口画面中，上面显示名称"按钮"。双击按钮，打开"标准按钮构件属性设置"对话框，在"基本属性"选项卡中将文本改为"系统启动"，在"操作属性"选项卡中勾选"数据对象值操作"，数据对象指定为"启动"，抬起功能指定为"清0"，按下功能指定为"置1"，如图 6-68 所示。

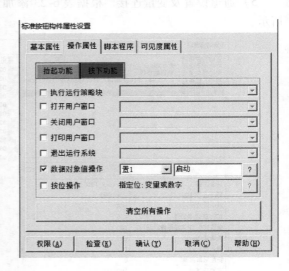

图 6-68　按钮的组态

同样方法组态系统停止按钮，"数据对象值操作"连接变量"停止"。

2. 开关的组态

单击绘图工具箱中的"插入元件"图标，弹出"对象元件库管理"对话框，选择"开关6"，添加旋钮开关如图 6-69 所示，单击"确认"按钮。

双击旋钮，弹出"单元属性设置"对话框。为数据对象选项卡的"按钮输入"和"可见度"连接数据对象"联机"，旋钮开关变量连接如图 6-70 所示。

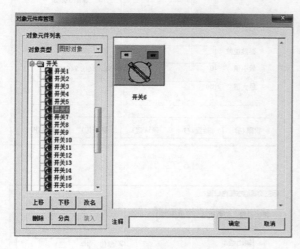

图 6-69　添加旋钮开关　　　　　　图 6-70　旋钮开关变量连接

3. 指示灯的组态

1）单击绘图工具箱中的"插入元件"图标，弹出"对象元件库管理"对话框，选择"指示灯3"，单击"确认"按钮。双击指示灯，弹出"单元属性设置"对话框。

2）在"数据对象"选项卡中，单击"可见度"，从数据中心选择"准备就绪"变量，如图 6-71 所示。

同样方法组态系统运行指示灯，"可见度"连接变量"系统运行"。

4. 输入框的组态

1）选中"工具箱"中的"输入框"图标，拖动鼠标，绘制 1 个输入框。

2）双击输入框，进行属性设置，只需要设置操作属性。数据对象名称：设定频率；使用单位：Hz；最小值：0；最大值：50；小数位数：0。设置结果如图 6-72 所示。

5. 标签的组态

1）选中"工具箱"中的"标签"图标，拖动鼠标，绘制 1 个显示框。

2）双击显示框，出现对话框，在输入输出连接域中，选中"显示输出"选项，在"标签动画组态属性设置"对话框中则会出现"显示输出"标签，如图 6-73 所示。

3）单击"显示输出"标签，设置显示输出属性。表达式：输出频率；使用单位：Hz；小数位数：0。设置结果如图 6-74 所示。

6. 自由表格的组态

1）选中"工具箱"中的自由表格"▦"图标，拖动鼠标，绘制 1 个自由表格。然后删除 2 行，编辑模式如图 6-75 所示。

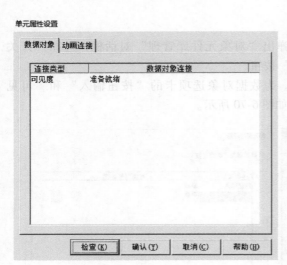

图 6-71　指示灯的组态

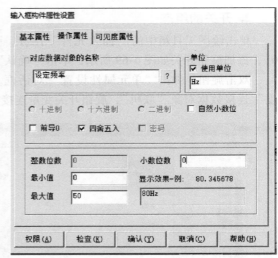

图 6-72　输入框的组态

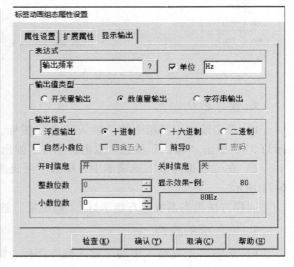

图 6-73　标签动画组态属性设置

图 6-74　设置"显示输出"

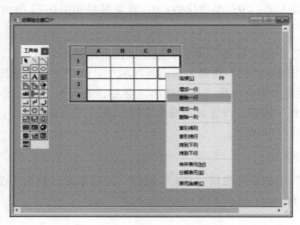

图 6-75　自由表格编辑模式

2）在表格中输入内容，如图6-76所示。

工件种类	白芯	黑芯	金芯
推出数量			

图 6-76　输入内容

3）连接变量。右击单元格，选择连接，切换到连接模式，如图6-77所示。

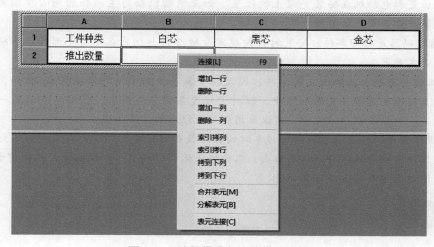

图 6-77　编辑模式与连接模式切换

输入变量如图6-78所示。

连接	A*	B*	C*	D*
1*				
2*		白芯个数	黑芯个数	金芯个数

图 6-78　输入变量

四、下载组态监控程序

单击工具条中的下载"⬛↓"按钮，进行下载配置。出现下载配置对话框如图6-79所示，选择联机运行，连接方式为"TCP/IP 网络"，目标机名为"192.168.3.6"，通信测试成功后，单击"工程下载"，将工程下载到触摸屏。

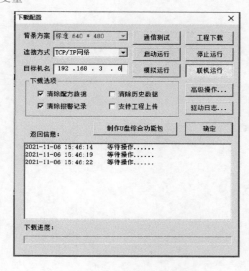

图 6-79　下载配置对话框

项目小结

1）分拣单元设备部件的安装中，带传动机构是安装的关键。须着重注意如下几点：

① 保证主动轴和从动轴有足够高的平行度，以及适中的传送带张紧度。否则运行时会出现传送带跑偏或打滑的现象。

② 按规定的步骤进行联轴器装配。为了使联轴器两个套筒对准，应仔细反复地调整电动机组件的安装位置和电动机在安装支架上的位置。如果电动机轴与主动轴的同心度偏差过大，会使运行时振动严重甚至无法运行。

③ 旋转编码器是精密部件，安装时应按规定步骤进行，切忌在受力变形情况下将板簧勉强固定在传送带支座上。

2）本工作任务的分拣要求比较简单，因此在金属芯检测步（即检测区出口处），确定工件属性后就能直接确定选择分支的后续步，但对于较复杂的分拣要求，往往需要通过一系列逻辑算法才能确定。为了使程序结构化，建议采用调用子程序的方法实现。

3）传送带带动工件运行至推杆处停车时的脉冲数确定，是工件能否被准确推入到槽里的关键。为了使工件准确地从推杆中心点推出，工件停止运动时应有一个提前量，此提前量与变频器减速时间和运动速度有关，应仔细调整。

项目拓展

1）若分拣控制要求改为：系统启动后，每个料仓放入 5 个料，然后再放同种类型的料，系统停止。据此修改控制程序。

2）变频器选择数字量控制电动机转速，运行速度为 1000r/min，据此调试变频器参数设置并修改控制程序。

项目七

输送单元安装与调试

项目目标

1）掌握 MINAS A5 系列伺服电动机基本原理及电气接线，能使用伺服驱动器进行伺服电动机的控制，会设置伺服驱动器的参数。

2）掌握 S7－1200 PLC 运动控制指令的使用和编程方法，能编制实现伺服电动机定位控制的 PLC 程序。

3）掌握输送单元直线运动组件的安装和调整、电气配线的敷设，能在规定时间内完成输送单元的安装、编程及调试，能解决实际安装与运行过程中出现的常见问题。

项目描述

输送单元通过伺服装置驱动抓取机械手在直线导轨上运动，定位到指定单元的物料台处，并在该物料台上抓取工件，把抓取到的工件输送到指定地点放下，以实现传送工件的功能，如图 7-1 所示。根据安装与调试的工作过程，本项目主要完成输送单元机械部件的安装、气路连接和调整、装置侧与 PLC 侧电气接线和 PLC 程序的编写，最终通过机电联调实现输送单元总工作目标。

1）设备上电和气源接通后，若已确认工作单元各气缸均处于初始位置、原点位置，且机械手装置位于原点位置，则系统已在初始状态。这时指示灯黄灯 HL1 常亮，表示设备准备好。否则，该指示灯以 0.5Hz 频率闪烁。气缸初始位置是指：提升气

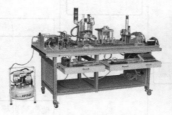

a）自动化生产线

b）输送单元

图 7-1　输送单元

缸在下限位、摆动气缸在右限位、伸缩气缸在缩回状态及气动手指在松开状态。

2）若系统不在初始状态，应断开伺服电源，手动移动机械手装置到直线导轨的中间位置。重新接通伺服电源，按下复位按钮 SB2 执行复位操作，使各个气缸满足初始位置的要求，且机械手装置回到原点位置。

当机械手装置回到原点位置，且各气缸满足初始位置的要求时，复位完成，指示灯 HL1 常亮。若按钮/指示灯模块的方式选择开关 SA 置于"单站方式"位置，按下启动按钮 SB1，设备启动，设备运行指示灯绿灯 HL2 也常亮，开始功能测试过程。

3）正常功能测试。

①抓取机械手装置从供料单元出料台抓取工件。

②抓取动作完成后，机械手装置向加工单元移动。到达加工单元物料台的正前方后，把工

件放到加工单元的物料台上。

③ 放下工件动作完成 2s 后，机械手装置执行抓取加工单元工件的操作。

④ 抓取动作完成后，机械手装置向装配单元移动。到达装配单元物料台的正前方后，把工件放到装配单元物料台上。

⑤ 放下工件动作完成 2s 后，机械手装置执行抓取装配单元工件的操作。

⑥ 抓取动作完成后，摆台逆时针旋转 90°，然后机械手装置向分拣单元移动。到达后在分拣单元进料口把工件放下。

⑦ 放下工件动作完成后，延时 2s，机械手手臂缩回，后退一段距离，摆台顺时针旋转 90°，然后返回原点。

⑧ 当机械手装置返回原点后，一个测试周期结束，系统停止运行。当供料单元的出料台上放置了工件时，可再按一次启动按钮 SB1，开始新一轮的测试。

4）系统运行的暂停测试。若在工作过程中按下急停按钮 QS，则系统立即停止运行。急停按钮复位后系统从暂停前的断点开始继续运行。

知识准备

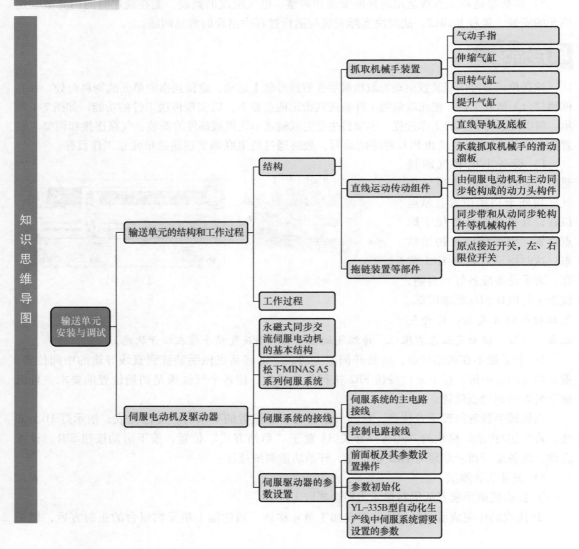

一、输送单元的结构和工作过程

输送单元装置侧由抓取机械手装置、直线运动传动组件和拖链装置等部件组成。该单元由安装在工作台面的装置侧部分和安装在抽屉内的 PLC 侧部分组成。装置侧的主要结构组成如图 7-2 所示。

以功能划分，输送单元装置侧的结构主要是抓取机械手装置和直线运动传动组件两部分。

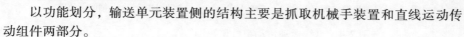

图 7-2　输送单元装置侧的主要结构组成

1—电磁阀组　2—左限位开关　3—接线端口　4—拖链装置　5—直线导轨机构　6—机械手装置
7—原点位置传感器　8—右限位开关　9—伺服电动机　10—伺服驱动器

1. 抓取机械手装置

抓取机械手装置能实现升降、伸缩、气动手指夹紧/松开和沿垂直轴旋转等 4 个自由度运动，该装置整体安装在直线运动传动组件的滑动溜板上，在传动组件带动下整体做直线往复运动，定位到其他各工作单元的物料台，然后完成抓取和放下工件的功能。该装置实物图如图 7-3 所示。

构成机械手装置的各部件功能如下：

1）气动手指：用于在各工作单元料台上抓取/放下工件，由双向电控阀控制。

2）伸缩气缸：用于驱动手臂伸出/缩回，由单向电控阀控制。

3）回转气缸：用于驱动手臂正反向 90°旋转，由双向电控阀控制。

4）提升气缸：用于驱动整个机械手提升/下降，由单向电控阀控制。

图 7-3　抓取机械手装置实物图

1—提升机构　2—回转气缸（摆动气缸）
3—气动手指及其夹紧机构　4—手臂伸缩气缸　5—导杆气缸安装板　6—提升气缸（薄型气缸）

2. 直线运动传动组件

直线运动传动组件是同步带传动机构，用以拖动抓取机械手装置做往复直线运动，完成精确定位的功能。组件由直线导轨及底板、承载抓取机械手的滑动溜板、由伺服电动机和主动同步轮构成的动力头构件、同步带和从动同步轮构件等机械构件，以及原点接近开关、左、右限位开关组成。该组件的俯视图如图 7-4 所示。

其中，伺服电动机由伺服电动机放大器驱动，通过同步轮和同步带带动滑动溜板沿直线导

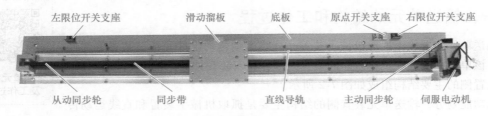

左限位开关支座　　　滑动溜板　　　底板　　　原点开关支座　右限位开关支座

从动同步轮　　　同步带　　　直线导轨　　　主动同步轮　　伺服电动机

图 7-4　直线运动传动组件俯视图

轨做往复直线运动，从而带动固定在滑动溜板上的抓取机械手装置做往复直线运动。同步轮齿距为 5mm，共 12 个齿，即旋转一周搬运机械手位移 60mm。

原点接近开关是一个电感式接近传感器，其安装位置提供了直线运动的原点信息。左、右限位开关均是有触点的微动开关，用来提供越程故障时的保护信号：当滑动溜板在运动中越过左或右极限位置时，限位开关会动作，从而向系统发出越程故障信号。原点接近开关和左、右限位开关安装在直线导轨底板上，原点接近开关和右限位开关如图 7-5 所示。输送单元操作示意图如图 7-6 所示。

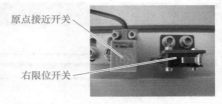

原点接近开关

右限位开关

图 7-5　原点接近开关和右限位开关

输送过程

图 7-6　输送单元操作示意图

3. 其他部件

除上述两个主要部分，输送单元装置侧还有拖链装置、电磁阀组、接线端口、线槽和底板等一系列其他部件。

二、伺服电动机及驱动器

伺服电动机常作为执行元件，把所收到的电信号转换成电动机轴上的角位移或角速度输出。伺服电动机分为直流和交流两大类，交流伺服电动机又分为同步和异步电动机。

微知识

伺服电动机与步进电动机的区别

首先控制方式不同：步进电动机是通过脉冲的个数控制转动角度；而伺服电动机通过脉冲时间的长短控制转动角度。其次是工作流程不同：步进电动机的工作一般需要两个脉冲（信号脉冲和方向脉冲）；伺服电动机的工作流程就是一个电源连接开关，再连接伺服电动机。

然后是低频特性不同：步进电动机在低速时易出现低频振动现象；而伺服电动机运转非常平稳，即使在低速时也不会出现振动现象。还有矩频特性不同；步进电动机的最高工作转速一般在 300~600r/min；伺服电动机在其额定转速以内一般为 2000r/min 或 3000r/min。最后是过载能力不同：步进电动机一般不具有过载能力；而伺服电动机具有较强的过载能力。

1. 永磁式同步交流伺服电动机的基本结构

永磁式同步交流伺服电动机在结构上由定子和转子两部分组成，如图 7-7 所示。其定子为硅钢片叠成的铁心和三相绕组，转子是由高矫顽力稀土磁性材料（例如钕铁硼）制成的磁极。为了检测转子磁极的位置，在电动机非负载端的端盖外面还安装上编码器。

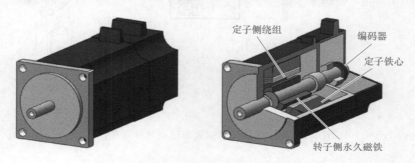

图 7-7 永磁式同步交流伺服电动机结构示意图

YL-335B 型自动化生产线采用 MINAS A5 系列 AC 伺服电动机和驱动器，其设定和调整简单；所配套的电动机采用了 20 位增量式编码器，在低刚性机器上有较高的稳定性，可在高刚性机器上进行高速高精度运转等，广泛应用于各种机器上。

2. MINAS A5 系列伺服系统

YL-335B 型自动化生产线的输送单元抓取机械手的运动控制装置所采用的 MINAS A5 系列的伺服电动机为 MSMD022G1S 型，配套的伺服驱动装置为 MADHT1507E 型。

MSMD022G1S 的含义："MSMD" 表示电动机类型为低惯量；"02" 表示电动机的额定功率为 200W；"2" 表示电压规格为 200V；"G" 表示编码器为增量式编码器，分辨率为 10000，输出信号线数为 5 根线；1S 表示标准设计，电动机结构有键槽、无保持制动器及无油封。

该伺服电动机外观及各部分名称如图 7-8 所示，伺服驱动器的外观和接口如图 7-9 所示。

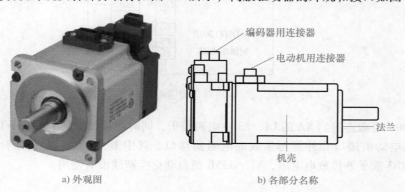

a) 外观图　　　　b) 各部分名称

图 7-8 YL-335B 型自动化生产线所使用的 A5 系列伺服电动机

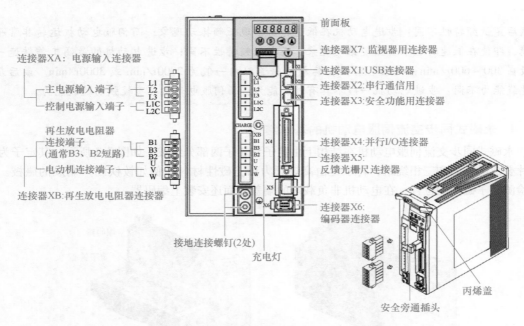

图 7-9　MADHT1507E 伺服驱动器的外观和接口

3. 伺服系统的接线

（1）伺服系统的主电路接线　MADHT1507E 伺服驱动器面板上有多个接线端口，YL－335B 型自动化生产线上伺服系统的主电路接线只使用了电源接口 XA、电动机连接接口 XB 和编码器接口 X6，伺服驱动器与伺服电动机的连接如图 7-10 所示。

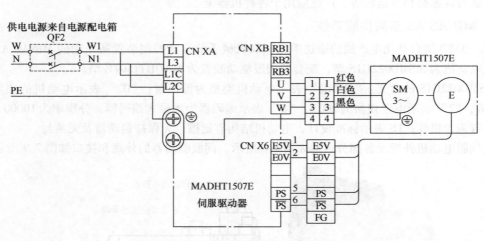

图 7-10　伺服驱动器与伺服电动机的连接

1）AC 220V 电源连接到 XA 的 L1、L3 主电源端子，同时连接到控制电源端子 L1C、L2C 上。

2）XB 是电动机接口和外置再生放电电阻器接口，其中 U、V、W 端子用于连接电动机；RB1、RB2、RB3 端子外接放电电阻，YL－335B 型自动化生产线没有使用。

微安全

进行伺服电动机接线时注意事项

1）交流伺服电动机的旋转方向不像感应电动机那样可以通过交换三相相序来改变，必须保证驱动器上的 U、V、W、E 接线端子与电动机主电路接线端子按规定的次序一一对应接线，否则可能造成驱动器的损坏。

2）电动机的接线端子和驱动器的接地端子必须保证可靠地连接到同一个接地点上。

3）X6 是连接到电动机编码器的信号接口，连接电缆应选用带有屏蔽层的双绞电缆，屏蔽层接到电动机侧的接地端子上，并且应确保将编码器电缆屏蔽层连接到插头的外壳（FG）上。

（2）控制电路接线　控制电路的接线均在 I/O 控制信号端口 X4 上完成。该端口是一个 50 针端口，各引出端子功能与控制模式有关。MINAS A5 系列伺服系统有位置控制、速度控制和转矩控制，以及全闭环控制等控制模式。

YL-335B 型自动化生产线采用位置控制模式，并根据设备工作要求，只使用了部分端子，分别是：

1）脉冲驱动信号输入端（OPC1、PULS2、OPC2、SIGN2）。

2）越程故障信号输入端：正方向越程（9 脚，POT），负方向越程（8 脚，NOT）。

3）伺服 ON 输入（29 脚，SRV_ON）。

4）伺服警报输出（37 脚，ALM＋；36 脚，ALM－）。

为了方便接线和调试，YL-335B 型自动化生产线在出厂时已经在 X4 端口引出线接线插头内部把伺服 ON 输入（SRV_ON）和伺服警报输出负端（ALM－）连接到 COM－端（0V）。因此从接线插头引出的信号线只有 OPC1、PULS2、OPC2、SIGN2、POT、NOT、ALM＋共 7 根信号线，以及 COM＋和 COM－电源引线。所使用的 X4 端口部分引出线及内部电路图如图 7-11 所示。

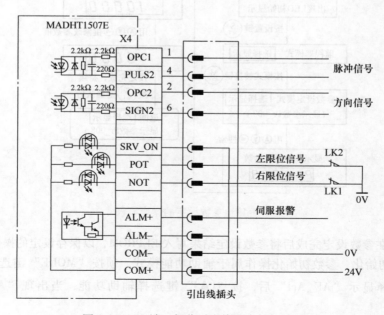

图 7-11　X4 端口部分引出线及内部电路图

4. 伺服驱动器的参数设置

伺服驱动器具有设定其特性和功能的各种参数，参数分为 7 类，即：分类 0（基本设定）、分类 1（增益调整）、分类 2（振动抑制功能）、分类 3（速度、转矩控制和全闭环控制）、分类 4（I/F 监视器[○]设定）、分类 5（扩展设定）和分类 6（特殊设定）。设置参数的方法：一是通过与 PC 连接后在专门的调试软件上进行设置，二是在驱动器的前面板上进行。YL‒335B 型自动化生产线的伺服参数设置不多，只在前面板上进行设置。

（1）前面板及其参数设置操作　A5 系列伺服驱动器前面板及各按键功能的说明如图 7-12 所示。

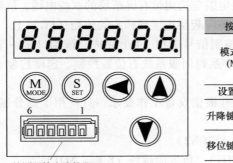

按键功能说明

按键说明	激活条件	功能
模式转换键（MODE）	在模式显示时有效	在以下模式之间切换：①监视器模式；②参数设置模式；③EEPROM（电可擦编程只读存储器）写入模式；④辅助功能模式
设置键（SET）	一直有效	在模式显示和执行显示之间切换
升降键 ▲▼	仅对小数点闪烁的那一位数据位有效	改变各模式里的显示内容、更改参数、选择参数或执行选中的操作
移位键 ◀		把移动的小数点移动到更高位数

检测器输出连接器X7

图 7-12　伺服驱动器前面板及各按键功能说明

在前面板上进行参数设置的操作包括参数设定和参数保存两个环节，图 7-13 为将参数 Pr_008 的值从初始值 10000 修改为 6000 的操作流程。

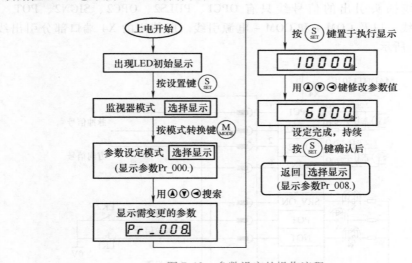

图 7-13　参数设定的操作流程

图 7-14 为在参数设定完成后将参数设定结果写入 EEPROM，以保存设定的操作流程。

（2）参数初始化　参数初始化操作属于辅助功能模式。须按 "MODE" 键选择到辅助功能模式，出现选择显示 "AF_Acl" 后，按 "▲" 键选择辅助功能，当出现 "AF‒ini" 时按

○ 电压/频率监视器。

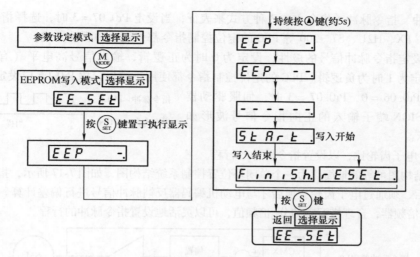

图 7-14　参数保存的操作流程

"SET"键确认，即进入参数初始化功能，出现执行显示"ini -"。持续按"▲"键（约 2s），出现"StArt"时参数初始化开始，再出现"FiniSh"时初始化结束。

（3）YL-335B 型自动化生产线中伺服系统需要设置的参数　YL-335B 型自动化生产线中伺服系统工作于位置控制模式，PLC 的高速脉冲输出端输出脉冲作为伺服驱动器的位置指令，脉冲的数量决定了伺服电动机的旋转位移，即机械手的直线位移；脉冲的频率决定了伺服电动机的旋转速度，即机械手的运动速度；PLC 的另一输出点作为伺服驱动器的方向指令。伺服系统的参数设置应满足控制要求，并与 PLC 的输出相匹配。

1）指定伺服电动机旋转的正方向。设定的参数为 Pr0.00。如果设定值为 0，则正向指令时，电动机旋转方向为 CCW 方向（从轴侧看电动机为逆时针方向）；如果设定值为 1，则正向指令时，电动机旋转方向为 CW 方向（从轴侧看电动机为顺时针方向）。

YL-335B 型自动化生产线的输送单元要求机械手装置运动的正方向是向着远离伺服电动机的方向。图 7-15 为伺服电动机的传动装置图，要求电动机旋转方向为 CW 方向，故 Pr0.00 设定为初始值 1。

2）指定伺服系统的运行模式。设定参数为 Pr0.01，该参数设定范围为 0~6，默认值为 0，指定定位控制模式。

3）设定运行中发生越程故障时的保护策略。设定参数为 Pr5.04，设定范围为 0~2，数值含义如下：

图 7-15　伺服电动机的传动装置图

0：发生正方向（POT）或负方向（NOT）越程故障时，驱动禁止，但不发生报警。

1：POT、NOT 驱动禁止无效。

2：POT/NOT 任一方向的输入，将发生 Err38.0（驱动禁止输入保护）出错报警。

YL-335B 型自动化生产线在运行时若发生越程，可能导致设备损坏事故，故该参数设定为 2。这时伺服电动机立即停止，仅当越程信号复位，且驱动器断电后再重新上电，报警才能复位。

4）设定驱动器接收指令脉冲输入信号的形态，以适应 PLC 的输出信号。指令脉冲信号形态包括指令脉冲极性和指令脉冲输入模式两方面，分别用 Pr0.06 和 Pr0.07 两个参数设置。

Pr0.07 用来确定指令脉冲旋转方向的方式。旋转方向可用两相正交脉冲、正向旋转脉冲和反向旋转脉冲、指令脉冲 + 指令方向 3 种方式来表征，当设定 Pr0.07 = 3 时，选择指令脉冲 + 指令方向方式。FX、H2U、S7 - 200 等 PLC 的定位控制指令都采用这种驱动方式。

Pr0.06 设定指令脉冲信号的极性，设定为 0 时为正逻辑，输入信号高电平（有电流输入）为"1"；设定为 1 时为负逻辑。PLC 的定位控制指令都使用正逻辑，故 Pr0.06 应设定为 0。

当设定 Pr0.06 = 0，Pr0.07 = 3 时，伺服驱动器的 PULS 和 SIGN 端子输入的正向指令信号波形如图 7-16 所示。

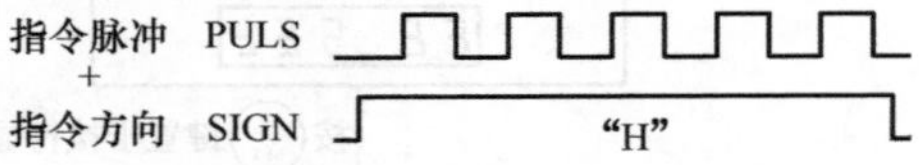

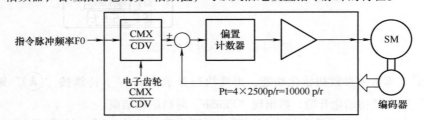
图 7-16　正向指令信号波形

5）设置电子齿轮比，以设置指令脉冲的行程。三环控制系统结构图可等效地简化为一个单闭环位置控制系统结构图，如图 7-17 所示，指令脉冲信号进入驱动器后，须通过电子齿轮变换后才与电动机编码器反馈脉冲信号进行偏差计算。电子齿轮实际是一个分一倍频器，合理搭配它的分一倍频值，可以灵活地设置指令脉冲的行程。

图 7-17　等效的单闭环位置控制系统结构图

A5 系列伺服驱动器引入了 Pr0.08 这一参数，其含义为伺服电动机每旋转 1 次的指令脉冲数。该参数以编码器分辨率（$4 \times 2500 p/r = 10000 p/r$）为电子齿轮比的分子，Pr0.08 的设置值为分母而构成电子齿轮比。当指令脉冲数恰好为设置值时，偏差器给定输入端的脉冲数正好为 10000，从而达到稳态运行时伺服电动机旋转一周的目标。

YL - 335B 型自动化生产线中，伺服电动机所连接的同步轮齿数为 12，齿距为 5mm，故每旋转一周，抓取机械手装置移动 60mm。为便于编程计算，希望脉冲当量为 0.01mm，即伺服电动机转一圈，需要 PLC 发出 6000 个脉冲，故应把 Pr0.08 设置为 6000。

电子齿轮的设置还用于更复杂设置的场合，需要分别设置电子齿轮比的分子和分母，这时应设定 Pr0.08 = 0，用参数 Pr0.09、Pr0.10 来设置电子齿轮比。

6）设置前面板显示用 LED 的初始状态。设定参数为 Pr5.28，参数设定范围为 0 ~ 35，初始设定为 1，显示电动机实际转速。

Pr0.00、Pr0.01、Pr5.04、Pr0.06、Pr0.07、Pr0.08 是 YL - 335B 型自动化生产线的伺服系统在正常运行时所必需的参数。它们的设置必须在控制电源断电重启之后才能生效。

伺服驱动器参数设置表见表 7-1。

表 7-1　伺服驱动器参数设置表

序号	参 数		设置数值	功能和含义
	参数编号	参数名称		
1	Pr5.28	LED 初始状态	1	显示电动机转速
2	Pr0.01	控制模式	0	位置控制（相关代码 P）
3	Pr5.04	驱动禁止输入设定	2	当左或右（POT 或 NOT）限位动作时，则会发生 Err38 行程限位禁止输入信号出错报警。设置此参数值必须在控制电源断电重启之后才能修改、写入成功

（续）

序号	参　数		设置数值	功能和含义
	参数编号	参数名称		
4	Pr0. 04	惯量比	250	
5	Pr0. 02	实时自动增益设置	1	实时自动调整为标准模式，运行时负载惯量的变化情况很小
6	Pr0. 03	实时自动增益的机械刚性选择	13	此参数值设得越大，响应越快
7	Pr0. 06	指令脉冲旋转方向设置	0	
8	Pr0. 07	指令脉冲输入方式设置	3	
9	Pr0. 08	电动机每旋转一周的脉冲数	6000	

项目实施

任务一　输送单元机械及气动元件安装与调试

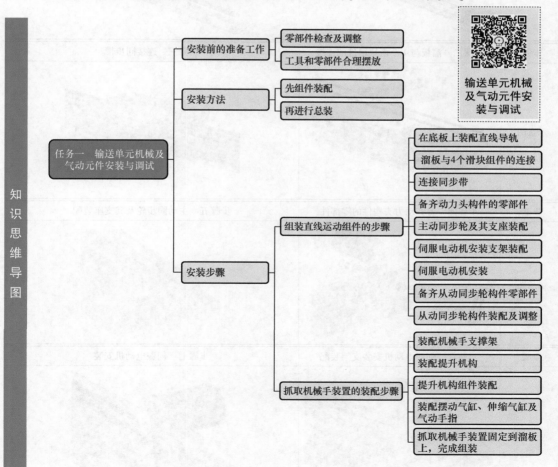

知识思维导图

一、安装前的准备工作

必须强调做好安装前的准备工作，养成良好的工作习惯和操作规范。这是培养工作素质的重要步骤。

1）安装前应对设备的零部件做初步检查以及必要的调整。

2）工具和零部件应合理摆放，操作时每次使用完的工具应放回原处。

输送单元安装
组装过程

二、安装步骤和方法

输送单元的装配过程包括直线运动组件和抓取机械手装置两部分的装配。

1）组装直线运动组件的步骤见表7-2。

表7-2　组装直线运动组件的步骤

步骤	步骤一　在底板上装配直线导轨	
示意图		
步骤	步骤二　溜板与4个滑块组件的连接	步骤三　连接同步带
示意图		
步骤	步骤四　备齐动力头构件的零部件	步骤五　主动同步轮及其支座装配
示意图		
步骤	步骤六　伺服电动机安装支架装配	步骤七　伺服电动机安装
示意图		

（续）

步骤	步骤八　备齐从动同步轮构件零部件	步骤九　从动同步轮构件装配及调整
示意图	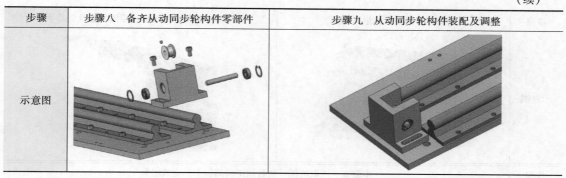	

各步骤装配要点如下：

步骤一：输送单元直线导轨是一对较长的精密机械运动部件，安装时应首先调整好两导轨的相互位置（间距和平行度），然后紧定其固定螺栓。由于每导轨固定螺栓达 18 个，紧定时必须按一定的顺序逐步进行，使其运动平稳、受力均匀、运动噪声小。

步骤二、三：溜板构件装配。首先应调整 4 个滑块与溜板的平衡连接，方法是将溜板与两直线导轨上的 4 个滑块的位置找准并进行固定，在拧紧固定螺栓的时候，应一边推动溜板左右运动一边拧紧螺栓，直到滑动顺畅。然后将连接了 4 个滑块的溜板从导轨的一端取出，将同步带两端固定座安装在溜板的反面，再重新将滑块套在柱形导轨上。**注意**：用于滚动的钢球嵌在滑块的橡胶套内，滑块取出和套入导轨时必须避免橡胶套受到破坏或用力太大致使钢球掉落。

步骤四～七：动力头构件的装配。①安装主动同步轮支座，注意其安装方向。②在支座上装入同步轮前，先把同步带套入同步轮。③伺服电动机安装：将电动机安装板固定在电动机侧同步轮支架组件的相应位置，将电动机与电动机安装板活动连接，并在主动轴、电动机轴上分别套接同步轮，安装好同步带，调整电动机位置，锁紧连接螺栓。**注意**：伺服电动机是一精密装置，安装时注意不要敲打它的轴端，更不要拆卸电动机。

步骤八、九：从动同步轮构件的组装。①安装从动同步轮支座，注意其安装方向。②在支座上装入同步轮前，先把同步带套入同步轮。③调整好同步带的张紧度，锁紧从动同步轮支座螺栓。

在以上各构成零件中，轴承以及轴承座均为精密机械零部件，拆卸以及组装需要较熟练的技能和专用工具。因此，不可轻易对其进行拆卸或修配工作。

2）抓取机械手装置的装配步骤见表 7-3。

表 7-3　抓取机械手装置的装配步骤

步骤	步骤一　装配机械手支撑架	步骤二　装配提升机构
示意图		

（续）

步骤	步骤三　提升机构组件装配	步骤四　装配摆动气缸、伸缩气缸及气动手指
示意图	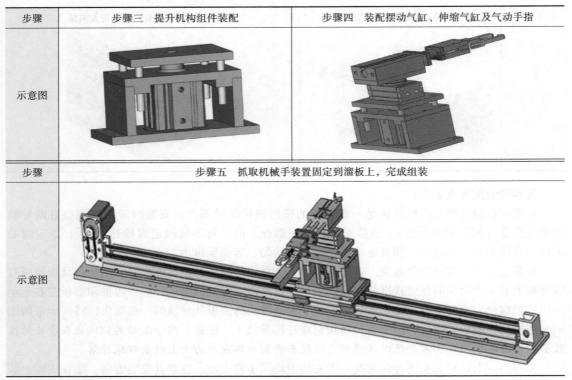	

步骤	步骤五　抓取机械手装置固定到溜板上，完成组装
示意图	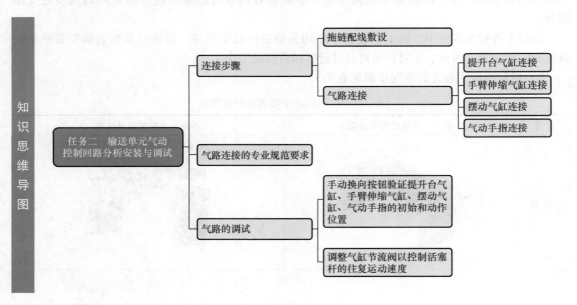

其中，步骤四装配顺序为：①把气动摆台固定在组装好的提升机构上。②在气动摆台上固定导杆气缸安装板，安装时要先找好导杆气缸安装板与气动摆台连接的原始位置，以便有足够的回转角度。③连接气动手指和导杆气缸，然后把导杆气缸固定到导杆气缸安装板上。

任务二　输送单元气动控制回路分析安装与调试

知识思维导图

任务二　输送单元气动控制回路分析安装与调试

- 连接步骤
  - 拖链配线敷设
  - 气路连接
    - 提升台气缸连接
    - 手臂伸缩气缸连接
    - 摆动气缸连接
    - 气动手指连接
- 气路连接的专业规范要求
- 气路的调试
  - 手动换向按钮验证提升台气缸、手臂伸缩气缸、摆动气缸、气动手指的初始和动作位置
  - 调整气缸节流阀以控制活塞杆的往复运动速度

一、连接步骤

当抓取机械手装置做往复运动时，连接到机械手装置上的气管和电气连接线也随之运动。确保这些气管和电气连接线运动顺畅，不会在移动过程拉伤或脱落是安装过程中重要的一环。连接到机械手装置上的气管和电气连接线是通过拖链带引出到固定在工作台上的电磁阀组和接线端口上的。

1. 拖链配线敷设

连接到机械手装置上的管线首先绑扎在拖链带安装支架上，然后沿拖链带敷设，进入管线线槽中。绑扎管线时要注意管线引出端到绑扎处保持足够长度，以免机构运动时被拉紧造成脱落。沿拖链敷设时注意管线间不要相互交叉。

2. 气路连接

从拖链带引出的气管插接到电磁阀组上。输送单元的气动控制回路如图 7-18 所示，从汇流板开始，用直径为 4mm 的气管连接电磁阀、气缸，然后用直径为 6mm 的气管完成气源处理器与汇流板进气孔之间的连接。**注意**：驱动摆动气缸和气动手指的电磁阀都是双电控电磁阀。

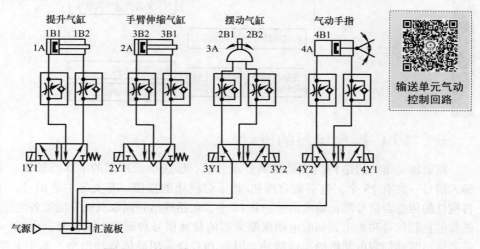

图 7-18　输送单元的气动控制回路

二、气路连接的专业规范要求

气路连接完毕，应按规范绑扎（包括拖链带内的气管）。参照项目二气路连接的专业规范要求。

三、气路的调试

用电磁阀上的手动换向按钮依次验证提升气缸、手臂伸缩气缸、摆动气缸、气动手指的初始和动作位置是否正确。进一步调整气缸动作的平稳性时要注意，摆动气缸的转动力矩较大时，应确保气源有足够压力，然后反复调整节流阀控制活塞杆的往复运动速度，使得气缸动作时无冲击、爬行现象。

任务三　输送单元电气系统分析安装与调试

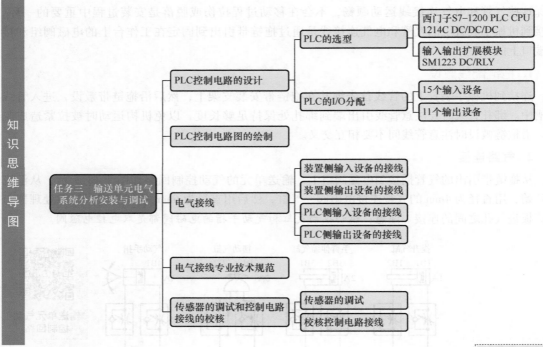

知识思维导图

任务三　输送单元电气系统分析安装与调试

- PLC控制电路的设计
  - PLC的选型
    - 西门子S7-1200 PLC CPU 1214C DC/DC/DC
    - 输入输出扩展模块 SM1223 DC/RLY
  - PLC的I/O分配
    - 15个输入设备
    - 11个输出设备
- PLC控制电路图的绘制
- 电气接线
  - 装置侧输入设备的接线
  - 装置侧输出设备的接线
  - PLC侧输入设备的接线
  - PLC侧输出设备的接线
- 电气接线专业技术规范
- 传感器的调试和控制电路接线的校核
  - 传感器的调试
  - 校核控制电路接线

一、PLC 控制电路的设计

根据输送单元的结构组成及控制要求分析，输送单元所需的 I/O 点较多。输入信号一共有 15 个，包括来自按钮/指示灯模块的按钮、开关等主令信号，各构件的传感器信号等；输出信号一共 11 个，包括输出到抓取机械手装置各电磁阀的控制信号和输出到伺服电动机驱动器的脉冲信号和驱动方向信号，由于

输送单元电气系统分析安装与调试

需要输出驱动伺服电动机的高速脉冲，因此 PLC 应采用晶体管输出型。基于上述考虑，并根据表 7-4 中输送单元装置侧的接线端口信号端子的分配，PLC 选型如下：输送单元 PLC 选用 S7－1200系列 PLC，CPU 型号为 1214C DC/DC/DC，共 14 点输入和 10 点晶体管输出，并选用输入输出扩展模块 SM1223 DC/RLY，共 16 点输入和 16 点继电器输出，满足输送单元的输入输出设备连接 PLC 的需求。PLC 的 I/O 信号表见表 7-5。

表 7-4　输送单元装置侧的接线端口信号端子的分配

输入端口中间层			输入端口中间层		
端子号	设备符号	信号线	端子号	设备符号	信号线
2	BG1	原点传感器检测	9	3B1	机械手伸出到位检测
3	SQ1_K	右限位行程开关	10	3B2	机械手缩回到位检测
4	SQ2_K	左限位行程开关	11	4B1	机械手夹紧检测
5	1B1	机械手抬升下限检测	12	ALM +	伺服报警信号
6	1B2	机械手抬升上限检测	13		
7	2B1	机械手旋转左限检测	14		
8	2B2	机械手旋转右限检测	15		

（续）

输出端口中间层			输出端口中间层		
端子号	设备符号	信号线	端子号	设备符号	信号线
2	OPC1	伺服电动机脉冲	9	4Y1	手爪夹紧电磁阀
3	OPC2	伺服电动机方向	10	4Y2	手爪放松电磁阀
4					
5	1Y1	提升台上升电磁阀	注意：		
6	3Y1	摆动气缸左旋驱动电磁阀	采用 S7－1200 系列 PLC 的系统，伺服脉冲线连接到		
7	3Y2	摆动气缸右旋驱动电磁阀	OPC1，其方向信号线连接到 OPC2。PULS1 和 SIGN2		
8	2Y1	手爪伸出电磁阀	接 0V		

表 7-5　输送单元 PLC 的 I/O 信号表

输入信号					输出信号				
序号	PLC 输入点		信号名称	信号来源	序号	PLC 输出点		信号名称	信号来源
	S7－1200					S7－1200			
1	Ia. 0	I0. 0	原点传感器检测（BG1）		1	Qa. 0	Q0. 0	伺服电动机脉冲（OPC1）	
2	Ia. 1	I0. 1	右限位行程开关（SQ1_K）		2	Qa. 1	Q0. 1	伺服电动机方向（OPC2）	
3	Ia. 2	I0. 2	左限位行程开关（SQ2_K）		3	Qa. 2	Q0. 2		
4	Ia. 3	I0. 3	机械手抬升下限检测（1B1）		4	Qa. 3	Q0. 3	提升台上升电磁阀（1Y1）	
5	Ia. 4	I0. 4	机械手抬升上限检测（1B2）		5	Qa. 4	Q0. 4	摆动气缸左旋驱动电磁阀（3Y1）	
6	Ia. 5	I0. 5	机械手旋转左限检测（2B1）	装置侧	6	Qa. 5	Q0. 5	摆动气缸右旋驱动电磁阀（3Y2）	装置侧
7	Ia. 6	I0. 6	机械手旋转右限检测（2B2）		7	Qa. 6	Q0. 6	手爪伸出电磁阀（2Y1）	
8	Ia. 7	I0. 7	机械手伸出到位检测（3B1）		8	Qa. 7	Q0. 7	手爪夹紧电磁阀（4Y1）	
9	Ib. 0	I1. 0	机械手缩回到位检测（3B2）		9	Qb. 0	Q1. 0	手爪放松电磁阀（4Y2）	
10	Ib. 1	I1. 1	机械手夹紧到位检测（4B1）		10	Qb. 1	Q1. 1		
11	Ib. 2	I1. 2	伺服报警（ALM＋）		11	Qb. 2	Q1. 2		
12	Ic. 4	I2. 4	启动按钮（SB1）		12	Qc. 4	Q2. 4		
13	Ic. 5	I2. 5	复位按钮（SB2）	按钮/指示灯模块	13	Qc. 5	Q2. 5	黄灯指示灯（HL1）	
14	Ic. 6	I2. 6	急停按钮（QS）		14	Qc. 6	Q2. 6	绿灯指示灯（HL2）	指示灯模块
15	Ic. 7	I2. 7	单站/全线（SA）		15	Qc. 7	Q2. 7	红灯指示灯（HL3）	

二、PLC 控制电路图的绘制

图 7-19 为 S7－1200 系列 PLC 的控制电路图，图中各器件的文字符号均与表 7-4 和表 7-5 所

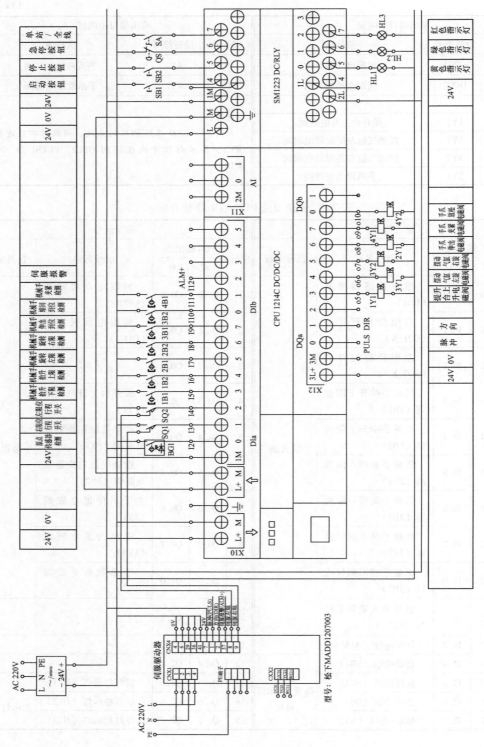

图 7-19 S7-1200系列PLC的控制电路图

对应。另外，各传感器用电源由外部直流电源提供，没有使用 PLC 内置的 DC 24V 传感器电源。

由图 7-19 可见，PLC 输入点 I0.1 和 I0.2 分别与右、左限位开关 SQ1 和 SQ2 相连接，给 PLC 提供越程故障信号。以右越程故障为例，当此故障发生时，右限位开关 SQ1 动作，其常闭触点断开，向伺服驱动发出报警信号，使伺服发生 Err38.0 报警；同时 SQ1 常开触点接通，越程故障信号输入到 PLC，这样一旦发生越程故障时，伺服立即停止，同时 PLC 接收到故障信号后立即做出故障处理，使系统运行的可靠性得以提高。

三、电气接线

电气接线包括，在工作单元装置侧完成各传感器、电磁阀和电源端子等引线到装置侧接线端口之间的接线，装置侧输入设备的接线图如图 7-20 所示，装置侧输出设备的接线图如图 7-21 所示。在 PLC 侧进行电源连接、I/O 点接线等，PLC 侧输入设备的接线图如图 7-22 所示，PLC 侧输出设备的接线图如图 7-23 所示。全部接线完成后，用专用连接电缆连接装置侧端口和 PLC 侧端口。

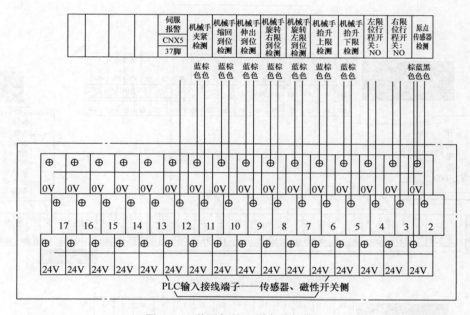

图 7-20 装置侧输入设备的接线图

PLC 侧电气接线要点如下：

1）输送单元的 PLC 采用晶体管输出，接线时须注意输出公共端的电源极性，输出公共端接电源正极。

2）接线完毕后，可用编程软件的状态监控表校验逻辑控制部分的 I/O 接线，但 PLC 与伺服驱动器之间的 I/O 接线宜用万用表校验。

四、电气接线专业技术规范

参照项目二供料单元电气接线专业技术规范。

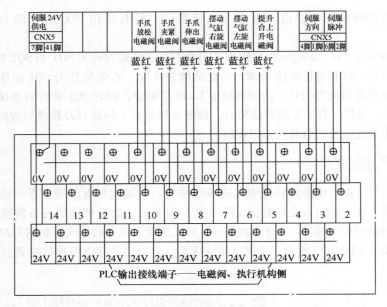

图 7-21　装置侧输出设备的接线图

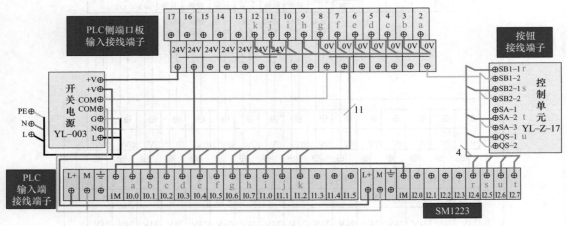

图 7-22　PLC 侧输入设备的接线图

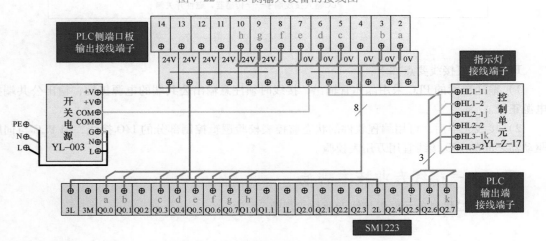

图 7-23　PLC 侧输出设备的接线图

任务四　输送单元控制程序设计与调试

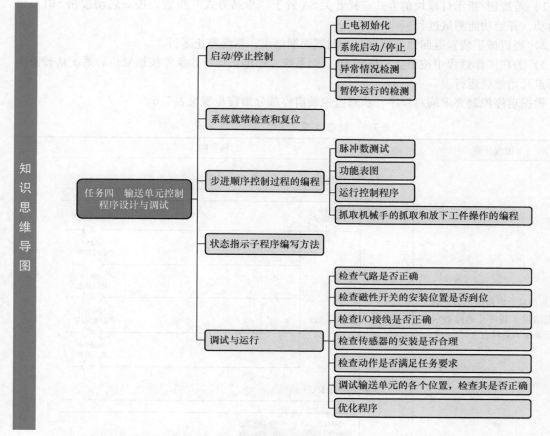

输送单元单站运行的程序结构包括主程序和初始检查复位、状态指示、放下工件、回原点、运行控制、抓取工件子程序。主程序完成系统启动/停止控制，调用初始检查复位、运行控制、状态指示子程序；初始检查复位子程序完成设备复位检测；回原点子程序完成机械手装置回原点；运行控制子程序完成步进控制过程；抓取工件、放下工件子程序实现从工作台上抓取工件和放下工件功能，在运行控制子程序中反复被调用。具体程序比较复杂。

输送单元控制
程序设计与
调试

一、启动/停止控制

系统启动和停止控制过程包括上电初始化、异常情况检测、系统状态显示、检查系统是否准备就绪以及系统启动/停止的操作。

1. 上电初始化

1）设备上电和气源接通后，若已确认工作单元各气缸均处于初始位置、原点位置，且机械手装置位于原点位置时，表明系统已在初始状态。

2）若系统不在初始状态，应断开伺服电源，手动移动机械手装置到直线导轨的中间位置。重新接通伺服电源，按下复位按钮 SB2 执行复位操作，使各个气缸满足初始位置的要求，且机械手装置回到原点位置。当机械手装置回到原点位置，且各气缸满足初始位置的要求时，复位完成。

2. 系统启动/停止

1）若按钮/指示灯模块的方式选择开关 SA 置于"单站方式"位置，按下启动按钮 SB1，设备启动，开始功能测试过程。

2）当机械手装置返回原点后，一个测试周期结束，系统停止运行。

3）若在工作过程中按下急停按钮 QS，则系统立即停止运行。急停按钮复位后系统从暂停前的断点开始继续运行。

根据启停控制要求编写程序，状态监控及启停部分编程步骤见表 7-6。

表 7-6　状态监控及启停部分编程步骤

编程步骤	梯形图
1）PLC 上电初始化后，调用状态指示子程序，通过指示灯显示系统当前状态	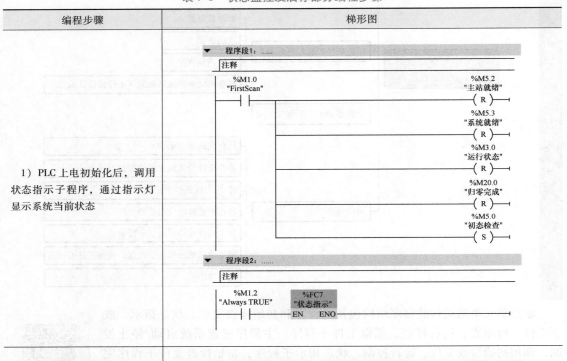
2）如果系统尚未启动，则检查系统当前状态是否满足启动条件： 　工作模式选择开关应置于单站模式（非联机模式） 　按下单站复位按钮，初态检查置位，调用初态检查复位子程序，进行初始化 　机械手装置归零完成，初始化完成，此时系统准备就绪 　若系统准备就绪，按下启动按钮，则系统启动，运行状态标志被置位 　运行状态置位后，调用运行控制子程序	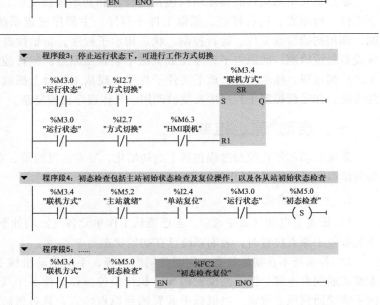

（续）

编程步骤	梯形图
2）如果系统尚未启动，则检查系统当前状态是否满足启动条件： 工作模式选择开关应置于单站模式（非联机模式） 按下单站复位按钮，初态检查置位，调用初态检查复位子程序，进行初始化 机械手装置归零完成，初始化完成，此时系统准备就绪 若系统准备就绪，按下启动按钮，则系统启动，运行状态标志被置位 运行状态置位后，调用运行控制子程序	**程序段6：……** 　%I2.6　　　%M20.0　　　%M5.1　　　　　　　　　　　　%M5.2 "急停按钮"　"归零完成"　"初始位置"　　　　　　　　　　　 "主站就绪" 　──┤├────┤├────┤├──────────────(S) 　　　　　　　　　　　　　　　　　%M3.0　　%M5.2　　 %M5.2 　　　　　　　　　　　　　　　　"运行状态""主站就绪" "主站就绪" 　　　　　　　　　　　　　　　─┤NOT├──┤/├──┤├──(R) **程序段7：……** 注释 　%M3.4　　　%M5.2　　　%M5.0　　　　　　　　　　　 %M5.0 "联机方式"　"主站就绪"　"初态检查"　　　　　　　　　　"初态检查" 　──┤/├────┤├────┤├──────────────(R) **程序段8：……** 注释 　%I2.4　　%M5.2　　 %M3.4　　　%M3.0　　　　　　　%M3.0 "启动按钮""主站就绪""联机方式""运行状态"　　　　 "运行状态" 　──┤├───┤├───┤/├───┤/├──────────(S) 　　　　　　　　　　　　　　　　　　　　　　　　　%M30.0 　　　　　　　　　　　　　　　　　　　　　　　　"初始步" 　　　　　　　　　　　　　　　　　　　　　　　　(S) **程序段9：……** 　%M3.0　　　%FC3 "运行状态"　"运行控制" 　──┤├───EN　　ENO─── **程序段10：……** 　%M3.1　　　%M3.0　　　　　　　　　　　　　　%M3.0 "停止指令"　"运行状态"　　　　　　　　　　　　"运行状态" 　──┤├────┤├──────────────────(R) 　%M3.6　　　　　　　　　　　　　　　　　　　%M3.1 "测试完成"　　　　　　　　　　　　　　　　　 "停止指令" 　──┤├────────────────────────(R) 　　　　　　　　　　　　　　　　　　　　　　　%M3.6 　　　　　　　　　　　　　　　　　　　　　　"测试完成" 　　　　　　　　　　　　　　　　　　　　　　(R) 　　　　　　　　　　　　　　　　　　　　　　%M30.0 　　　　　　　　　　　　　　　　　　　　　　"初始步" 　　　　　　　　　　　　　　　　　　　　(RESET_BF) 　　　　　　　　　　　　　　　　　　　　　　15 　　　　　　　　　　　　　　　　　　　　　　%M20.0 　　　　　　　　　　　　　　　　　　　　　"归零完成" 　　　　　　　　　　　　　　　　　　　　　(R) 　　　　　　　　　　　　　　　　　　　　　　%Q0.3 　　　　　　　　　　　　　　　　　　　　　"提升电磁阀" 　　　　　　　　　　　　　　　　　　　　(RESET_BF) 　　　　　　　　　　　　　　　　　　　　　　6
3）当机械手装置返回原点后，一个测试周期结束，系统停止运行	

3. 异常情况检测

异常情况包括发生越程故障和急停按钮被按下两种情况。

越程故障时，伺服将报警并立即停止。只有断开伺服电源，并将机械手移出越程位置，重新上电后伺服报警才能复位。如果出现越程故障，说明系统有缺陷，必须停机检查。越程故障处理程序如图 7-24 所示。

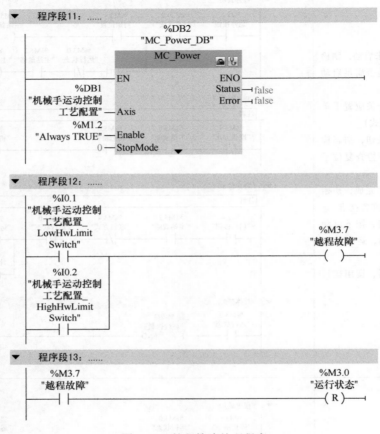

图 7-24　越程故障处理程序

4. 暂停运行的检测

本任务用按下急停按钮来发出暂停运行指令。当急停按钮按下时，应立即停止脉冲输出（即使机械手不在移动状态也发出脉冲停止指令）。在停止脉冲输出的下一周期置位暂停标志，暂停步进顺序控制程序的执行。暂停运行的检测程序如图 7-25 所示。

二、系统就绪检查和复位

系统启动前必须检查其是否准备就绪。如果启动前系统已经处于初始状态，则置位准备就绪标志；如果系统工作模式也选择为单站模式，则可按下启动按钮使系统启动，系统运行标志被置位。

如果系统尚未满足准备就绪条件，就需要按下复位按钮调用系统复位子程序，执行复位操作，使机械手装置复位到初始位置，然后调用回原点子程序进行原点搜索，当原点搜索完成且机械手装置位于原点位置时，系统处于初始状态。

复位操作的工作流程如图 7-26 所示。

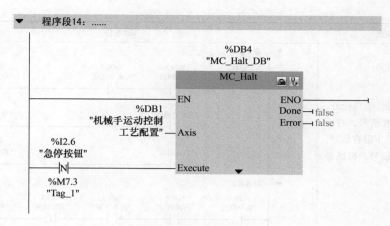

图 7-25　暂停运行的检测程序

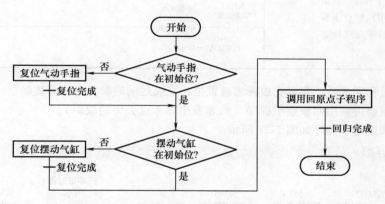

图 7-26　复位操作的工作流程

图 7-26 中，机械手装置的复位操作，只需考虑由双电控电磁阀驱动的气动手指和摆动气缸，由单电控电磁阀驱动的提升气缸和伸缩气缸不需要考虑。必须注意的是，进行原点搜索时机械手装置应在原点开关前端位置（例如置于直线运动机构中间）。机械手复位程序见表 7-7。

表 7-7　机械手复位程序

编程步骤	梯形图
1）机械手复位：手爪松开，右旋。缩回到位有信号，右旋到位有信号，提升下限有信号，手爪夹紧检测无信号，机械手到达初始位置	程序段1：…… %M1.2 "Always TRUE"　%I1.1 "夹紧检测"　%Q0.7 "夹紧电磁阀"　%Q1.0 "放松电磁阀"（S） %Q0.7 "夹紧电磁阀"　%Q0.7 "夹紧电磁阀"（R） %I1.1 "夹紧检测"　%Q1.0 "放松电磁阀"（R）

（续）

编程步骤	梯形图
1）机械手复位：手爪松开，右旋。缩回到位有信号，右旋到位有信号，提升下限有信号，手爪夹紧检测无信号，机械手到达初始位置	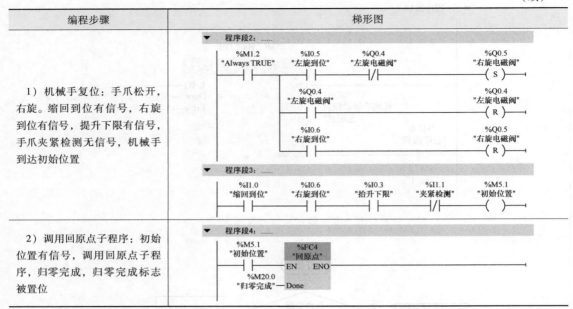
2）调用回原点子程序：初始位置有信号，调用回原点子程序，归零完成，归零完成标志被置位	

原点回归过程完成后，归零完成标志被置位，直线运动的参考点从而被确立。在接下来的系统运行中，不需要再调用回原点子程序（除非发生参考点丢失的故障）。

输送单元回原点子程序如图 7-27 所示。

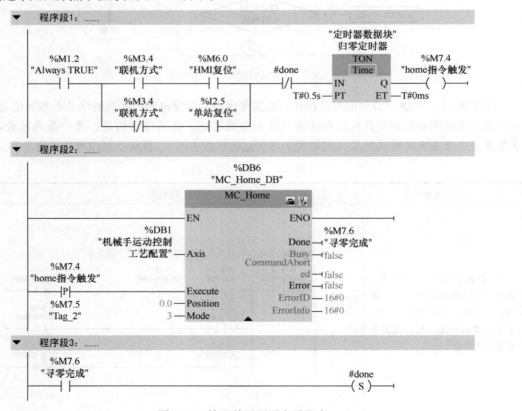

图 7-27　输送单元回原点子程序

按下单站复位按钮，延时 0.5s，机械手装置返回原点，寻零完成被置位，归零完成标志被置位。

三、步进顺序控制过程的编程

1. 脉冲数测试

编制程序前应编写和运行一个测试程序，现场测试各个单元（包括加工单元、装配单元和分拣单元）位置的脉冲数，脉冲测试程序见表 7-8。

表 7-8 脉冲测试程序

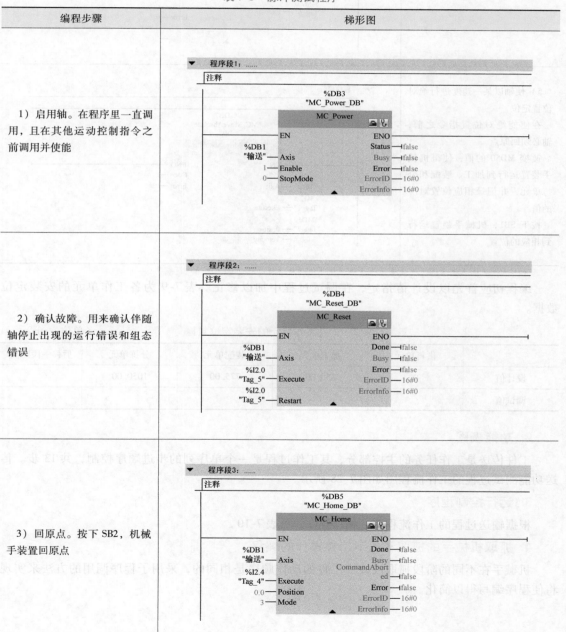

编程步骤	梯形图
1）启用轴。在程序里一直调用，且在其他运动控制指令之前调用并使能	
2）确认故障。用来确认伴随轴停止出现的运行错误和组态错误	
3）回原点。按下 SB2，机械手装置回原点	

（续）

编程步骤	梯形图
4）停止轴。停止所有运动并以组态的减速度停止轴	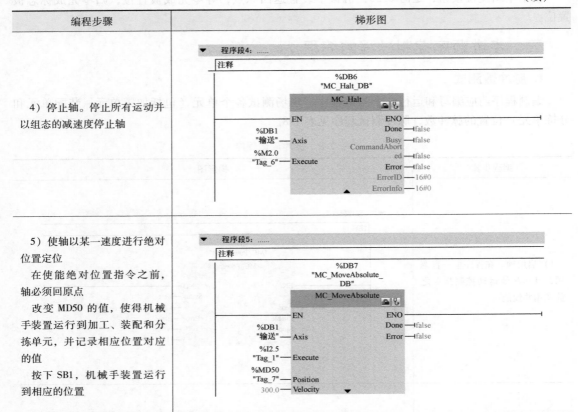
5）使轴以某一速度进行绝对位置定位 在使能绝对位置指令之前，轴必须回原点 改变 MD50 的值，使得机械手装置运行到加工、装配和分拣单元，并记录相应位置对应的值 按下 SB1，机械手装置运行到相应的位置	

编程初应首先以设计值指定，在调试过程中加以修正。表 7-9 为各工作单元的安装定位数据。

表 7-9　各工作单元的安装定位数据　　　　　　　　　　（单位：mm）

	供料单元	加工单元	装配单元	分拣单元	后移一段距离
设计值	0	450.00	775.00	1050.00	
调试值					

2. 功能表图

工件传送是工作任务的主控部分，其工作过程是一个单序列的步进顺序控制，共 13 步。传送功能测试过程的工作流程图如图 7-28 所示。

3. 运行控制程序

根据输送过程的工作流程图，编写程序，见表 7-10。

4. 抓取机械手的抓取和放下工件操作的编程

机械手在不同的阶段抓取或放下工件的动作顺序是相同的，采用子程序调用的方法来实现将使程序编写得以简化。

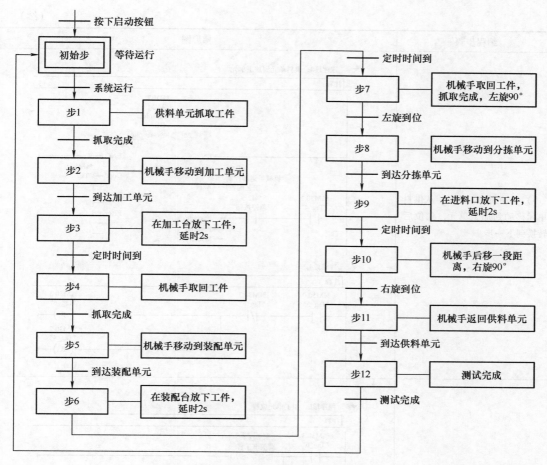

图 7-28 传送功能测试过程的工作流程图

表 7-10 运行控制程序

编程步骤	梯形图
1）系统运行：系统运行后，没有停止指令，转换到下一步	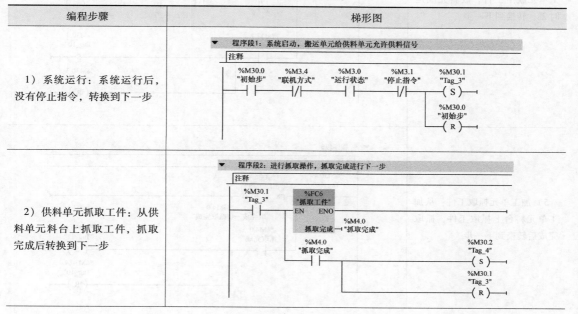
2）供料单元抓取工件：从供料单元料台上抓取工件，抓取完成后转换到下一步	

(续)

编程步骤	梯形图
3）移动到加工单元：从供料单元移动到加工单元，到位后转换到下一步	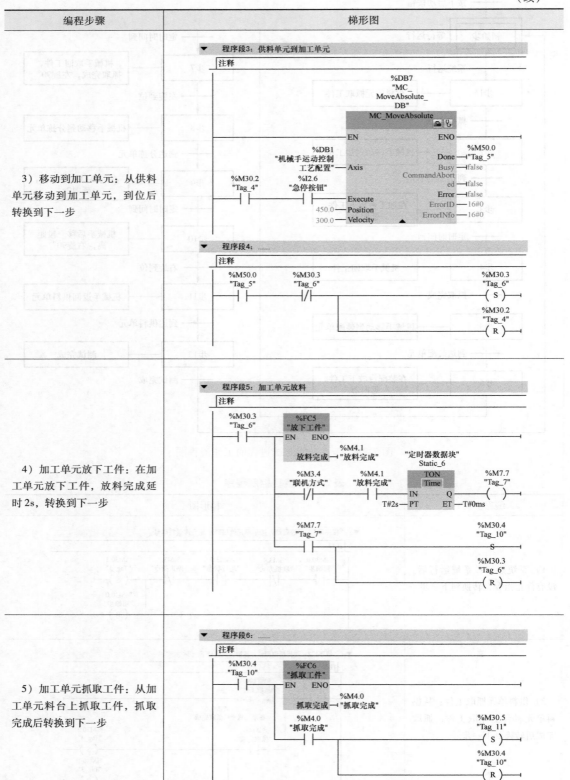
4）加工单元放下工件：在加工单元放下工件，放料完成延时2s，转换到下一步	
5）加工单元抓取工件：从加工单元料台上抓取工件，抓取完成后转换到下一步	

（续）

编程步骤	梯形图
6）移动到装配单元：从加工单元移动到装配单元，到位后转换到下一步	
7）装配单元放下工件：在装配单元放下工件，放料完成延时2s，转换到下一步	
8）装配单元抓取工件：从装配单元料台上抓取工件，抓取完成后机械手左旋，左旋到位后，左旋电磁阀失电，转换到下一步	

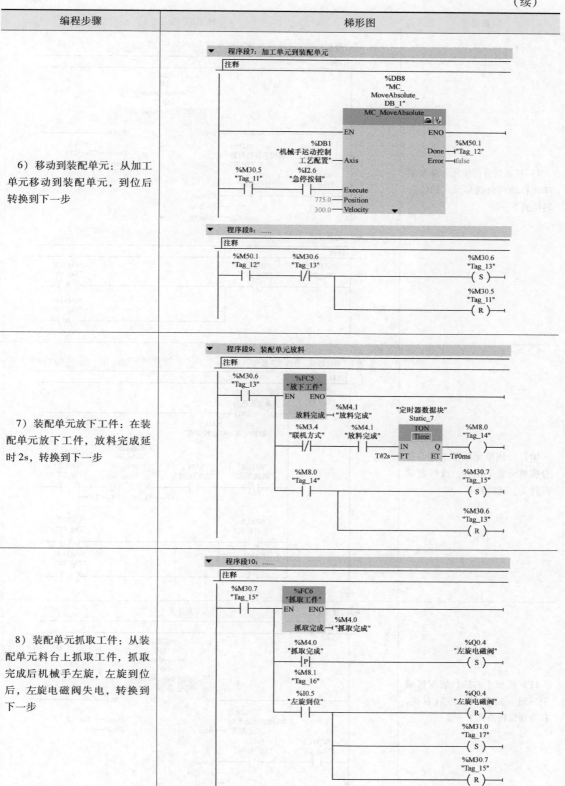

（续）

编程步骤	梯形图
9）移动到分拣单元：从装配单元移动到分拣单元，到位后转换到下一步	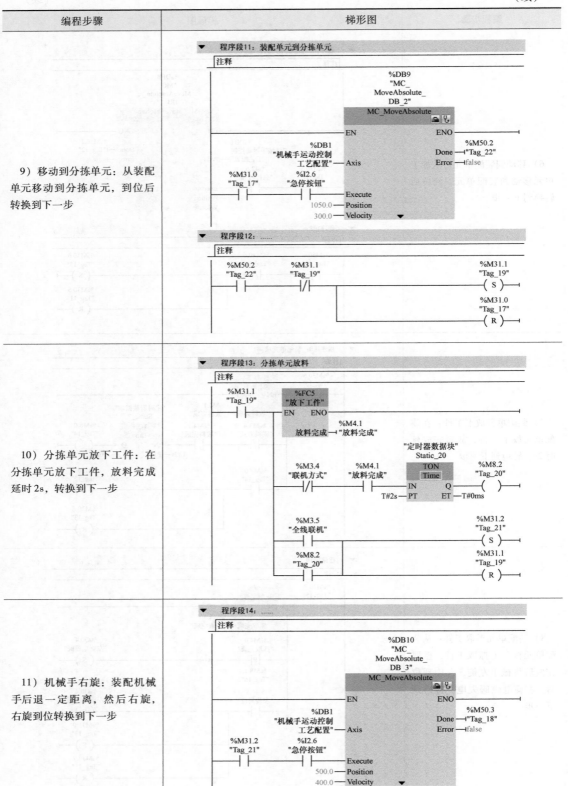
10）分拣单元放下工件：在分拣单元放下工件，放料完成延时2s，转换到下一步	
11）机械手右旋：装配机械手后退一定距离，然后右旋，右旋到位转换到下一步	

（续）

编程步骤	梯形图
11）机械手右旋：装配机械手后退一定距离，然后右旋，右旋到位转换到下一步	
12）返回到供料单元：返回到供料单元，到位后转换到下一步	
13）驱动机构返回步：回初始步，等待再次启动	

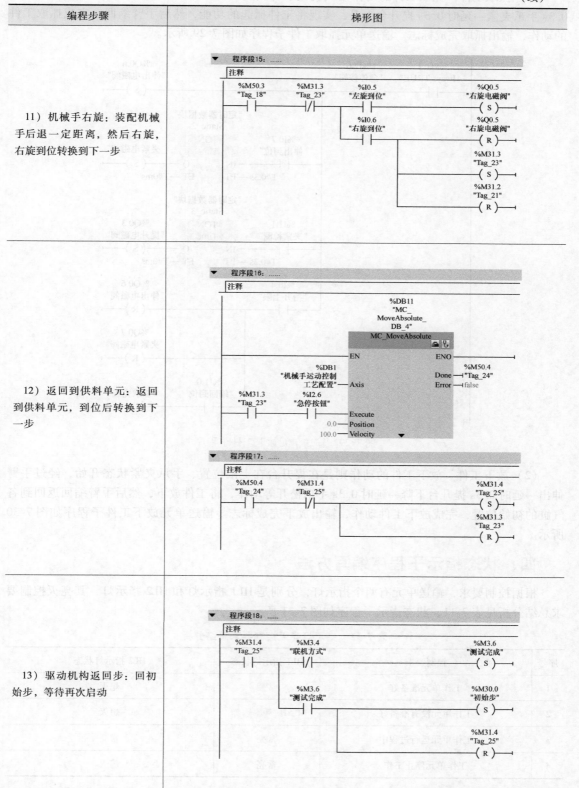

（1）抓取工件 抓取工件的动作是从机械手各气缸在初始位置开始，经过手臂伸出→延时0.3s手爪夹紧→延时0.3s提升台上升，实现将工件抓起的功能，然后手臂缩回，完成抓取工件的动作，输出抓取完成标志。输送单元抓取工件子程序如图7-29所示。

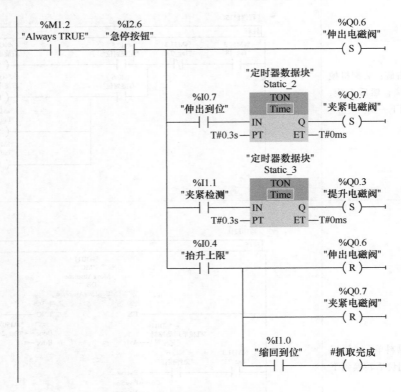

图 7-29 输送单元抓取工件子程序

（2）放下工件 放下工件的动作则是在提升台在上限位置、手爪夹紧状态开始，经过手臂伸出→延时0.3s提升台下降→延时0.3s手爪松开等动作，将工件放下，然后手臂缩回返回到各气缸的初始位置，完成放下工件动作，输出放下完成标志。输送单元放下工件子程序如图7-30所示。

四、状态指示子程序编写方法

根据控制要求，输送单元有两个指示灯，分别是HL1指示灯和HL2指示灯，其亮灭控制要求总结分析见表7-11，状态指示子程序如图7-31所示。

表 7-11 指示灯亮灭控制要求总结分析

序号	控制要求	HL1 指示灯状态	HL2 指示灯状态
1	工作单元准备好	常亮	熄灭
2	工作单元没有准备好	0.5Hz 频率闪烁	熄灭
3	工作单元运行过程中	常亮	常亮
4	工作单元停止工作	常亮	熄灭

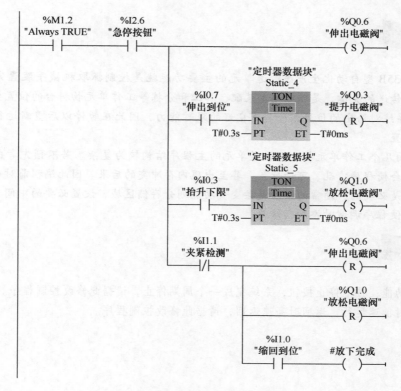

图 7-30　输送单元放下工件子程序

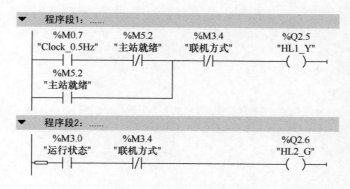

图 7-31　输送单元状态指示子程序

五、调试与运行

1）调整气动部分，检查气路是否正确、气压是否合理及气缸的动作速度是否合理。

2）检查磁性开关的安装位置是否到位、磁性开关工作是否正常。

3）检查 I/O 接线是否正确。

4）检查限位开关及电感式传感器的安装是否合理、距离设定是否合适，保证检测的可靠性。

5）运行程序，检查动作是否满足任务要求。

6）调试输送单元的各个位置，检查其是否正确。

7）优化程序。

项目小结

1) YL-335B型自动化生产线输送单元的主要功能就是控制抓取机械手装置完成工件的传送。实现准确传送的关键，是精确确定装配、加工和分拣等工作单元物料台的位置坐标。

2) 伺服系统对给定的位置信号具有良好的跟踪能力，因此在暂停以后重新运行时，仍能准确达到目标位置。

3) 与前面几个工作单元相比，输送单元的主程序结构较为复杂。若不预先考虑而到编程时随意设置，将会使程序凌乱、可读性差，甚至出现内存冲突的后果。因此编程前对中间变量有一个大体的规划是必要的，通常的做法是按变量功能划分存储区域，设置必要的中间变量，并留有充分余地，以便程序调试时添加或修改。

项目拓展

1) 增加功能：按下停止按钮，系统完成一个周期停止，请据此修改控制程序。

2) 输送时低速运行，返回时高速返回，请据此修改控制程序。

项目八
自动化生产线联机调试

项目目标

1）掌握西门子 S7 - 1200 PLC 以太网组网的相关知识和基本技能。
2）掌握人机界面常用构件的组态，以及脚本编写、实现流程控制的方法。
3）掌握自动化生产线的整体安装和调试的基本方法和步骤。

项目描述

YL - 335B 型自动化生产线各工作单元 PLC 之间通过以太网实现互联，构成分布式的控制系统，如图 8-1 所示，并指定输送单元为系统主站。

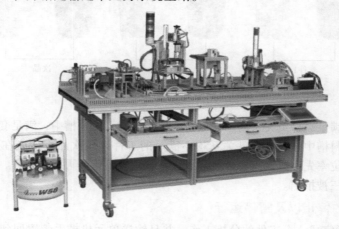

图 8-1 YL - 335B 型自动化生产线

当系统运行时，主令工作信号由连接到自动化生产线系统交换机的触摸屏人机界面提供，主站与从站之间通过网络交换信息，并在人机界面上显示系统的主要工作状态。

一般情况下自动化生产线的运行常设置为单站运行和联机运行两种工作方式，本任务为突出整体运行的实训，重点考虑联机运行方式。

1. 系统进入联机方式的条件

各工作单元的工作方式选择开关 SA 均置于接通状态。

2. 系统启动

在联机方式下，如果系统各工作单元已经准备就绪，则触摸屏人机界面上启动按钮将使系统启动。各工作单元准备就绪的条件与其单站方式相同。

3. 自动化生产线联机运行的工作过程

将供料单元料仓内的白色或黑色工件送往装配单元的装配台上，然后把装配单元料仓内的白色、黑色或金属的小圆柱芯件嵌入到装配台上的工件中，完成装配的工件如图 8-2 所示；装配完成后，把装配好的工件送往加工单元的物料台进行一次压紧加工，完成加工后的成品送往分拣单元按套件关系进行分拣。第一种套件（套件 1）由白芯黑壳工件、金属芯白壳工件各一个搭配组成，第二种套件（套件 2）由金属芯黑壳工件、黑芯白壳工件各一个搭配组成；成品工件可能出现的黑芯黑壳工件和白芯白壳工件作为次品处理，套件 1、套件 2 和次品组成如图 8-3 所示。

图 8-2　完成装配的工件

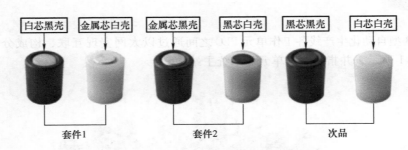

图 8-3　套件 1、套件 2 和次品组成

分拣原则是：满足套件 1 关系的工件应在工位一被推入出料槽中；满足套件 2 关系的工件应在工位二被推入出料槽中；两种套件关系均不满足的工件以及次品工件应在工位三被推入出料槽中。如果某一工位率先完成两组套件的推入任务，则该工位不再推入工件，满足该工位推入条件的工件应在工位三被推出。

4. 系统运行的停止以及暂停运行

1）当分拣单元完成一个工件的分拣工作，并且输送单元机械手装置回到原点时，系统的一个工作周期才结束。如果在工作周期期间系统运行指令保持为 ON 状态，系统在延时 1s 后开始下一工作周期。

2）如果分拣单元工位一和工位二均完成两组套件的分拣工作，则系统的分拣任务完成，系统运行指令应被复位，供料单元不再执行推料操作。当抓取机械手装置返回初始位置后系统自动停止工作，界面上运行状态指示灯熄灭。

3）如果分拣单元工位一或工位二率先完成两组套件的分拣工作，则率先完成工位将不再接受工件的推入，满足此工位准入要求的工件将传送到工位三被推入。

4）系统工作过程中按下输送单元的急停按钮，则系统暂停运行。在急停按钮复位后，应从暂停前的断点开始继续运行。

5. 联机运行参数的要求及系统工作状态显示

1）输送单元的机械手装置传送工件的速度应不小于 350mm/s，返回速度不小于 300mm/s。

2）分拣单元变频器的运行频率由人机界面指定（15～35Hz），初始值为 25Hz。

3）系统的工作状态应在人机界面上显示，同时安装在装配单元上的警示灯应能显示整个系统的主要工作状态，例如复位、启动、停止和报警等。

6. 联机运行过程中的异常工作状态

1）如果发生来自供料单元或装配单元的物料不足的预警信号，系统继续工作。

2）如果发生没有物料的报警信号，则系统在完成该工作周期尚未完成的工作后停止工作。只有向发出报警的工作单元加上足够物料后，系统才能再次启动。

7. 触摸屏组态要求

用户窗口包括首页界面和联机运行界面两个窗口，其中首页界面是启动界面。人机界面的组态要求见表 8-1。

表 8-1　人机界面的组态要求

窗口	组态要求
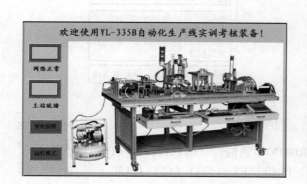	首页界面： 　触摸屏上电后，屏幕上方的标题文字向左循环移动，等待用户操作 　网络状态正常时，"网络正常"灯被点亮；主站已准备就绪时，"主站就绪"灯被点亮 　仅当网络状态正常且主站已经就绪，触摸"运行模式"按钮，才能切换到联机运行界面；若任一条件不满足而触摸此按钮，系统不予响应
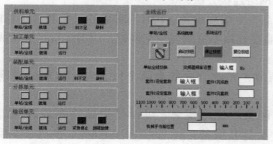	联机运行界面： 　提供系统"单站/全线"切换开关、启动按钮、停止按钮和复位按钮主令信号 　在界面上设定分拣单元变频器的输入运行频率（15～35Hz，整数） 　在人机界面上动态显示输送单元机械手装置当前位置（显示精度为 0.01mm） 　在界面上设定套件 1 和套件 2 套数，并显示已完成分拣的套件 1 和套件 2 的套数 　指示各工作单元的工作模式，准备就绪、运行/停止、故障状态

知识准备

知识思维导图

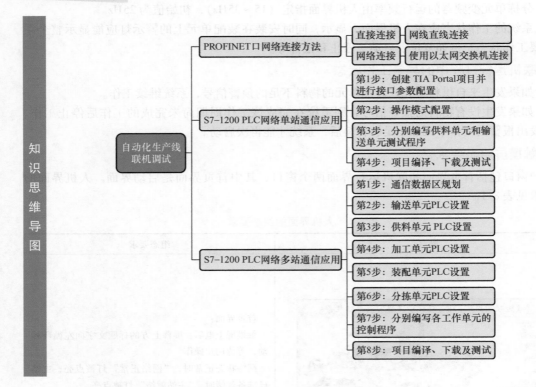

一、S7－1200 PLC 网络单站通信应用

S7－1200 PLC网络单站通信应用

S7－1200 PLC CPU 本体上集成了一个 PROFINET 通信口（CPU 1211C－CPU 1214C，只有 1 个 PROFINET 接口）或者两个 PROFINET 通信口（CPU 1215C－CPU 1217C），支持以太网和基于 TCP/IP 和 UDP（用户数据报协议）的通信标准。这个 PROFINET 物理接口是支持 10Mbit/s、100Mbit/s 的 RJ 45 口，支持电缆交叉自适应，因此一个标准的或是交叉的以太网线都可以用于这个接口。使用这个通信口可以实现 S7－1200 PLC CPU 与编程设备的通信、与 HMI 触摸屏的通信，以及与其他 CPU 之间的通信。

S7－1200 PLC CPU 的 PROFINET 口有两种网络连接方法：

1）直接连接：当一个 S7－1200 PLC CPU 与一个编程设备、HMI，或是另一个 PLC 通信时，即只有两个通信设备时，实现的是直接通信。直接连接不需要使用交换机，用网线直接连接两个设备即可。

2）网络连接：当多个通信设备进行通信时，即通信设备为两个以上时，实现的是网络连接。

多个通信设备的网络连接需要使用以太网交换机来实现。可以使用导轨安装的西门子 SCALANCE XB008 的 8 口交换机连接其他 CPU 及 HMI 设备，SCALANCE XB008 交换机是即插即用的，使用前不用做任何设置。

PROFINET 是开放的、标准的及实时的工业以太网标准。

借助 PROFINET I/O 可实现一种允许所有单元随时访问网络的交换技术。作为 PROFINET 的一部分，PROFINET I/O 是用于实现模块化、分布式应用的通信概念。这样，通过多个节点的并行数据传输可更有效地使用网络。PROFINET I/O 以交换式以太网全双工操作和 100Mbit/s 带宽为基础。

PROFINET I/O 基于 PROFIBUS DP 的应用经验，将常用的用户操作与以太网技术中的新概念相结合。

PROFINET I/O 分为 I/O 控制器、I/O 设备和 I/O 监控器。

1）PROFINET I/O 控制器指用于对连接的 I/O 设备进行寻址的设备。这意味着 I/O 控制器将与分配的现场设备交换输入和输出信号。I/O 控制器通常是运行自动化程序的控制器。

2）PROFINET I/O 设备指分配给其中一个 I/O 控制器（例如远程 I/O、变频器和交换机）的分布式现场设备。

3）PROFINET I/O 监控器指用于调试和诊断的编程设备、PC 或 HMI 设备。

S7–1200 PLC CPU 硬件版本为 V4.0，相关的通信参数如图 8-4 所示。

CPU硬件版本	接口类型	控制器功能	智能I/O设备功能	可带I/O设备最大数量	扩展站子模块最大数量总和
V4.0	PROFINET	√	√	16	256

图 8-4　相关的通信参数

CPU 的 "I–Device"（智能设备）功能简化了与 I/O 控制器的数据交换和 CPU 操作过程（如用作子过程的智能预处理单元）。智能设备可作为 I/O 设备连接到上位 I/O 控制器中，预处理过程则由智能设备中的用户程序完成。集中式或分布式（PROFINET I/O 或 PROFIBUS DP）采集的处理器值由用户程序进行预处理，并提供给 I/O 控制器。

下面以输送单元 CPU 1214C DC/DC/DC 与供料单元 CPU 1214C AC/DC/RLY 通信为例，介绍 CPU 之间如何进行智能设备 PROFINET 通信，具体的控制要求如下：

按下输送单元启动按钮 SB1 对应供料单元的指示灯 HL1 常亮，松开启动按钮 SB1，供料单元的指示灯 HL1 熄灭；按下供料单元的启动按钮 SB1，输送单元指示灯 HL1 常亮，松开启动按钮 SB1，输送单元的指示灯 HL1 熄灭。两台 PLC 通信控制要求示意图如图 8-5 所示。

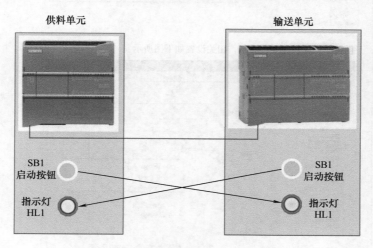

图 8-5　两台 PLC 通信控制要求示意图

根据控制要求，两个单元 PLC 对应设备类型、设备名称和 IP 地址设置见表 8-2。

表 8-2　两个单元 PLC 对应设备类型、设备名称和 IP 地址设置

单元名称	PLC 型号	设备类型	设备名称	IP 地址	启动按钮 SB1	指示灯 HL1
输送单元	CPU 1214C DC/DC/DC	I/O 控制器	输送单元	192.168.3.1	I2.4	Q2.5
供料单元	CPU 1214C AC/DC/RLY	智能 I/O 设备	供料单元	192.168.3.2	I1.2	Q0.7

通信操作步骤见表 8-3。

表 8-3　两个单元 PLC 通信操作步骤

步骤	内　容
第 1 步：创建 TIA Portal 项目并进行接口参数配置	使用 TIA Portal V16.0 创建一个新项目，进入网络视图，添加表 8-2 列出的所有设备，并进入各个设备以太网地址选项，分别设置子网、IP 地址以及设备名称，设置步骤如下： 1）选择"以太网地址" 2）设置"子网"连接 3）设置"在项目中设置 IP 地址" 4）设置"PROFINET 设备名称" 输送单元为 I/O 控制器，相关设置如下图所示： 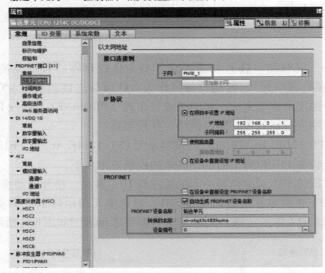 供料单元为智能 I/O 设备，相关设置如下图所示： 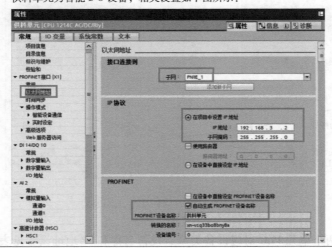

（续）

步骤	内　　容
第 2 步：操作模式配置	本例供料单元 CPU 1214C 作为智能 I/O 设备，需要将其操作模式改为 I/O 设备，并且分配给对应 I/O 控制器，配置所需的传输区域，设置步骤如下： 1）选择"操作模式" 2）勾选"IO 设备"，并选择"已分配的 IO 控制器" 3）设置"传输区域" **注意**：单个传输区最大的字节数为 1024，总的传输区不能超过 1440B
第 3 步：分别编写供料单元和输送单元测试程序	供料单元程序：

（续）

步骤	内　容
第3步：分别编写供料单元和输送单元测试程序	输送单元程序： 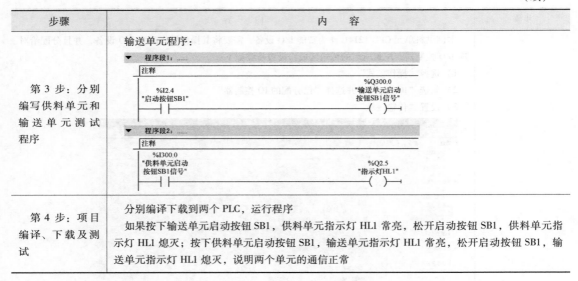
第4步：项目编译、下载及测试	分别编译下载到两个PLC，运行程序 如果按下输送单元启动按钮SB1，供料单元指示灯HL1常亮，松开启动按钮SB1，供料单元指示灯HL1熄灭；按下供料单元启动按钮SB1，输送单元指示灯HL1常亮，松开启动按钮SB1，输送单元指示灯HL1熄灭，说明两个单元的通信正常

二、S7-1200 PLC 网络多站通信应用

以 YL-335B 型自动化生产线各工作单元 PLC 实现 PROFINET 通信的操作步骤为例，说明使用 PROFINET 协议实现通信的步骤。

具体的控制要求如下：

按下输送单元启动按钮 SB1 对应供料单元、加工单元、装配单元和分拣单元的指示灯 HL1 常亮，松开启动按钮 SB1，供料单元、加工单元、装配单元和分拣单元的指示灯 HL1 熄灭；按下供料单元启动按钮 SB1，输送单元指示灯 HL1 常亮，松开供料单元启动按钮 SB1，输送单元的指示灯 HL1 熄灭。加工单元、装配单元和分拣单元的控制要求与供料单元的控制要求相同。5 台 PLC 通信控制要求示意图如图 8-6 所示。

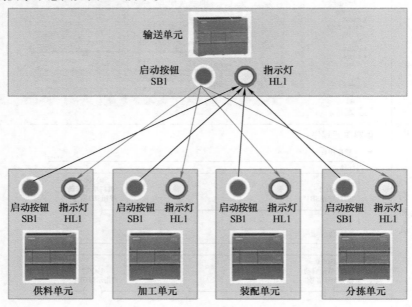

图 8-6　5 台 PLC 通信控制要求示意图

根据控制要求，对 YL－335B 型自动化生产线每个单元对应的设备类型、设备名称和 IP 地址设置见表 8-4。

表 8-4　YL－335B 型自动化生产线每个单元对应的设备类型、

设备名称和 IP 地址设置

单元名称	PLC 型号	设备类型	设备名称	IP 地址	启动按钮 SB1	指示灯 HL1
输送单元	CPU 1214C DC/DC/DC	I/O 控制器	输送单元	192.168.3.1	I2.4	Q2.5
供料单元	CPU 1214C AC/DC/RLY	智能 I/O 设备	供料单元	192.168.3.2	I1.2	Q0.7
加工单元	CPU 1214C AC/DC/RLY	智能 I/O 设备	加工单元	192.168.3.3	I1.2	Q0.7
装配单元	CPU 1214C DC/DC/DC	智能 I/O 设备	装配单元	192.168.3.4	I1.2	Q0.7
分拣单元	CPU 1214C AC/DC/RLY	智能 I/O 设备	分拣单元	192.168.3.5	I1.2	Q0.7

YL－335B 型自动化生产线 5 个单元 PLC 之间通信的详细操作步骤见表 8-5。

表 8-5　5 个单元 PLC 之间通信的详细操作步骤

步骤	内　　容
第 1 步：通信数据区规划	根据控制要求规划各单元的通信数据区，按照控制要求，每个单元的发送和接收数据区只需各一个字节，但是为了给后续自动化生产线联机运行发送和接收更多的数据做准备，设定输送单元为 I/O 控制器，供料单元、加工单元、装配单元和分拣单元为智能 I/O 设备，各站之间发送和接收的数据区域为各 10B，详细的通信数据区如下表所示： 表见下方

I/O 控制器中的地址			智能设备中的地址	
输送单元	Q300 ~ Q309	⟶	供料单元	I300 ~ I309
输送单元	I300 ~ I309	⟵	供料单元	Q300 ~ Q309
输送单元	Q310 ~ Q319	⟶	加工单元	I300 ~ I309
输送单元	I310 ~ I319	⟵	加工单元	Q300 ~ Q309
输送单元	Q320 ~ Q329	⟶	装配单元	I300 ~ I309
输送单元	I320 ~ I329	⟵	装配单元	Q300 ~ Q309
输送单元	Q330 ~ Q339	⟶	分拣单元	I300 ~ I309
输送单元	I330 ~ I339	⟵	分拣单元	Q300 ~ Q309

（续）

步骤	内容
第2步：输送单元PLC设置	1）选择"以太网地址" 2）设置"在项目中设置IP地址" 3）设置"PROFINET设备名称" 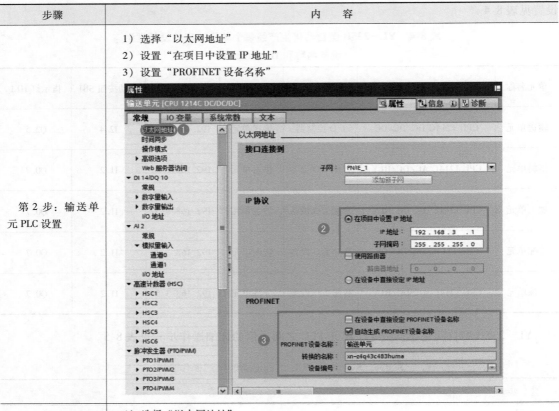
第3步：供料单元PLC设置	1）选择"以太网地址" 2）设置"在项目中设置IP地址" 3）设置"PROFINET设备名称" 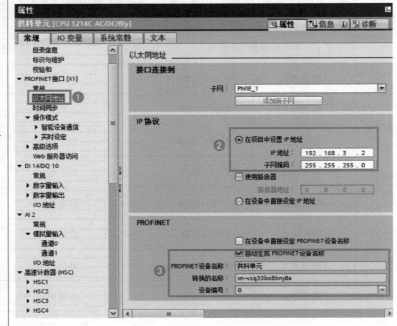

（续）

步骤	内　　容
第 3 步：供料单元 PLC 设置	4）设置操作模式和传输区：①选择"操作模式"；②勾选"IO 设备"，并选择"已分配的 IO 控制器"；③设置"传输区域" 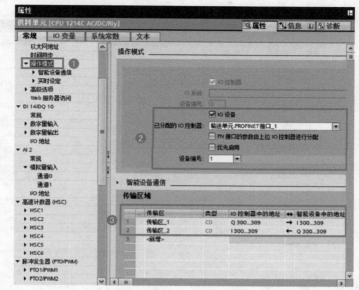

	远程设备（伙伴）		本地设备	
	I/O 控制器中的地址		智能设备中的地址	
输送单元	Q300 ~ Q309	⟶	供料单元	I300 ~ I309
输送单元	I300 ~ I309	⟵	供料单元	Q300 ~ Q309

步骤	内　　容
第 4 步：加工单元 PLC 设置	1）选择"以太网地址" 2）设置"在项目中设置 IP 地址" 3）设置"PROFINET 设备名称" 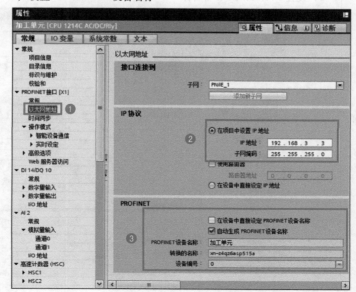

（续）

步骤	内　　容
第4步：加工单元PLC设置	4）设置操作模式和传输区： ①选择"操作模式"；②勾选"IO设备"，并选择"已分配的IO控制器"；③设置"传输区域" 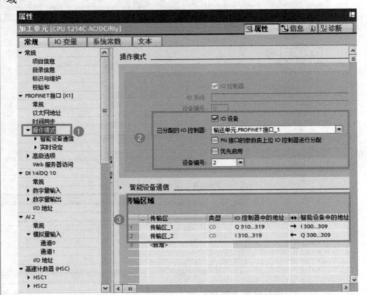

远程设备（伙伴）			本地设备	
I/O控制器中的地址			智能设备中的地址	
输送单元	Q310 ~ Q319	⟶	加工单元	I300 ~ I309
输送单元	I310 ~ I319	⟵	加工单元	Q300 ~ Q309

第5步：装配单元PLC设置	1）选择"以太网地址" 2）设置"在项目中设置IP地址" 3）设置"PROFINET设备名称" 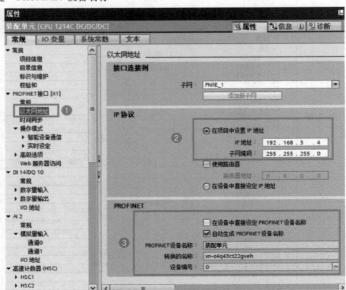

（续）

步骤	内 容
第 5 步：装配单元 PLC 设置	4）设置操作模式和传输区：①选择"操作模式"；②勾选"IO 设备"，并选择"已分配的 IO 控制器"；③设置"传输区域" 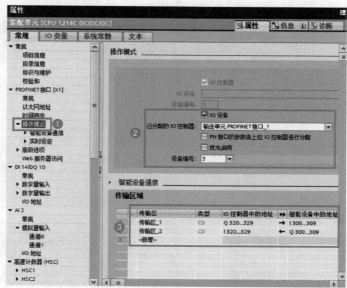

远程设备（伙伴）			本地设备	
I/O 控制器中的地址			智能设备中的地址	
输送单元	Q320 ~ Q329	⟶	装配单元	I300 ~ I309
输送单元	I320 ~ I329	⟵	装配单元	Q300 ~ Q309

步骤	内 容
第 6 步：分拣单元 PLC 设置	1）选择"以太网地址" 2）设置"在项目中设置 IP 地址" 3）设置"PROFINET 设备名称" 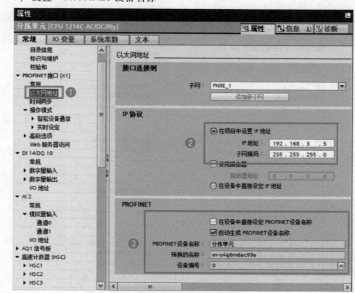

（续）

步骤	内 容

4）设置操作模式和传输区：①选择"操作模式"；②勾选"IO 设备"，并选择"已分配的 IO 控制器"；③设置"传输区域"

第 6 步：分拣单元 PLC 设置

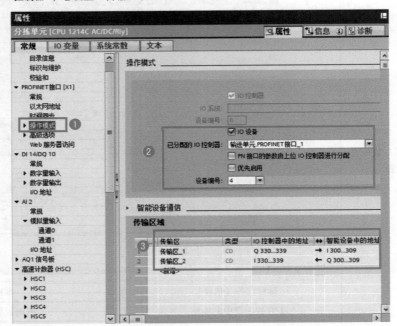

远程设备（伙伴）			本地设备	
I/O 控制器中的地址			智能设备中的地址	
输送单元	Q330 ~ Q339	⟶	分拣单元	I300 ~ I309
输送单元	I330 ~ I339	⟵	分拣单元	Q300 ~ Q309

第 7 步：分别编写各工作单元的控制程序

输送单元控制程序如下：

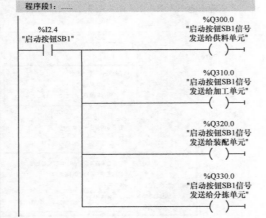

（续）

步骤	内　容

程序段2：……

```
%I300.0
"接收供料单元
 启动按钮SB1
   信号"                                            %Q2.5
  ┤├──────────────┬────────────────────────  "指示灯HL1"
                   │                              ( )
%I310.0            │
"接收加工单元       │
 启动按钮SB1        │
   信号"            │
  ┤├──────────────┤
                   │
%I320.0            │
"接收装配单元       │
 启动按钮SB1        │
   信号"            │
  ┤├──────────────┤
                   │
%I330.0            │
"接收分拣单元       │
 启动按钮SB1        │
   信号"            │
  ┤├──────────────┘
```

供料单元控制程序如下：

程序段1：……

```
                                            %Q300.0
%I1.2                                    "启动按钮SB1信号
"启动按钮SB1"                              发送给输送单元"
  ┤├────────────────────────────────────────  ( )
```

第 7 步：分别编写各工作单元的控制程序

程序段2：……

```
%I300.0
"接收输送单元
 启动按钮SB1
   信号"                                       %Q0.7
  ┤├────────────────────────────────────────  "指示灯HL1"
                                               ( )
```

加工单元控制程序如下：

程序段1：……

```
                                            %Q300.0
%I1.2                                    "启动按钮SB1信号
"启动按钮SB1"                              发送给输送单元"
  ┤├────────────────────────────────────────  ( )
```

程序段2：……

```
%I300.0
"接收输送单元
 启动按钮SB1
   信号"                                       %Q0.7
  ┤├────────────────────────────────────────  "指示灯HL1"
                                               ( )
```

装配单元控制程序如下：

程序段1：……

```
                                            %Q300.0
%I1.2                                    "启动按钮SB1信号
"启动按钮SB1"                              发送给输送单元"
  ┤├────────────────────────────────────────  ( )
```

程序段2：……

```
%I300.0
"接收输送单元
 启动按钮SB1
   信号"                                       %Q0.7
  ┤├────────────────────────────────────────  "指示灯HL1"
                                               ( )
```

（续）

步骤	内 容
第 7 步：分别编写各工作单元的控制程序	分拣单元控制程序如下： **程序段1:** …… %I1.2　　　　　　　　　　　　%Q300.0 "启动按钮SB1"　　　　　　　"启动按钮SB1信号 　　　　　　　　　　　　　　发送给输送单元" 　――┤├――――――――――――（　）―― **程序段2:** …… %I300.0 "接收输送单元 启动按钮SB1 信号"　　　　　　　　　　%Q0.7 　　　　　　　　　　　　　"指示灯HL1" 　――┤├――――――――――（　）――
第 8 步：项目编译、下载及测试	分别通过网线将计算机与对应单元 PLC 连接，分别将程序下载到对应单元 PLC 中，然后再将每个 PLC 连接的网线连接到交换机的接口，等待通信连接建立成功。按下输送单元的启动按钮 SB1，其余单元的 HL1 指示灯将常亮，松开输送单元的启动按钮 SB1，其余单元的 HL1 指示灯将熄灭。然后分别按下供料单元、加工单元、装配单元和分拣单元的启动按钮 SB1，输送单元的 HL1 指示灯会常亮，分别松开各单元的启动按钮 SB1，输送单元的 HL1 指示灯会熄灭。如果能够实现上述控制，说明多台 PLC 之间的通信测试成功

项目实施

任务一　　自动化生产线安装与调整

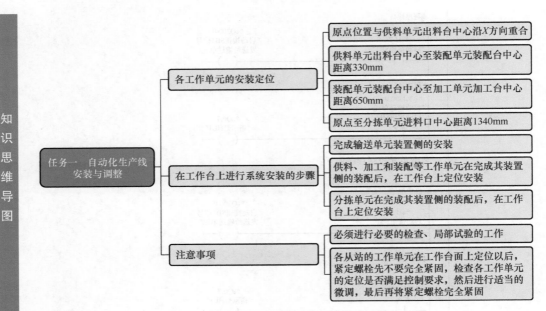

　　YL-335B型自动化生产线的设备安装图如图8-7所示，各工作单元的机械安装、气路连接及调整、电气接线等，其工作步骤和注意事项在前面各项目中已做叙述，这里将从整体的角度来说明设备的安装和调整。

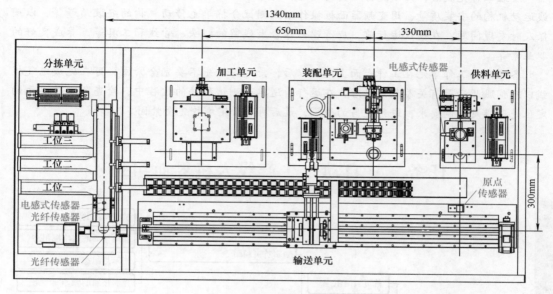

图8-7　设备安装图

一、各工作单元的安装定位

　　系统整体安装时，必须确定各工作单元的安装定位，为此首先要确定安装的基准点。在图8-7中，输送单元直线导轨底板是预先安装到工作台面的，故系统原点位置已经确定，原点位置就是基准点。然后根据：①原点位置与供料单元出料台中心沿X方向重合；②供料单元出料台中心至装配单元装配台中心距离330mm；③装配单元装配台中心至加工单元加工台中心距离650mm；④原点至分拣单元进料口中心距离1340mm；即可确定各工作单元在X方向的位置。

二、在工作台上进行系统安装的步骤

　　1）完成输送单元装置侧的安装。包括：直线运动组件、抓取机械手装置、拖链装置、电磁阀组件和装置侧电气接口等的安装；抓取机械手装置上各传感器引出线、连接到各气缸的气管沿拖链的敷设和绑扎；连接到装置侧电气接口的接线；气路的连接等。

　　2）供料、加工和装配等工作单元在完成其装置侧的装配后，在工作台上定位安装。它们沿Y方向的定位，以输送单元机械手在伸出状态时，能顺利在它们的物料台上抓取和放下工件为准（与直线导轨中心线距离为300mm）。

　　3）分拣单元在完成其装置侧的装配后，在工作台上定位安装。沿Y方向的定位，应使传送带上进料口中心点与输送单元直线导轨中心线重合；沿X方向的定位，应确保输送单元机械手运送工件到分拣单元时，能准确地把工件放到进料口中心。

微知识

自动化生产线安装与调整注意事项

安装工作完成后，必须进行必要的检查、局部试验的工作，例如用手动移动方法检查直线运动机构的安装质量、用变频器面板操作方式测试分拣单元传动机构的安装质量等，以确保及时发现问题。在投入运行前，应清理工作台上残留的线头、管线和工具等，养成良好的职业素养。

各从站的工作单元在工作台面上定位以后，紧定螺栓先不要完全紧固，可在完成电气接线以及伺服驱动器有关参数设定后，在运行输送单元测试程序的过程中，检查各工作单元的定位是否满足控制要求，进行适当的微调，最后再将紧定螺栓完全紧固。

任务二　自动化生产线人机界面组态

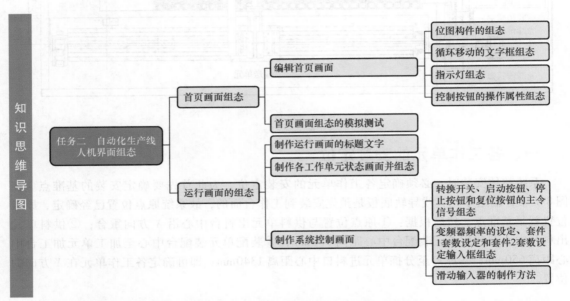

首先进行人机界面组态，再规划 PLC 编程数据，进一步编制程序，是工程任务实际实施的方法之一。其优点在于，已经通过模拟测试的人机界面，其实时数据库的数据对象为规划 PLC 网络变量和中间变量提供了一定的依据，使得这一规划更具直观性和可操作性。

触摸屏组态时首先新建两个窗口，默认名称分别为"窗口 0"和"窗口 1"，将两窗口名称分别改为"首页画面"和"运行画面"。然后在"用户窗口"中，选中"首页画面"，右击选择下拉菜单中的"设置为启动窗口"选项，将该窗口设置为运行时自动加载的窗口。

人机界面组态及编程前数据规划

一、首页画面组态

1. 编辑首页画面

首页画面的构件不多，下面分别说明各构件的组态步骤。

（1）位图构件的组态　本工作任务的位图组态，只要求装载位图，步骤如下：选择"工具箱"内的"位图"按钮，光标呈十字形，在窗口左上角位置拖拽鼠标，拉出一个矩形。调整其大小并移动到恰当的位置。

在位图上右击，选择"装载位图"，找到要装载的位图，单击选择该位图，如图8-8所示，然后单击"打开"按钮，该图片将被装载到窗口。

（2）循环移动的文字框组态

1）选择"工具箱"内的"标签" **A**，拖拽到窗口上方中心位置，根据需要拉出一个大小适合的矩形。输入文字"欢迎使用YL－335B自动化生产线实训考核装备！"。

2）静态属性设置。文字框的背景颜色：没有填充；文字框的边线颜色：没有边线；字符颜色：深蓝色；文字字体：楷体；字型：粗体，大小为二号。

3）为了使文字循环移动，在"位置动画连接"中勾选"水平移动"，这时在对话框上端便增添了"水平移动"窗口标签。水平移动选项卡的设置如图8-9所示，设置要点如下：触摸屏图形对象所在的水平位置定义为以左上角为坐标原点，单位为像素点，向左为负方向，向右为正方向。TPC7062K的分辨率是800×480像素，文字串"欢迎使用YL－335B自动化生产线实训考核装备！"向左全部移出的偏移量约为－700像素，故水平移动选项卡中"最大移动偏移量"为－700。文字循环移动的策略是，如果文字串向左全部移出，则返回＋700的坐标重新向左移动。

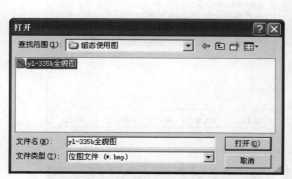

图8-8　查找要装载的位图

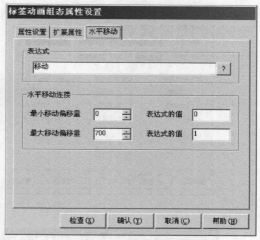

图8-9　水平移动选项卡的设置

实现"水平移动"的方法如下：首先建立一个与水平移动量相关的数值变量。为此，在实时数据库中定义一个数值变量的内部数据对象"移动"，它与文字对象的位置之间是一个斜率为－5的线性关系，即当文字对象的最大移动量为－700时，表达式的值为140。

接着是使数值变量"移动"按一定规律变化，可以通过编写一个循环脚本实现。在"首页画面"的"用户窗口属性设置"对话框，单击"循环脚本"。在出现的脚本程序框中输入使文字循环移动的脚本，并将循环时间改为100ms，如图8-10所示。

（3）指示灯组态（以"主站就绪"指示灯为例）　在绘图工具箱的对象元件库管理中选择指示灯6（矩形指示灯），插入到首页画面中，调整其大小和位置。设置指示灯的"填充颜色"属性，以显示主站就绪状态，"主站就绪"指示灯组态如图8-11所示。

（4）控制按钮的操作属性组态　"复位"按钮的操作属性组态和"运行模式"按钮的脚本程序分别如图8-12a、b所示。由于进入运行界面需要同时满足网络正常且主站已经就绪的条件，

"运行模式"的操作属性需要编写脚本程序才能实现。

2. 首页画面组态的模拟测试

为了实现单击"运行模式"按钮切换到运行画面的功能，可临时添加并组态"网络正常"和"主站就绪"指示灯的"按钮动作"属性，分别使"网络正常"和"主站就绪"变量取反。这样，单击两指示灯使其点亮，再单击"运行模式"按钮就能切换到运行画面。

二、运行画面的组态

1. 制作运行画面的标题文字

制作运行画面的标题文字，然后用直线构件把

图 8-10 编写循环脚本

标题文字下方的区域划分为左右两部分。区域左面制作各工作单元状态画面，右面制作系统控制画面。

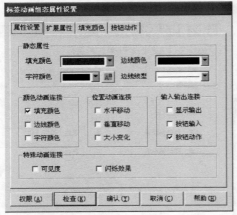
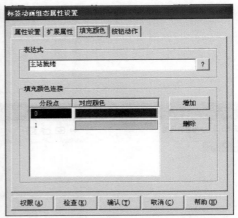

图 8-11 "主站就绪"指示灯组态

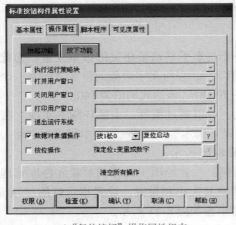
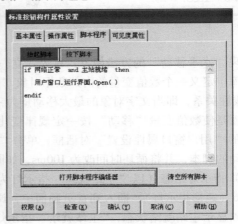

a)"复位按钮"操作属性组态　　　　　b)"运行模式"按钮脚本程序

图 8-12 控制按钮操作属性组态

2. 制作各工作单元状态画面并组态

以供料单元状态指示组态为例，其画面如图 8-13 所示，图中的构件都是指示灯，用于状态显示。表示工作模式、就绪状态和运行状态的指示灯是绿色指示灯，状态为ON 时点亮（填充为淡绿色）。

图 8-13　供料单元状态指示组态

"供料不足"和"缺料"两状态指示灯有报警时闪烁功能的要求，下面通过制作缺料报警指示灯说明此属性的设置步骤：

1）在属性设置选项卡的"特殊动画连接"框中勾选"闪烁效果"，将增加"闪烁效果"项，如图 8-14a 所示。

2）闪烁效果选项卡中，表达式选择为"没有工件"；在闪烁实现方式框中选择"用图元属性的变化实现闪烁"，如图 8-14b 所示；填充颜色选择鲜红色。

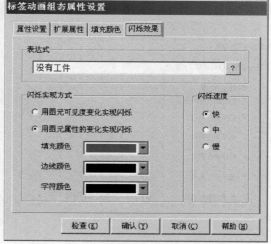

a) 属性设置选项卡　　　　　　　　　　　　　　　　b) 闪烁效果选项卡

图 8-14　具有报警时闪烁功能的指示灯制作

3. 制作系统控制画面

（1）转换开关、启动按钮、停止按钮和复位按钮的主令信号组态

1）运行界面上的启动按钮、停止按钮和复位按钮可在任何时刻按下，输出系统启动、停止和复位命令，但系统能否启动、停止和复位，则由 PLC 程序判定。因此启动按钮、停止按钮和复位按钮的操作属性设置为使启动按钮、停止按钮和复位按钮变量"按 1 松 0"。

2）单站/全线切换开关的主令信号组态。在绘图工具箱的对象元件库管理中选择开关 6，插入到运行画面中，调整其大小和位置。相应的动画组态属性设置如图 8-15 所示。

3）系统自动停止命令应在运行界面设定的套件数全部分拣完成，或出现缺料故障时自动发出，为此，可在"运行界面"窗口属性设置中添加如下循环脚本实现：

系统停止命令 = （套件 1 完成套数 = 套件 1 设定 and 套件 2 完成套数 = 套件 2 设定）or 没有工件 or 没有芯件

系统自动停止命令发出后，主站 PLC 程序将置位主站停止指令，使系统在本工作周期结束

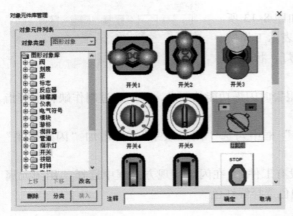

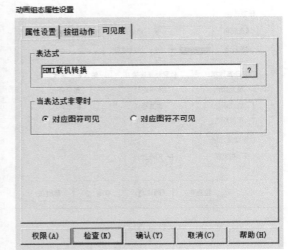

图 8-15　切换开关动画组态属性设置

后停止。系统正常停止时，分拣单元 PLC 程序将清零套件 1 完成数和套件 2 完成数，这两个数据传送到人机界面后，复位系统停止命令，使系统能重新再启动工作。

（2）输入框组态　变频器频率的设定、套件 1 套数设定和套件 2 套数设定是用数值输入框来实现的，下面以变频器频率的设定为例，详细的组态步骤如下：

1）选中"工具箱"中的"输入框" **abl** 图标，拖动鼠标，绘制 1 个输入框。

2）双击 输入框 图标，进行属性设置。只需要设置操作属性，包括对应数据对象的名称、单位、小数位数、最小值和最大值，如图 8-16 所示。

（3）滑动输入器的制作方法　步骤如下：

1）选中"工具箱"中的"滑动输入器" 图标，当鼠标呈十字形后，拖动鼠标到适当大小，调整滑动块到适当的位置。

2）双击滑动输入器构件，进入如图 8-17 所示的"滑动输入器构件属性设置"对话框。然后按照下面的值设置各个参数。

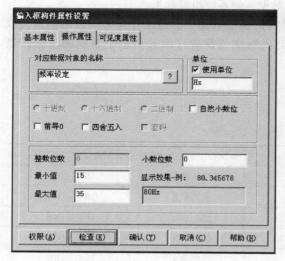
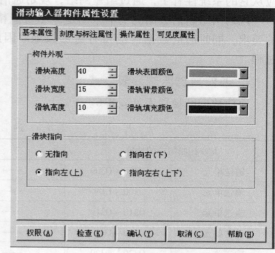

图 8-16　操作属性设置　　　　　　　　图 8-17　"滑动输入器构件属性设置"对话框

①"基本属性"选项卡："滑块指向"为"指向左（上）"。

②"刻度与标注属性"选项卡："主划线数目"为 11，"次划线数目"为 2；小数位数为 0。

③"操作属性"选项卡中，对应数据对象名称为"机械手位置"；滑块在最左（下）边时对应的值：1100；滑块在最右（上）边时对应的值：0；其他为默认值。

3）单击"权限"按钮，进入用户权限设置对话框，选择管理员组，按"确认"按钮完成制作。注意：用户权限设置为管理员级别，这一步是必要的，这是因为滑动输入器构件具有读写属性，为了确保运行时用户不能干预（写入）机械手当前位置，必须对用户权限加以限制。图 8-18 为制作完成的滑动输入器构件效果图。

图 8-18　制作完成的滑动输入器构件效果图

任务三　自动化生产线联机程序编写

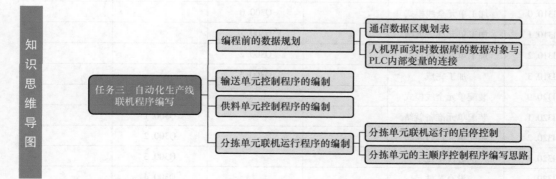

一、编程前的数据规划

YL－335B 型自动化生产线是一个分布式控制的自动化生产线，在设计它的整体控制程序时，应从它的系统性着手，通过组建网络，规划通信数据，使系统组织起来。

规划网络通信数据的基本原则是以尽可能精简的通信数据，满足工作任务中网络信息交换的要求，同时通信数据区应留有足够余地。因此进行规划前应仔细分析整个系统的工艺控制过程。

1. 通信数据区规划表

通信数据区规划表见表8-6。

表8-6　通信数据区规划表

I/O 控制器中的地址			智能设备中的地址	
输送单元	Q300 ~ Q309	⟶	供料单元	I300 ~ I309
输送单元	I300 ~ I309	⟵	供料单元	Q300 ~ Q309
输送单元	Q310 ~ Q319	⟶	加工单元	I300 ~ I309
输送单元	I310 ~ I319	⟵	加工单元	Q300 ~ Q309
输送单元	Q320 ~ Q329	⟶	装配单元	I300 ~ I309
输送单元	I320 ~ I329	⟵	装配单元	Q300 ~ Q309
输送单元	Q330 ~ Q339	⟶	分拣单元	I300 ~ I309
输送单元	I330 ~ I339	⟵	分拣单元	Q300 ~ Q309

1）输送单元（I/O控制器）接收、智能设备站发送的通信数据定义表见表8-7。

表8-7　输送单元（I/O控制器）接收、智能设备站发送的通信数据定义表

输送单元接收区地址	数据意义	供料单元数据发送区地址	加工单元数据发送区地址	装配单元数据发送区地址	分拣单元数据发送区地址
I300.0	供料单元全线模式	Q300.0			
I300.1	供料单元准备就绪	Q300.1			
I300.2	供料单元运行状态	Q300.2			
I300.3	工件不足	Q300.3			
I300.4	没有工件	Q300.4			
I300.5	供料完成	Q300.5			
I300.6	金属工件	Q300.6			
I310.0	加工单元全线模式		Q300.0		
I310.1	加工单元准备就绪		Q300.1		
I310.2	加工单元运行状态		Q300.2		
I310.3	加工完成		Q300.3		
I320.0	装配单元全线模式			Q300.0	
I320.1	装配单元准备就绪			Q300.1	
I320.2	装配单元运行状态			Q300.2	
I320.3	芯件不足			Q300.3	
I320.4	没有芯件			Q300.4	
I320.5	装配完成			Q300.5	
I320.6	装配台无工件			Q300.6	

（续）

输送单元接收区地址	数据意义	供料单元数据发送区地址	加工单元数据发送区地址	装配单元数据发送区地址	分拣单元数据发送区地址
I330.0	分拣单元全线模式				Q300.0
I330.1	分拣单元准备就绪				Q300.1
I330.2	分拣单元运行状态				Q300.2
I330.3	分拣单元允许进料				Q300.3
I330.4	分拣完成				Q300.4
IW335	套件1完成套数				QW305
IW337	套件2完成套数				QW307

2）输送单元（I/O控制器）发送、智能设备站接收的通信数据定义表见表8-8。

表8-8　输送单元（I/O控制器）发送、智能设备站接收的通信数据定义表

输送单元发送区地址	数据意义	供料单元数据接收区地址	加工单元数据接收区地址	装配单元数据接收区地址	分拣单元数据接收区地址
Q300.0	全线运行	I300.0			
Q300.1	全线停止	I300.1			
Q300.2	全线复位	I300.2			
Q300.3	全线急停	I300.3			
Q300.4	请求供料	I300.4			
Q300.5	HMI联机	I300.5			
Q310.0	全线运行		I300.0		
Q310.1	全线停止		I300.1		
Q310.2	全线复位		I300.2		
Q310.3	全线急停		I300.3		
Q310.4	请求加工		I300.4		
Q310.5	HMI联机		I300.5		
Q320.0	全线运行			I300.0	
Q320.1	全线停止			I300.1	
Q320.2	全线复位			I300.2	
Q320.3	全线急停			I300.3	
Q320.4	请求装配			I300.4	
Q320.5	HMI联机			I300.5	
Q320.6	系统复位中			I300.6	
Q320.7	系统就绪			I300.7	
Q321.0	供料单元物料不足			I301.0	
Q321.1	供料单元物料没有			I301.1	
Q330.0	全线运行				I300.0
Q330.1	全线停止				I300.1

（续）

输送单元发送区地址	数据意义	供料单元数据接收区地址	加工单元数据接收区地址	装配单元数据接收区地址	分拣单元数据接收区地址
Q330.2	全线复位				I300.2
Q330.3	全线急停				I300.3
Q330.4	请求分拣				I300.4
Q330.5	HMI 联机				I300.5
QW331	变频器写入频率				IW301
QW335	套件1设定				IW305
QW337	套件2设定				IW307

3）网络数据规划的说明。表8-7和表8-8两表中大部分数据，例如各工作单元运行模式、运行状态和故障情况等，都与人机界面主窗口画面的构件有关。这是因为人机界面提供了整个系统主要状态的显示，操作人员正是根据这些状态进行操作，实现监控功能。

2. 人机界面实时数据库的数据对象与 PLC 内部变量的连接

连接见表8-9。

表8-9　人机界面实时数据库的数据对象与 PLC 内部变量的连接

序号	连接变量	通道名称 S7-1200	序号	连接变量	通道名称 S7-1200
1	HMI 复位按钮（W）	M6.0	18	装配全线模式（R）	I320.0
2	HMI 停止按钮（W）	M6.1	19	装配站就绪（R）	I320.1
3	HMI 启动按钮（W）	M6.2	20	装配运行状态（R）	I320.2
4	HMI 联机转换（R）	M6.3	21	芯件不足（R）	I320.3
5	越程故障标志（R）	M3.7	22	没有芯件（R）	I320.4
6	输送急停状态（R）	M5.5	23	加工全线模式（R）	I310.0
7	输送全线模式（R）	M3.4	24	加工站就绪（R）	I310.1
8	输送准备就绪（R）	M5.2	25	加工运行状态（R）	I310.2
9	输送运行状态（R）	M3.0	26	分拣全线模式（R）	I330.0
10	系统准备就绪（R）	M5.3	27	分拣站就绪（R）	I330.1
11	系统运行状态（R）	M5.4	28	分拣运行状态（R）	I330.2
12	系统网络状态（R）	M7.0	29	机械手位置（R）	MD100
13	供料全线模式（R）	I300.0	30	变频器设定频率（W）	QW331
14	供料站就绪（R）	I300.1	31	套件1设定（W）	QW335
15	供料运行状态（R）	I300.2	32	套件2设定（W）	QW337
16	工件不足（R）	I300.3	33	套件1完成套数（R）	IW335
17	没有工件（R）	I300.4	34	套件2完成套数（R）	IW337

注：人机界面数据对象与 PLC 连接时的"只读"属性用"R"表示，"只写"属性用"W"表示，"读写"属性用"WR"表示。

二、输送单元控制程序的编制

主站（输送站）
程序编写思路

　　YL-335B 型自动化生产线各工作单元在单站运行时的编程思路，在前面各项目中均做了详细介绍。在联机运行情况下，各站工艺过程是基本固定的，与单站程序中工艺控制程序相差不大。在单站程序的基础上修改、编制联机运行程序，着重要考虑网络组态、网络中的信息交换，以及主站与人机界面的信息交换问题。下面分别对输送单元联机运行的启动/停止控制以及主顺序控制过程的编程思路和步骤加以说明。

　　输送单元的主要功能是传送工件，联机方式下的主控过程与单站方式十分类似，也是一个单序列的步进顺序控制过程。它们的主要区别在于，联机方式下的主控过程，主站与各从站不断进行信息交换，步进工作过程的工步转移信号，相当部分来自从站传送来的状态信号，这可从图 8-19 的工作流程图清晰地看到。自动化生产线系统联机启动、停止及复位控制编程步骤见表 8-10。

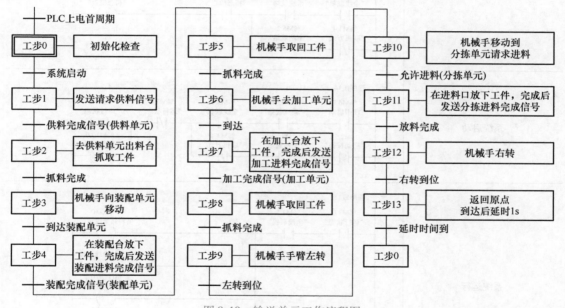

图 8-19　输送单元工作流程图

表 8-10　自动化生产线系统联机启动、停止及复位控制编程步骤

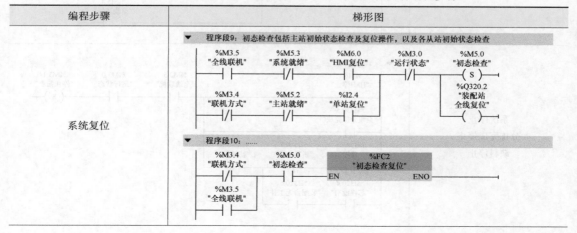

（续）

编程步骤	梯形图
联机与就绪检查	**▼ 程序段11：主站就绪** %I2.6 "急停按钮" — %M20.0 "归零完成" — %M5.1 "初始位置" — %M5.2 "主站就绪" (S) —NOT— %M3.0 "运行状态" —/ — %M5.2 "主站就绪" — %M5.2 "主站就绪" (R) **▼ 程序段12：系统就绪** %M5.2 "主站就绪" — %I300.1 "供料站准备就绪" — %I320.1 "装配站准备就绪" — %I330.1 "分拣站准备就绪" — %I310.1 "加工站准备就绪" — %M5.3 "系统就绪" ( ) **▼ 程序段13：……** %M3.5 "全线联机" — %M5.3 "系统就绪" — %M5.0 "初态检查" — %M5.0 "初态检查" (R) %M3.4 "联机方式" —/ — %M5.2 "主站就绪"
系统启动	**▼ 程序段14：……** %M6.2 "HMI启动" — %M5.3 "系统就绪" — %M3.5 "全线联机" — %M3.0 "运行状态" —/ — %M3.0 "运行状态" (S) %I2.5 "启动按钮" — %M5.2 "主站就绪" — %M3.4 "联机方式" —/ — %M30.0 "初始步" (S)
系统运行	**▼ 程序段15：……** %M3.0 "运行状态" — %M3.5 "全线联机" — %Q300.0 "供料站全线运行" ( ) %Q310.0 "加工站全线运行" ( ) %Q320.0 "装配站全线运行" ( ) %Q330.0 "分拣站全线运行" ( ) %M5.4 "全线运行" ( )
系统停止 分拣完成停止 缺料停止	**▼ 程序段16：……** %M6.1 "HMI停止" — %M3.5 "全线联机" — %M3.0 "运行状态" — %M3.1 "停止指令" (S) %I330.5 "全线分拣完成" %I300.4 "工件没有" — %I300.5 "供料完成" —/ — %M30.0 "初始步" %I320.4 "芯件没有" — %I320.6 "装配台无工件"

（续）

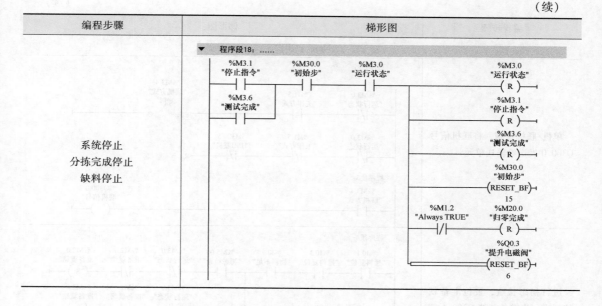

编程步骤	梯形图
系统停止 分拣完成停止 缺料停止	（程序段18的梯形图，见上图）

三、供料单元控制程序的编制

由输送单元（主站）编程任务的实施可见，从单站方式到联机方式，主要的变化是增加了网络组态、网络信息交换的编程。主站不需要设置网络数据交换区，主要是从站需要根据控制要求设置网络通信的数据区。而供料、装配和加工等从站的启动和停止控制，以及主顺序控制过程的控制，所涉及的网络信息交换量也较少，因此只需在其单站控制程序的基础上做少量修改即可。下面仅以供料单元和分拣单元为例说明联机运行的程序编制思路。装配单元和加工单元的编程方法基本类似，此处不再详述。

从站（供料站）
程序编写思路

供料单元联机运行的启动/停止控制的编程步骤与单站运行情况相比较，主要是增加了网络参数设置及其与主站的信息交换。

供料单元的工艺控制过程对于单站和联机两种工作模式是相同的。联机方式的不同在于工作站进入运行状态后，须等待主站发送请求供料信号且出料台无料时，才进行推料操作。供料单元启动、停止和供料控制编程步骤见表8-11。

表8-11 供料单元启动、停止和供料控制编程步骤

编程步骤	梯形图
	Main（OB1）
在PLC第1个扫描周期进行初态检查，复位准备就绪、运行状态及初始步标志	程序段1：…… 注释 %M1.0 "FirstScan" → %M5.0 "初态检查"（S） %M2.0 "准备就绪"（R） %M3.0 "运行状态"（R） %M20.0 "初始步"（R）

（续）

编程步骤	梯形图
	Main（OB1）
单机/联机控制，将联机信号 Q300.0 发送给输送单元	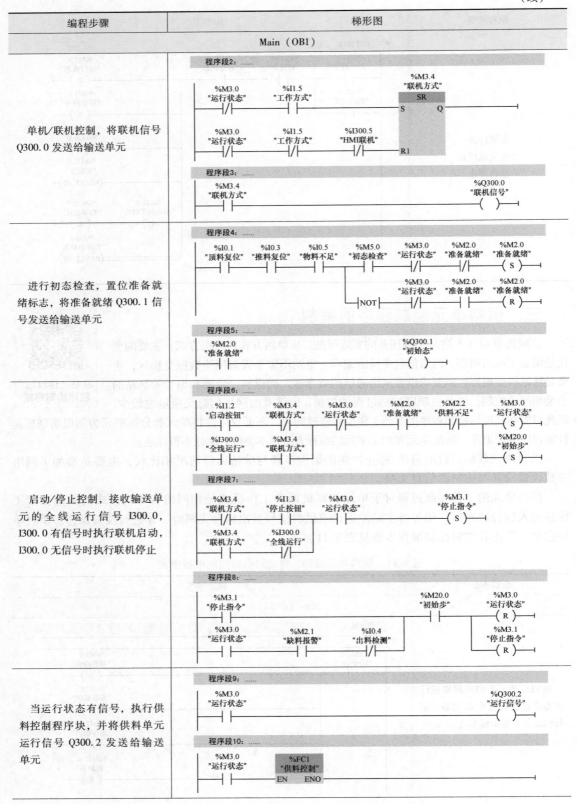
进行初态检查，置位准备就绪标志，将准备就绪 Q300.1 信号发送给输送单元	
启动/停止控制，接收输送单元的全线运行信号 I300.0，I300.0 有信号时执行联机启动，I300.0 无信号时执行联机停止	
当运行状态有信号，执行供料控制程序块，并将供料单元运行信号 Q300.2 发送给输送单元	

（续）

编程步骤	梯形图

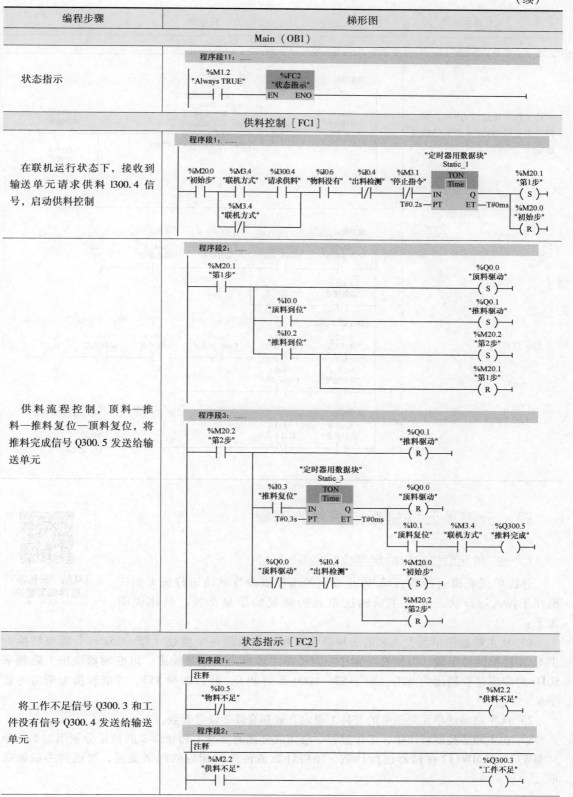

（续）

编程步骤	梯形图
	状态指示〔FC2〕

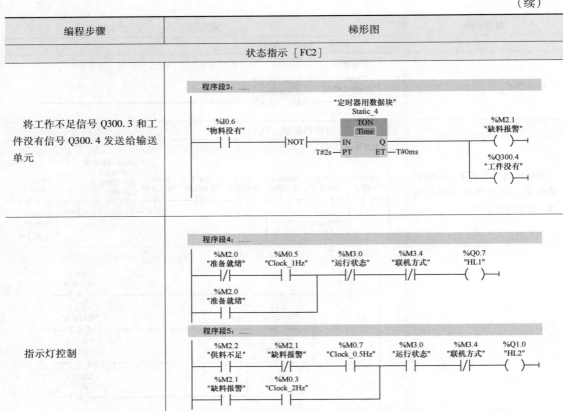

将工作不足信号 Q300.3 和工件没有信号 Q300.4 发送给输送单元

指示灯控制

四、分拣单元联机运行程序的编制

1. 分拣单元联机运行的启停控制

分拣单元联机运行的启动/停止控制的编程步骤与单站运行最大的区别在于投入运行状态后与主站输送单元的频繁的信息交换。具体说明如下：

从站（分拣站）程序编写思路

1）从主站输送单元发送来的变频器设定频率数据是一个整数（15～35Hz），需要转换为供 D/A 转换的数字量，以便在主顺序控制程序中转换为模拟量输出。以变频器输出上限频率 50Hz 对应满量程输出为基准，对于 S7-1200 系列 PLC，此数据乘 553，才能转换为所需的数字量。

2）从主站输送单元发送来的套件 1 设定套数和套件 2 设定套数。

3）在主顺序控制程序中，工作过程中已完成分拣的套件 1 和套件 2 的数量分别用加 1 指令对 MW110 和 MW112 存储器进行计数，须将计数值传送到相应的网络变量，发送到主站输送单元。

2. 分拣单元的主顺序控制程序编写思路

本项目的分拣单元主顺序控制过程的程序结构，与单站运行类似，也是具有跳转分支的步进顺序控制程序。但本项目要求按套件关系进行分拣，步进程序各个工步的动作与单站项目则有很大区别。

1）按套件关系分拣的算法特点。所谓按套件关系分拣，是指某一工位所收集的工件，具有搭配的关系。例如本任务要求推入工位一的工件满足套件 1 的关系，则当工位一没有工件时，白色芯黑色工件、金属芯白色工件均可推入；但当工位一已经推入 1 个白色芯黑色工件时，下一个推入工位一的工件必须是金属芯白色工件；如果工位一已经推入 1 个白色芯黑色工件和 1 个金属芯白色工件，则工位一完成了 1 组套件的收集。继续分拣时，工位一将开始新一轮的套件收集。

显然，对于本项目的套件分拣要求，若要在检测区出口进行逻辑运算，确定工件的流向，除了依据工件的属性外，还须结合工位一或工位二所收集的工件状态进行判别，因而是一种时序逻辑的算法。而对于单站的分拣要求，只需在检测区出口依据工件的属性即可确定工件的流向，是一种组合逻辑的算法。

表征工位一或工位二收集工件状态的方法有多种，其中之一是定义存储器的含义，通过存储器的数值比较状态来表达。对于本项目，定义 6 个存储器见表 8-12。

表 8-12 定义 6 个存储器

存储器编号	MW100	MW102	MW104	MW106	MW110	MW112
存储器用途	黑壳白芯个数	白壳金芯个数	黑壳金芯个数	白壳黑芯个数	套件 1 完成套数	套件 2 完成套数

各计数器的计数动作说明如下：

① 在推杆 1 驱动步，每推入 1 个黑壳白芯工件，MW100 加 1；同理，每推入 1 个白壳金芯工件，MW102 加 1。

② 在推杆 2 驱动步，每推入 1 个黑壳金芯工件，MW104 加 1；同理，每推入 1 个白壳黑芯工件，MW106 加 1。

③ 不满足工位一和工位二准入条件的工件，在推杆 3 驱动步被推入工位三。

④ 在返回步统计两工位的套件收集状况：工位一每完成 1 组套件的收集（MW100 = 1 和 MW102 = 1），MW110 加 1，并将 MW100 和 MW102 清零。工位二每完成 1 组套件的收集（MW104 = 1 和 MW106 = 1），MW112 加 1，并将 MW104 和 MW106 清零。

于是上述 6 个存储器的数值体现了工位一、工位二所收集的工件状态。如何应用这些数值，结合当前工件的属性进行逻辑运算，实现满足套件关系的分拣，则须对步进控制过程各工作步的动作加以分析。

2）联机方式下分拣单元主顺序控制过程的流程及动作。联机方式下分拣单元主顺序控制过程的流程及动作如图 8-20 所示，对图中的工步动作说明加以分析可见，在步进程序中流向分析步是关键的一步。在这一步，工件被传送到金属检测点的出口（检测区出口）时，完成了工件芯件和外壳的属性识别，然后调用流向分析子程序，根据工件属性和各工位收集工件的状态，分析确定步进程序的后续步。

流向分析步的动作可分为两部分，一是确定当前工件的属性，二是调用流向分析子程序，分拣单元的启停控制和分拣控制程序见表 8-13。

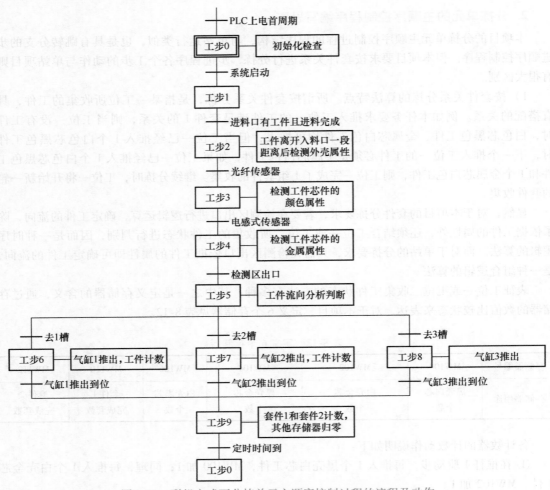

图 8-20 联机方式下分拣单元主顺序控制过程的流程及动作

表 8-13 分拣单元的启停控制和分拣控制程序

编程步骤	梯形图
Main（OB1）	

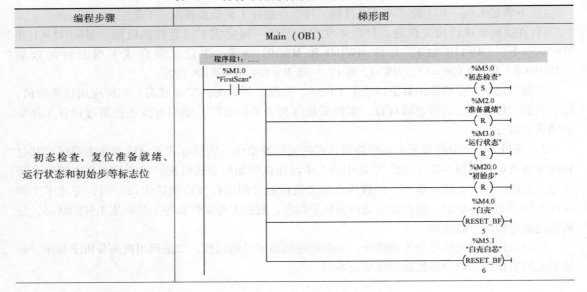

初态检查，复位准备就绪、运行状态和初始步等标志位

（续）

编程步骤	梯形图
	Main（OB1）

程序段2: ......

单机/联机转换，将分拣联机标志 Q300.0 发送到输送单元

程序段3: ......

检查是否准备就绪，如果准备就绪将 Q300.1 的信号状态发送给输送单元

程序段4: ......

程序段5: ......

启动控制，接收到输送单元 I300.0 全线运行信号，联机运行

程序段6: ......

停止控制，接收到输送单元 I300.0 无信号（表示全线停止），分拣停止，清除标志和存储器相关计数数值

当套件 1 和套件 2 完成设定的套数分拣后将全线分拣完成信号发送给输送单元

程序段7: ......

（续）

编程步骤	梯形图

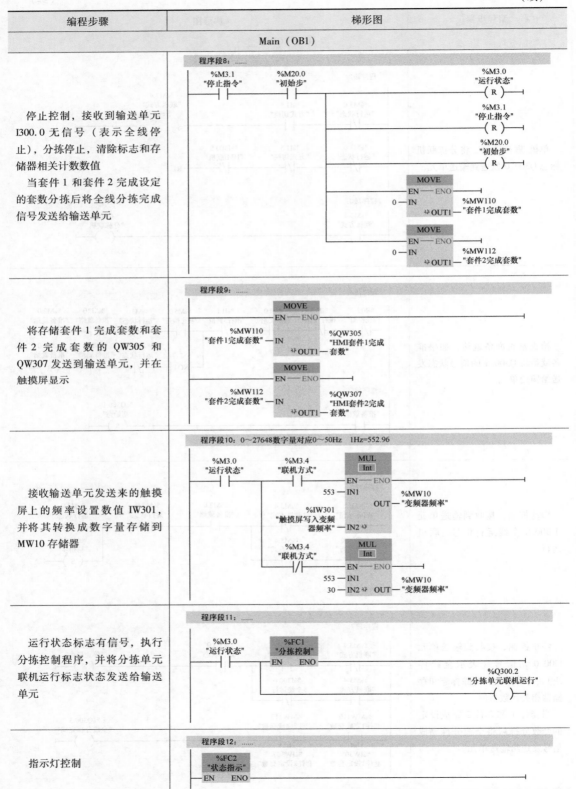

Main（OB1）

程序段8：……

停止控制，接收到输送单元 I300.0 无信号（表示全线停止），分拣停止，清除标志和存储器相关计数数值

当套件 1 和套件 2 完成设定的套数分拣后将全线分拣完成信号发送给输送单元

程序段9：……

将存储套件 1 完成套数和套件 2 完成套数的 QW305 和 QW307 发送到输送单元，并在触摸屏显示

程序段10：0~27648数字量对应0~50Hz   1Hz=552.96

接收输送单元发送来的触摸屏上的频率设置数值 IW301，并将其转换成数字量存储到 MW10 存储器

程序段11：……

运行状态标志有信号，执行分拣控制程序，并将分拣单元联机运行标志状态发送给输送单元

程序段12：……

指示灯控制

（续）

编程步骤	梯形图
	分拣控制 [FC1]

程序段1: ......

%DB2
"CTRL_HSC_0_DB"

高速计数器复位清零，接收到输送单元的请求分拣信号 I300.4 后，进行联机运行

%M20.0
"初始步"

CTRL_HSC

EN	ENO
257 — HSC	BUSY — False
False — DIR	STATUS — 16#0
1 — CV	
1 — RV	
False — PERIOD	
0 — NEW_DIR	
0 — NEW_CV	
0 — NEW_RV	
0 — NEW_PERIOD	

%I0.3 "白壳检测" — %M3.4 "联机方式" — %I300.4 "请求分拣" — %M3.0 "运行状态" — %M3.1 "停止指令"

%M3.4 "联机方式"

%DB10 "定时器1"
TON Time
IN Q
T#1s — PT ET — T#0ms

%M20.1 "Tag_1" (S)
%M20.0 "初始步" (R)

程序段2: ......

变频器以设定频率带动传动带正转运行

%M20.1 "Tag_1" — %M3.0 "运行状态"

%Q0.0 "电动机正转" (S)

%M3.4 "联机方式"
MOVE
EN — ENO
%MW10 "变频器频率" — IN ※ OUT1 — %QW2 "模拟量输出"

%M3.4 "联机方式"
MOVE
EN — ENO
%MW10 "变频器频率" — IN ※ OUT1 — %QW2 "模拟量输出"

%M20.2 "Tag_2" (S)
%M20.1 "Tag_1" (R)

程序段3: ......

工件黑白壳识别

%M20.2 "Tag_2"

%ID1000 "高速计数器当前值"
>= DInt
150
— %I0.3 "白壳检测" — %M4.0 "白壳" (S)

%ID1000 "高速计数器当前值"
>= DInt
350
— %I0.4 "白芯检测" — %M4.2 "白芯" (S)

%M4.0 "白壳"
%M4.1 "黑壳" (S)

%M30.0 "Tag_16"

%M20.2 "Tag_2" (R)

（续）

编程步骤	梯形图
	分拣控制［FC1］

程序段4：......

```
    %M30.0        %ID1000
    "Tag_16"    "高速计数                                      %M4.3
                器当前值"         %I0.5                        "金芯"
      ─┤├──┬──────>=────────"金芯检测"────────────────────────( S )──
              │    DInt          ─┤├──                      %M4.2
              │    420                                       "白芯"
              │                                             ─( R )──
              │
              │     %ID1000
              │    "高速计数
              │    器当前值"        %M4.2        %M4.3        %M4.4
              ├──────>=───────────"白芯"        "金芯"       "黑芯"
              │    DInt           ─┤/├──       ─┤/├──       ─( S )──
              │    500
              │
              │     %ID1000
              │    "高速计数
              │    器当前值"        %M4.0        %M4.2       %M5.1
              ├──────>=───────────"白壳"        "白芯"      "白壳白芯"
              │    DInt           ─┤├──┬───────┤├──────────( S )──
              │    510                 │       %M4.3       %M5.2
              │                        │       "金芯"      "白壳金芯"
              │                        ├───────┤├──────────( S )──
              │                        │       %M4.4       %M5.3
              │                        │       "黑芯"      "白壳黑芯"
              │                        └───────┤├──────────( S )──
              │
              │                    %M4.1        %M4.2       %M5.4
              │                    "黑壳"        "白芯"      "黑壳白芯"
              ├───────────────────┤├──┬────────┤├──────────( S )──
              │                       │        %M4.3       %M5.5
              │                       │        "金芯"      "黑壳金芯"
              │                       ├────────┤├──────────( S )──
              │                       │        %M4.4       %M5.6
              │                       │        "黑芯"      "黑壳黑芯"
              │                       └────────┤├──────────( S )──
              │
              │                                            %M20.3
              │                                         "去流向分析步"
              └────────────────────────────────────────────( S )──
                                                            %M30.0
                                                            "Tag_16"
              ───────────────────────────────────────────( R )──
```

工件壳和芯组合识别

程序段5：......

```
    %M20.3          %FC3
  "去流向分析步"    "流向分析"
    ─┤├──────────EN      ENO──────
                 
                    %M6.1                         %M20.4
                   "去槽1"                        "去槽1步"
                    ─┤├──┬──────────────────────( S )──
                         │                       %M20.3
                         │                    "去流向分析步"
                         └──────────────────────( R )──

                    %M6.2                         %M20.5
                   "去槽2"                        "去槽2步"
                    ─┤├──┬──────────────────────( S )──
                         │                       %M20.3
                         │                    "去流向分析步"
                         └──────────────────────( R )──

                    %M6.3                         %M20.6
                   "去槽3"                        "去槽3步"
                    ─┤├──┬──────────────────────( S )──
                         │                       %M20.3
                         │                    "去流向分析步"
                         └──────────────────────( R )──
```

根据控制要求进行流向分析判断

（续）

编程步骤	梯形图
	分拣控制 [FC1]

程序段6：……

工件到达槽1，电动机停止运行，推料气缸 1 伸出，伸出到位后，进行黑壳白芯和白壳金芯工件计数，推料气缸 1 缩回

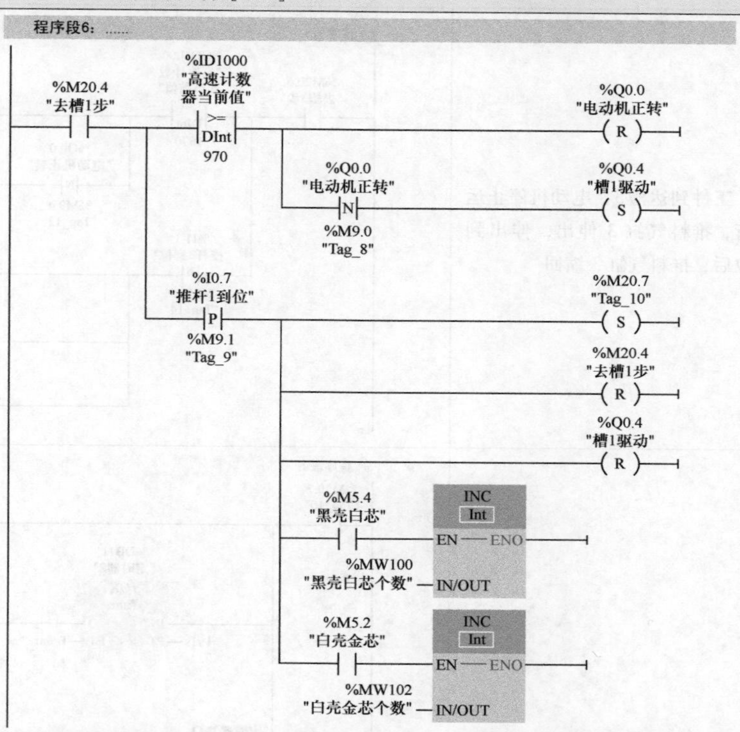

程序段7：……

工件到达槽2，电动机停止运行，推料气缸 2 伸出，伸出到位后，进行黑壳金芯和白壳黑芯工件计数，推料气缸 2 缩回

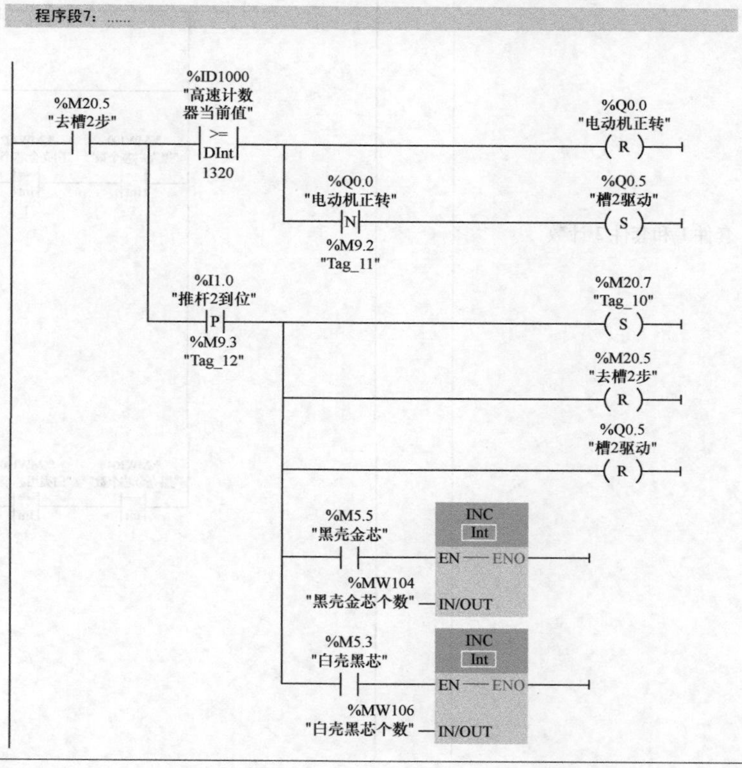

（续）

编程步骤	梯形图
	分拣控制〔FC1〕

程序段8: ……

工件到达槽3，电动机停止运行，推料气缸 3 伸出，伸出到位后，推料气缸 3 缩回

%M20.6 "去槽3步"

%ID1000 "高速计数器当前值" >= DInt 1570

%Q0.0 "电动机正转" (R)

%Q0.0 "电动机正转" (N) %M9.4 "Tag_13"

%Q0.6 "槽3驱动" (S)

%I1.1 "推杆3到位" (P) %M9.5 "Tag_14"

%M20.7 "Tag_10" (S)

%M20.6 "去槽3步" (R)

%Q0.6 "槽3驱动" (R)

程序段9: ……

套件 1 和套件 2 计数

%M20.7 "Tag_10"

%Q300.4 "分拣完成" (R)

%DB11 "定时器2" TON Time
IN Q
T#1s — PT ET — T#0ms

%M20.0 "初始步" (S)

%M20.7 "Tag_10" (R)

"定时器2".Q

%M4.0 "白壳" (RESET_BF) 5

%M5.1 "白壳白芯" (RESET_BF) 6

%MW100 "黑壳白芯个数" = Int 1

%MW102 "白壳金芯个数" = Int 1

INC Int
EN — ENO
%MW110 "套件1 完成套数" — IN/OUT

MOVE
EN — ENO
0 — IN OUT1 — %MW100 "黑壳白芯 个数"

MOVE
EN — ENO
0 — IN OUT1 — %MW102 "白壳金芯 个数"

%MW104 "黑壳金芯个数" = Int 1

%MW106 "白壳黑芯个数" = Int 1

INC Int
EN — ENO
%MW112 "套件2 完成套数" — IN/OUT

MOVE
EN — ENO
0 — IN OUT1 — %MW104 "黑壳金芯 个数"

MOVE
EN — ENO
0 — IN OUT1 — %MW106 "白壳黑芯 个数"

（续）

编程步骤	梯形图

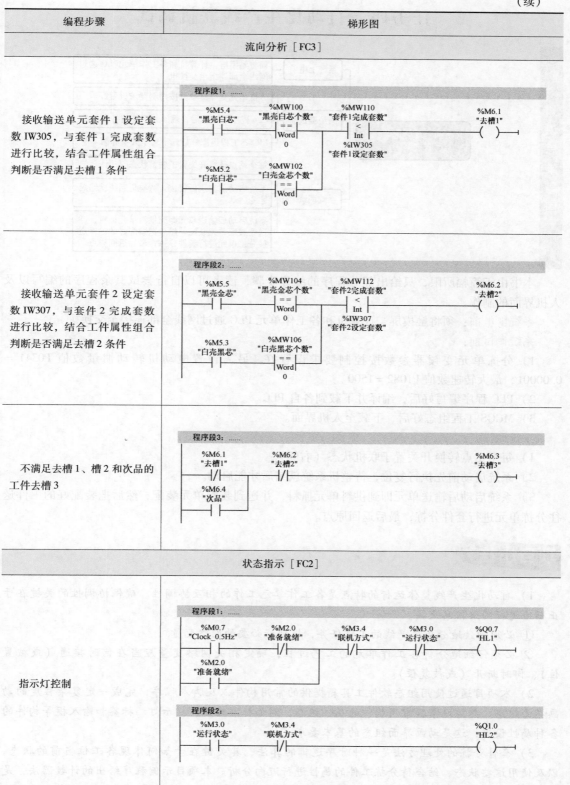

流向分析［FC3］

接收输送单元套件 1 设定套数 IW305，与套件 1 完成套数进行比较，结合工件属性组合判断是否满足去槽 1 条件

程序段1：……

接收输送单元套件 2 设定套数 IW307，与套件 2 完成套数进行比较，结合工件属性组合判断是否满足去槽 2 条件

程序段2：……

不满足去槽1、槽2和次品的工件去槽3

程序段3：……

状态指示［FC2］

指示灯控制

程序段1：……

程序段2：……

任务四　自动化生产线联机调试

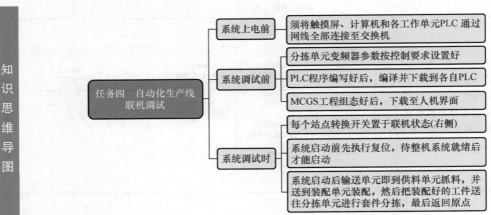

本书由于篇幅所限，只给出部分程序的编程步骤，读者可以自行尝试其余程序的编写以及人机界面的制作。

系统上电前：须将触摸屏、计算机和各工作单元 PLC 通过网线全部连接至交换机。

系统调试前：

1）分拣单元变频器参数按控制要求设置好，另需设置电动机转动惯量数值 P0341 = 0.00001，最大转速数值 P1082 = 1500。

2）PLC 程序编写好后，编译并下载到各自 PLC。

3）MCGS 工程组态好后，下载至人机界面。

系统调试时：

1）每个站点转换开关置于联机状态（右侧）。

2）系统启动前先执行复位，待整机系统就绪后才能启动。

3）系统启动后输送单元即到供料单元抓料，并送到装配单元装配，然后把装配好的工件送往分拣单元进行套件分拣，最后返回原点。

项目小结

1）自动化生产线整体运行的特点是各工作单元工作的相互协调性。确保协调性的关键在于正确地进行网络信息交换。

① 必须细致地分析生产线的工作任务，规划好必要的网络变量。

② 必须仔细地分析各工作单元的工艺过程，确定相关网络变量应当在何时接通（或被置位）、何时断开（或被复位）。

2）本项目通过使用组态软件工具箱提供的常用构件以及脚本程序，完成一定复杂程度的动画界面组态。熟练地掌握常用构件的属性组态，例如标准按钮、指示灯、标签和输入框等构件的各种属性设置，这是动画界面组态的基本要求。

3）套件分拣的处理方法是一种时序逻辑的算法，其关键在于如何体现各工位当前的状态，以及使用这些状态，结合待分拣工件的属性进行流向分析。本项目示例程序给出的计数器法，是较为常用的套件分拣处理方法。

4）自动化生产线的工作模式，通常有联机（或全线）运行和单站工作模式。本项目着重于整体运行（联机运行）的实训，工作任务没有提出两种模式的要求。读者可在单站工作模式和本项目的基础上，进一步分析具有两种工作模式的工作任务，并加以实施。

项目拓展

1）如果供料单元和输送单元合用一个 PLC，该如何编写程序？

2）如果更换分拣单元为主站，该如何进行网络数据规划以及整机系统程序的编写及调试？

参 考 文 献

[1] 李志梅，张同苏. 自动化生产线安装与调试：西门子 S7 – 200 SMART 系列 [M]. 北京：机械工业出版社，2022.

[2] 张同苏，李志梅. 自动化生产线安装与调试实训和备赛指导 [M]. 北京：高等教育出版社，2015.

[3] 严惠，张同苏. 自动化生产线安装与调试：三菱 FX 系列 [M]. 3 版. 北京：中国铁道出版社，2022.

[4] 吕景泉. 自动化生产线安装与调试 [M]. 3 版. 北京：中国铁道出版社，2017.

[5] 向晓汉. 西门子 S7 – 1200 PLC 学习手册：基于 LAD 和 SCL 编程 [M]. 北京：化学工业出版社，2018.

[6] 王永红. MCGS 组态控制技术 [M]. 北京：电子工业出版社，2020.

[7] 何用辉. 自动化生产线安装与调试 [M]. 3 版. 北京：机械工业出版社，2022.

[8] 战崇玉，杨红霞. 自动化生产线安装与调试 [M]. 武汉：华中科技大学出版社，2019.